"十二五"职业教育国家规划教材
经全国职业教育教材审定委员会审定
全国农业高职院校"十二五"规划教材

宠物临床诊疗技术

CHONGWU LINCHUANG ZHENLIAO JISHU

丁岚峰　陈　强　主编

中国轻工业出版社

图书在版编目（CIP）数据

宠物临床诊疗技术/丁岚峰，陈强主编 . —北京：中国轻工业出版社，2020.8
全国农业高职院校"十二五"规划教材
ISBN 978 - 7 - 5019 - 9197 - 6

Ⅰ.①宠…　Ⅱ.①丁…②陈…　Ⅲ.①宠物 - 动物疾病 - 诊疗 - 高等职业教育 - 教材　Ⅳ.①S858.39

中国版本图书馆CIP数据核字（2013）第064944号

责任编辑：马　妍　　责任终审：张乃東　　封面设计：锋尚设计
版式设计：锋尚设计　　责任校对：吴大鹏　　责任监印：张　可

出版发行：中国轻工业出版社(北京东长安街6号，邮编：100740）
印　　刷：北京君升印刷有限公司
经　　销：各地新华书店
版　　次：2020年8月第1版第4次印刷
开　　本：720×1000　1/16　印张：18
字　　数：362千字
书　　号：ISBN 978 - 7 - 5019 - 9197 - 6　　定价：36.00元
邮购电话：010 - 65241695
发行电话：010 - 85119835　传真：85113293
网　　址：http://www.chlip.com.cn
Email：club@chlip.com.cn
如发现图书残缺请与我社邮购联系调换
200851J2C104ZBW

本书编委会

主　编
丁岚峰　（黑龙江民族职业学院）
陈　强　（辽宁医学院动物医学院）

副主编
李金岭　（黑龙江职业学院）
邱　军　（内蒙古扎兰屯农牧学校）

参　编
高　明　（黑龙江生物科技职业学院）
杨思远　（黑龙江民族职业学院）
赵洪海　（黑龙江民族职业学院）

主　审
刘伯臣　（黑龙江民族职业学院）

审　定
包玉清　（黑龙江民族职业学院）
杜护华　（黑龙江生物科技职业学院）

前言 /

高等职业教育专业课程基于工作过程导向的教材开发，已成为近年来职业教育教材建设的主要方向，教育部《关于全面提高高等职业教育教学质量的若干意见》中明确指出，高等职业院校要根据技术领域和职业岗位的任职要求，参照相关的职业资格标准，改革课程体系和教学内容，建立突出职业能力培养的课程标准，规范课程教学的基本要求，提高课程教学质量。

《宠物临床诊疗技术》教材正是按照这一精神，在教学改革和实践的基础上，通过对宠物临床工作岗位的调研与分析，把"工学结合、校企合作"与宠物医疗专业的"2+1"人才培养模式相互融合，本着"在做中学才是真学，在做中教才是真教"的"教、学、做一体"的课程改革思路进行编写。

本书编写分工如下：前言、项目四由丁岚峰（黑龙江民族职业学院）编写；项目一至三由陈强（辽宁医学院动物医学院）编写；项目五由高明（黑龙江生物科技职业学院）编写；项目八至十一、项目十三由杨思远（黑龙江民族职业学院）编写；项目六、项目七、项目十四由赵洪海（黑龙江民族职业学院）编写；项目十二、十目十五至十七由邱军（内蒙古扎兰屯农牧学校）编写；项目十八至十九由李金岭（黑龙江职业学院）编写；技能训练由杨思远、陈强、高明编写；知识拓展由丁岚峰、杨思远、高明、赵洪海编写。

特别说明的是，本教材是在黑龙江民族职业学院2010年省级精品课程"宠物临床诊断技术"基础上编写的，承蒙刘伯臣教授（黑龙江民族职业学院）对全书的主审，以及包玉清教授、杜护华教授对本书部分内容的审定，在此一并致以衷心的感谢。

由于编者水平有限，书中不妥及疏漏之处在所难免，恳请读者提出宝贵意见，以便进一步修改提高。

编　者

2013.5

目录 / CONTENTS

模块二　实验室检查

模块一
宠物临床诊断

项目一 │ 宠物临床诊断概述

【学习目标】

理解项目一中相关专业术语。

了解项目一中宠物临床诊疗的概念、地位，症状的分类及评价，诊断的过程、内容，如何学习好宠物临床诊疗技术。

掌握项目一中诊断与治疗的关系。

【技能目标】

对所获得的临床症状能够进行分类、评价，根据诊断的结果，能对疾病做出预后。

【案例导入】

宠物患心内膜炎时，可能出现下面一些症状，其中哪一项是主要症状？（　　）

A. 心搏动增强　　　　B. 脉搏加快　　　　C. 静脉淤血

D. 呼吸困难　　　　　E. 心内性杂音

【课前思考题】

1. 什么是症状、诊断、预后？

2. 由于致病原因、宠物机体的反应能力、疾病经过的时期等区别，疾病过程中症状的表现千变万化，为了便于诊断，我们如何把症状进行分类，举例说明有何意义？

3. 诊断与治疗有什么关系？

宠物诊疗技术的基本任务在于诊断和防治宠物疾病，保障宠物的健康与疾病的恢复，为丰富人类的精神文化生活、建立和谐社会服务。防治宠物疾病必须首先认识疾病，建立正确的诊断是采取合理、有效的治疗措施的依据，而治疗是宠物恢复健康的根本。

一、宠物临床诊疗与症状

（一）宠物诊疗技术的概念

宠物诊疗技术是以宠物为对象，从临床实践的角度出发，研究宠物疾病的诊断方法、治疗方法与给药途径的技能和理论的一门学科，是兽医临床诊断学的一个分支。

（二）宠物诊疗技术的地位

宠物诊疗技术是宠物医疗专业的一门重要的专业基础课，是从宠物临床基础课程向临床专业课程过渡的纽带和桥梁。

（三）症状

1. 概念

症状就是宠物在患病过程中，在临床上所表现出的异常现象。

致病因素作用于宠物机体而使宠物发病，必然要引起宠物整个机体或某些器官、系统的功能发生紊乱，可使某些器官或组织的形态学发生变化。

从医学临床诊断来讲，疾病是机体与一定病因相互作用而发生的损伤与抗损伤的复杂斗争过程。患病过程中所引起的某些组织、器官的功能紊乱现象，一般称为症状，而所表现的形态、结构变化，则称为体征。这些病理性异常现象，在医学上虽有主观症状与客观体征之分，但在兽医临床中，由于动物不能用语言表达其自身感觉，都需要根据客观的检查来发现，所以在兽医临床实践中，通常将宠物在患病过程中出现的功能紊乱现象与形态结构变化统称为症状。

2. 分类

宠物所患疾病不同，在临床上表现出的症状及症候也往往不同，同一个症状也可出现在不同的患病过程中。

由于致病原因、宠物机体的反应能力、疾病经过的时期等的区别，患病过程中症状的表现千变万化。从临床诊断的观点出发，一般可把症状分为以下几类：

（1）全身症状与局部症状　全身症状，一般指机体对病原因素的刺激所表现的全身性反应，如多种发热性疾病所呈现的体温升高、脉搏和呼吸增数，食欲减退和精神沉郁等。局部症状，指患病器官或组织局部的功能障碍或形态上的异常表现，如肺炎时胸部叩诊的浊音区，炎症部位的红、肿、热、痛等。

全身症状一般不易确定是什么病，但全身症状的有无，对判断疾病的性质及预后有很重要的参考价值。从宠物机体的完整性来看，局部症状只是全身病理过程在局部的表现，不能孤立地看待和理解，局部症状也可引起全身性的反应。例如，便秘本来是肠管的阻塞，但经常可引起心跳加快、呼吸增数、尿量减少、姿势异常以及水盐代谢紊乱和血液成分的改变。

这两种症状虽可以相互转化，但某些局部症状并非某一器官或组织疾病所特有，根据局部症状产生的原因、条件进行分析就可能推断某一些或某一类疾病的可能性。如跛行，不一定只是骨的疾病引起的，还可能与关节或肌肉等的疾病有关。

（2）主要症状与次要症状　主要症状，是指某一疾病时表现的许多症状中的对诊断该病具有决定意义的症状，如心内膜炎时，可表现为心搏动增强、脉搏加快、呼吸困难、静脉淤血、皮下浮肿和心内性杂音等症状。其中，只有心内性杂音可作为心内膜炎诊断的主要根据，故称其为主要症状。其他症状相对来说则属于次要症状。

在临床上能分辨出主要症状和次要症状，对准确地建立诊断具有重大意义。

（3）示病症状或特有症状　是指仅某种疾病特有，而其他疾病没有的症状。见到这种症状，一般即可联想到这种特定的疾病，从而直接提示某种疾病的诊断，如纤维素性胸膜炎的胸膜摩擦音，渗出性心包炎的心包击水音，破伤风的木马样姿势等。

当无这些症状时，也不能否认这些疾病。示病症状可随疾病的轻重、发病时间等而隐藏。

（4）早期症状或前驱症状　是指某些疾病的初期阶段，在主要症状尚未出现以前所表现的症状。早期症状常为该病的先期征兆，可据此提出早期诊断，为及时地采取防治措施提供有利的启示，如幼小宠物的异嗜现象，常为矿物质代谢紊乱的先兆等。

（5）综合征　在患病过程中，某些症状不是单独或孤立地出现，而是同时或相继出现，这些症状的联合称为综合症状或综合征。如发热性疾病的体温升高，精神沉郁，呼吸、心跳及脉搏加快，食欲减退等症状互相联合出现，称为发热综合征。各种综合征在提示某一器官、系统的疾病或明确疾病的性质上均具有重要的临床诊断价值。

临床上很多疾病没有示病症状，而某些局部症状又不是某一疾病的特有表现，为此，收集症状后，应加以归纳，组成综合征，对提示诊断或鉴别诊断具有非常重要的意义。

二、诊断与预后

（一）诊断

1. 概念

诊断就是对宠物所患疾病的本质做出判断。临床诊断的过程就是诊查、认识、判断和鉴别疾病和预后的过程。完整的诊断一般要求确定疾病主要侵害的器官或部位，判断疾病的性质、发展时期及程度，明确致病的原因，阐明发病的机制。

2. 分类

在临床诊断疾病时，常采用如下几种诊断方法对疾病予以诊断。

（1）症状学诊断　又称临床诊断，是将临床发现的疾病表现经过客观的分析而做出的临床诊断，对临床宠物医生特别重要。这就需要具有丰富的临床经验和熟练的临床诊断技能。依靠症状进行诊断，如犬、猫的破伤风病，全身表现出肌肉强直性痉挛；佝偻病表现为关节和骨骼的异常或变形等，仅仅根据特有的临床症状即可做出诊断。

（2）病原学诊断　是研究确定引起发病的病原体（病原）的诊断。因此，需要证明有病原微生物的存在或应用血清学反应、变态反应、血液学检查做出诊断。如宠物的炭疽病诊断，可应用阿斯克里（Ascoli）氏反应，并检查菌体及芽孢；对寄生虫病能检出虫体或虫卵；对血液原虫病或弓形体病能检出血液原虫等进行诊断。

（3）功能诊断　又称特殊诊断，是对宠物机体各器官的功能进行检查。因此，需要以症状学诊断为基础而进行。如根据心电图及心音图的检查诊断心脏的功能；根据脑电波图检查中枢神经系统的功能；根据血液及尿液的理化学检查了解机体的代谢功能等。

（4）治疗诊断　当难以明确诊断的情况下，按预想的疾病进行试验治疗，根据试验治疗的结果获得确切的诊断称为治疗性诊断（又称诊断性治疗）。一般用于临床症状相似于某种疾病的症状，而又难以确诊时，从治愈的结果而得到确切的诊断。

（5）病理诊断　是利用活体或死亡患病宠物的各种器官、组织作为病料，进行肉眼或组织学检查，从而确定疾病性质的方法。临床宠物医生对死亡前的诊断不够切合客观实际时，必须根据剖检，有时需进行组织学检查来重新认识疾病。如宠物死亡前诊断是急性胃扩张，而死亡后剖检为空肠扭转，显然是宠物医生的误诊。

（6）鉴别诊断　又称类症鉴别诊断，始终贯穿在临床诊断的过程之中，是对某一疾病诊断时，以收集到的临床资料为基础，推断属于哪一种疾病，同时应当考虑与本病类似症状的其他疾病，与后者进行反复的比较、分析、鉴别所作出的诊断。鉴别诊断需要具有广泛的宠物医学基础知识和临床经验。

诊断宠物疾病必须认识疾病的本质。一个科学、完整的诊断，一般要求判断宠物疾病的性质；确定宠物疾病主要发生的组织、器官或部位；阐明致病的原因和机制；明确宠物疾病的发病时期或程度。在临床诊断中，阐明宠物疾病的原因，做出确切的病因诊断，是为采取合理有效的防治措施提供科学的根据。所以，在临床诊断中要尽可能地早期做出病因诊断。

3. 临床诊断的基本过程

临床诊断工作的基本过程，一般分为 3 个阶段。

（1）第一阶段　接触患病宠物、视察或了解饲养状况及环境情况，通过调查了解，以搜集有关宠物的发病经过、发生规律、可能致病的原因等一系列临床资料；应用各种诊断方法，客观地对患病宠物进行系统的临床检查，以发现患病宠物所表现出的各方面临床症状和病理变化。

（2）第二阶段　要分析、综合全部临床资料，做出初步诊断。对临床搜集到的每个症状，要分析症状发生的原因，评价其诊断价值；对全部临床症状，要分清主次，明确各症状之间的关系；综合有关的发病经过、发生情况、环境条件、可能的致病因素等方面的临床资料做出初步诊断。

（3）第三阶段　要依据初步诊断和所学过的医学专业基础课和临床专业课的有关知识，制定出相应的防治措施，通过临床防治效果以检验初步诊断，并在宠物疾病的全过程中，随时补充或修改初步诊断，以逐步得出最后的诊断。

实际上，诊断的全过程是实践、认识、再实践、再认识的过程。通过临床诊断和治疗实践的全过程，直到病程结束，才能取得全面、正确的诊断结论。但是，应当强调指出：从宠物疾病诊断治疗的临床实际工作出发，必须要求宠物医生做到早期诊断。唯有早期诊断和及时的防治，才能收到很好的效果，才能更好地提高临床治愈率。因此，要求多进行临床实践，不断积累宠物疾病的临床诊断、治疗经验。

4. 诊断的主要内容

宠物临床诊断的主要内容，可以概括地分为 4 个方面。

（1）诊断方法　主要是临床诊断方法学。为了搜集作为诊断依据的症状、资料，首先要利用各种诊断方法进行调查和检查。所以，学好本课程中的临床检查方法十分重要。

用于临床实际的检查方法十分复杂。随着科学的发展，有很多新的临床检查方法和技术被广泛地应用于临床实际中，归纳起来可分为以下几类：

①流行病学调查法：通过对患病宠物、饲养环境及条件等多方面的调查、了解，询问宠物主人，查阅有关资料或深入现场调查，特别是要了解患病宠物当地是否有传染病的发生或疑似传染病等。

②物理学检查法：用宠物医生的感觉器官，直接对患病宠物进行客观的观察和检查，在临床上主要运用视诊、触诊、叩诊、听诊和嗅诊等方法。

③辅助和特殊检查法：利用特殊的临床检查仪器、设备、理化检验等手段，在特定的条件下对患病宠物进行临床检查、测定或检验。临床上一般采用辅助和特殊检查法，主要是根据临床诊断的启示或需要，针对某种疾病或特殊情况而选择或配合临床检查而应用的，临床辅助和特殊检查法具有重要的临床诊断价值。

（2）症状或症候　症状或症候是提示诊断的出发点和构成诊断的重要依据，获取全面、正确的症状和症候资料，是做出正确诊断的基础。只有熟悉宠物的正常生理状态，才能发现、识别宠物疾病状态下的异常病理变化。了解、掌握一个或某几个疾病时所特有的临床综合征，掌握宠物常见疾病的临床鉴别诊断，也是本课程的重点内容。

（3）临床诊断思维　疾病诊断就是将各种检查结果经过分析综合、推理判断，用一个词或几个字反映符合逻辑的结论。临床诊断是确定进一步治疗疾病的基础和前提，没有正确的诊断，就没有正确的治疗。

要在临床实践中强调通过细致的询问和检查、敏锐的观察和联系，也就是将所获得的各种资料进行综合归纳、分析比较，去粗取精、去伪存真，由此及彼、由表及里，总结宠物疾病的主要问题，比较其与哪些疾病的症状相近或相同，结合医学知识和经验全面地思考，以揭示疾病所固有的客观规律，建立正确的临床诊断。

临床诊断疾病是一系列思维活动的过程，也是通过思维认识疾病，判断鉴别，做出决策的一种逻辑思维方法。因此，在疾病诊断过程中要树立科学的思维方法，科学思维是将疾病的一般规律运用于判断特定个体所患疾病的思维过程，是对各种检查材料整理加工、分析综合的过程，是对具体临床问题的综合比较、判断推理的过程，在此基础上建立疾病的诊断。

通过临床诊断方法和症状或症候的学习，要能够理论联系实际，能自主地逐渐建立诊断的方法（临床诊断思维方法）、步骤和原则。通过宠物临床诊断内容的学习，培养宠物医学专业的学生能依据辩证唯物主义和科学发展观，对临床症状、资料的综合、诊断的分析过程形成科学的诊断思路，为建立正确的诊断打下初步基础。

（4）诊断实训　宠物临床诊断实训的内容是传授宠物临床诊断中常用的基本诊断操作技术，也是宠物临床工作者多年来临床诊断技术和经验的总结。学好和掌握宠物临床诊断实训基本技术、技能，能够提高宠物医学专业学生诊断疾病的能力，为更好地提高临床诊疗水平奠定良好的实践基础。

5. 诊断与治疗的关系

临床治疗工作中，只有经过一系列的诊查，对疾病的原因、性质、病情及其进展有了一定认识之后，才能提出恰当的治疗原则和合理的治疗方案。否则，治疗就会带有一定的盲目性。因此，正确的诊断是合理治疗的前提和依据。

诊断必须正确，因为误诊常可导致误治。诊断过程中，首先要求查明疾病的原因，做出病原学诊断。明确致病原因，才能有针对性地采取对因治疗。病原疗法是根本的治疗方法。

为做出病原诊断，在诊查过程中，应进行病史的详细调查了解，从中探讨特定的致病条件。临诊中要注意发现疾病的特征性症状，为病原诊断提出线索，还要配合进行病理材料的检验分析，掌握病原诊断的特异性材料和根据。必要时再通过实验诊断（实验动物接种或实验病理学的病例复制）证实疾病的原因，通过这些为病原疗法提供基础和依据。

具体的诊断不能仅仅标明一个病名而已，诊断应反映病理解剖学特征，即疾病的基本性质和被侵害的主要器官、部位，还应分清症状的主次，明确主导的病理环节，明确疾病的类型、病期和程度等，以作为制定具体治疗方案、采取对症治疗及其他综合措施的根据和参考。

对复杂病例，还要弄清原发病与继发病、主要疾病与并发症及其相互关系。完整的诊断还应包括对预后的判断。预后就是对疾病发展趋势和可能的结局、转归的估计与推断。科学的预后，是制定合理的治疗方案和确定恰当的处理措施的必要条件。

主动积极的治疗原则，要求及时地做出早期诊断。任何诊断的拖延，都可导致治疗失去良机。根据及时的早期诊断，采取预防性的治疗，以获得积极的防治效果。

早期诊断须以经常巡视、检查宠物群，及时发现病情线索和定期对宠物群进行监测等综合性兽医防治制度为基础，而研究各种疾病的亚临床指标和早期诊断依据，则是宠物疾病诊疗工作的重要课题。

诊断是治疗的前提，而治疗又可验证诊断。对疾病的认识、判断是否符合实际，是否正确，还有待治疗实践的检验。

正确的诊断常被有效的治疗结果所验证。但也有某些例外，有时虽然诊断不够明确，治疗也未必完全恰当，而依机体的自愈能力可使病情好转以至痊愈；有时尽管诊断正确，但因缺乏确切、特效的治疗方法，而导致治疗无效。但更多的实例证明，诊断结论同治疗结果是密切相关的。正确诊断是合理治疗的先导，误诊可能导致误治，而治疗效果又可为修正或完善诊断提示方向。

疾病既是一个发展过程，诊断也应伴随病程进展而不断补充、修正并使之逐渐完善，直至病程结束而得出最后诊断结论。有时初步诊断只能提示大致的方向，最后诊断是在对病程的继续观察、检验及治疗结果的启示下逐渐形成的。在进一步的诊疗过程中，有时甚至是在剖腹探查手术中，根据找到的具体结粪块的局部变化而得到确诊，并经手术治疗而获得治愈。可见，治疗对验证和确定诊断确有重要的实际意义。

治疗与诊断在临床实践中是辩证统一和相辅相成的。诊断是治疗的前提和依据，治疗结果又可检验、纠正诊断，进一步的诊断又为下一步的治疗提出启示，如此反复直至最后诊断的确立和所治疗的患病宠物得到康复。

（二）预后

预后是对宠物所患疾病发展趋势和可能性结局的估计与推断。特别要注意的是，宠物一般都是具有一定经济价值或被宠物主人视为无形价值的。因此，在宠物疾病临床诊断中，客观地推断预后以及采取合理的防治措施，具有重大的临床和实际意义。

临床上一般将预后分为4种：

（1）预后良好　有充分的根据可以治愈，是指宠物不仅能恢复健康，而且还不影响其应有的性能。

（2）预后谨慎　有治愈的可能性，但应给以特别的注意。

（3）预后可疑　判断预后的根据不足或病情严重，但经认真的努力救治或可争取病情好转。

（4）预后不良　病情严重，可能出现死亡或不能彻底治愈。

（三）学习本课程的目的、要求

学习宠物临床诊断的主要目的是培养学生掌握临床检查和诊断宠物疾病的方法，为进入宠物医学专业课的学习奠定良好的理论与实践基础。同时，使学生掌握一定的基本临床诊断技能，培养出具有一定动手能力的宠物诊疗人才。

学习本门课程必须具备一定的物理学、化学基础和必要的宠物解剖、病理解剖、药理、宠物病理生理等相关基础知识，密切联系宠物医学专业课程加以理解和吸收。学会运用马克思辩证唯物主义的思想和科学发展观，不断提高自己分析问题和解决问题的能力。

最后，从宠物诊疗的特点来讲，本门课程是研究宠物疾病诊疗的理论、方法与应用的学科。因此，要求学生既应该学好宠物临床诊疗课程的理论知识，也应该对所学的临床检查方法和技能熟练掌握，提高敏锐的观察、判断疾病的能力以及分析问题、综合问题的方法，并在临床实际工作中，反复锻炼、逐步提高。

"博于问学、明于睿思、笃于务实"是学习临床诊疗课程的座右铭，获得广博的宠物医学知识、运用科学灵活的思维方法、掌握符合逻辑的分析和评价临床资料的技能，是学会正确临床诊疗的必要条件和途径。

知识测试

一、单项选择题

1. 下面哪个症状是犬破伤风时的示病症状？（　　　）

A. 木马样姿势　　　　　B. 口腔打不开　　　　　C. 抽搐

D. 痉挛　　　　　E. 瘫痪

2. 全身症状，一般是指机体对病原因素的刺激所表现的全身性反应，下

面哪项不是全身症状？（　　）

 A. 体温升高　　　　　B. 脉搏加快　　　　　C. 呼吸增数

 D. 口腔溃疡　　　　　E. 精神沉郁

3. 下面哪个症状对于诊断犬肺炎意义较大？（　　）

 A. 打喷嚏　　　　　　B. 流鼻液　　　　　　C. 呼吸增数

 D. 肺部听诊有捻发音　E. 肺部听诊有湿啰音

4. 下面哪个症状对于诊断犬心内膜炎意义较大？（　　）

 A. 脉搏加快　　　　　B. 心内性杂音　　　　C. 皮下浮肿

 D. 静脉淤血　　　　　E. 呼吸困难

5. 一般在临床诊断宠物疾病时需要对诊断进行分类，如：犬细小病毒病属于下面哪种诊断？（　　）

 A. 功能诊断　　　　　B. 症状学诊断　　　　C. 病原学诊断

 D. 病理学诊断　　　　E. 治疗性诊断

二、问答题

1. 诊断与治疗有什么关系？

2. 简述诊断的基本过程。

知识链接

《2011 年执业兽医资格考试应试指南（兽医全科类）》，www.cvma.org.cn。

项目二│临床诊断前准备

【学习目标】

理解项目二中相关专业术语。

了解项目二中临床诊断的类型如何划分，宠物医院接诊前的准备工作，如何确定治疗方案。

掌握项目二中宠物医院的接诊技巧，根据不同的检查项目如何做好患病宠物的保定工作。

【技能目标】

根据已学过的专业知识，能够确定疾病的时期、严重程度、治疗价值等。

能熟练地对诊断过程中出现的问题及时地处理，熟练地做好患病宠物的保定工作。

【案例导入】

我们都知道，狂犬病属于人畜共患病，那么狂犬病病毒主要存在于（　　　　）。

A. 唾液中　　　　　　B. 痰液中　　　　　　C. 呕吐物中

D. 粪便中　　　　　　E. 血液中

【课前思考题】

1. 兽医临床诊断根据做出诊断的时间、手段、表达内容及诊断的准确性可分为哪些类型？

2. 根据所学的知识和经历，你认为应该怎样接诊病例？

一、临床诊断的类型

诊断的类型很复杂，它是根据兽医临床上做出诊断的时间、手段、表达内容及诊断的准确性等进行分类的。

（一）根据建立诊断时间的早晚分类

1. 早期诊断

早期诊断是保障患病宠物恢复健康的重中之重，是指发病初期建立的诊断，它对宠物疾病的早期防治特别重要。早期诊断有利于尽早预防、治疗，将疾病扼杀在早期，最大程度地减少损失。

所谓早期是指疾病的临床症状还没有完全显示或疾病的危害还没有完全造成的这段时间。对早期诊断来说，宠物主治医师必须具有充分的临床经验、相对较为完善的诊断设施及较为广博的兽医知识；对于宠物主人来说，应尽早发现宠物的异常行为、表现并及时就医。

2. 晚期诊断

晚期诊断是指在疾病的中后期对疾病做出的诊断。兽医临床上的诊断很多都是晚期诊断，因为动物的耐受性较高、宠物主人对宠物健康知识的了解有限、兽医临床检查手段相对较为落后；尤其是较大或较先进的宠物医院（收费相对较高）所接受的病例基本上都是晚期病例。

晚期病例虽然可充分表现出其临床诊断，但晚期诊断并不简单。晚期病例多表现出并发感染和（或）继发感染，疾病表现更复杂，做出诊断时要判断出原发病、主要病等。

即使晚期诊断准确、治疗措施正确，但因为动物的防御功能已经下降，甚至已经很低，很可能错过了最佳治疗时机，所以治疗效果不一定好。

（二）根据建立诊断的手段分类

1. 观察诊断

临床上有些疾病在短时间之内还不能做出正确的诊断，可能需要经过一段时间的观察，发现新的、有价值的症状或获得其他检查结果后，才能做出较为正确的诊断，这种诊断称为观察诊断。

观察诊断是在疾病的主要症状还没有充分表现时的诊断，它是在医护人员的监护下尽早地对疾病做出诊断的一种诊断方法，与晚期诊断大不相同。

2. 治疗诊断

治疗诊断是利用某一疾病的特效疗法对病例实施治疗，通过疗效来确定疾病。例如，犬出现黄疸、体温升高、食欲下降等症状，现怀疑该犬所患的疾病可能是犬附红细胞体病早期或传染性肝炎。现采用贝尼尔 4mg/kg 深部肌内注射，并配合抗生素治疗，疗效显著，3d 后以上症状基本消失。通过这一治疗措施的实施，我们可以诊断该病为犬附红细胞体病。

治疗诊断就是验证性诊断，是在不得已时使用的一种诊断方法，如果治疗措施不当，就会贻误治疗时机，造成不必要的损失。

（三）根据诊断的可靠性分类

1. 疑问诊断

在疾病症状不明显、病情复杂等情况下，一时不能对疾病做出明确的诊断，但可对疾病做出意向性的、暂时性的诊断，这种诊断称为疑问诊断。这一诊断并不是最终诊断，它在以后的观察和治疗过程中有可能被证实、有可能被修正，也有可能被完全推翻。在病历记录时，疑问诊断的病名后面要加上问号或以"疑似×××病"表明。

2. 初步诊断

通过对病例实施一般检查和系统检查后所做出的诊断称为初步诊断。对大多数病例来说，临床诊断都是初步诊断，只有做出初步诊断后才能及时实施治疗，因而，初步诊断对每一个病例都是必需的。

3. 最后诊断

初步诊断后，对病例进一步全面检查，包括实验室检查、病因学检查、特殊检查等，最后排除类似疾病，并经过治疗进一步验证的诊断称为最后诊断。

最后诊断是提高兽医临床诊疗水平的有效途径，即便是死亡动物也应该查明其死亡的病因；同时，最后诊断也是检验兽医临床技能的实据。

4. 待排除诊断

有些疾病缺乏特异性症状或足够的临床资料时，只有在排除其他一切可能的疾病后才能确定，这种诊断称为待排除诊断。临床上常用"×××病待排除"、"×××病待除外"等字样表示该诊断欠妥。最后不能被排除的疾病即为最终诊断。

5. 几类不能作为诊断结果的情况

（1）症状　仅以症状表示诊断是错误的，因为同一症状可见于多种疾病，并且仅以症状不能说明疾病的病因和性质，如发热、黄疸、腹泻、贫血、咳嗽等。

（2）病理变化　仅以病理变化表示诊断是不完善的，因为同一病理变化可见于多种疾病或动物体的不同部位、不同组织、不同器官，如出血、溃疡、坏死、炎症、粘连等。

（3）功能障碍　仅以功能障碍表示诊断是欠妥的，发生于同一部位的多种疾病或病因均可引起相同的功能障碍，如跛行、消化不良、食欲不振、心功能不全、性功能低下、呼吸困难等。

但是，如果将症状、病理变化、功能障碍与发病原因、发病部位、疾病性质、发病机制等联合使用就可以作为诊断，如再生障碍性贫血、营养性继发性甲状旁腺功能亢进症、肠梗阻、胃扭转、肝脓肿、支气管肺炎、肺结核、病毒性肝炎、病毒性心内膜炎、二尖瓣闭锁不全等。

二、接诊的方法与技巧

宠物医生是医院运营的核心和发动机，宠物医院的收费主要在医生的推动下才得以实现。其他过程都是为宠物医生作铺垫或是辅助宠物医生开展工作。因此，宠物医生的接诊状况如何，是影响医院收入的关键。宠物医生接诊的最终目的既要为患病宠物治好疾病，又要为医院、为自己创造经济效益。医生的接诊技巧既是提高宠物主人满意度的方法（个性化诊疗），又是提高宠物医院经济效益的方法，或者平衡两者关系的方法。接诊的一般流程与技巧如下：

（一）接诊准备

1. 诊室环境

打扫好卫生，合理摆放桌椅。

2. 诊疗工具准备

听诊器，各种检查工具的检查。必要时准备演示挂图、资料和模型。

3. 仪表规范

按照行为规范整理衣着，保持整洁。

4. 心态调整

可以回忆一个以前最好笑的笑话或幽默故事，保持心情舒畅、保持热情的态度。例如，可以放一本笑话或幽默故事集在手边，每天上班前看一个，也可以讲给大家听，调节气氛。

5. 调整姿势和微笑

保持自信的微笑，通过行为来改变自己的心情。

（二）临床接诊

1. 交接和初步了解情况

从导诊和接诊护士或宠物主人处获取患病宠物的基本信息和有价值的信息。

2. 微笑接诊

医生微笑能很好地缓解患病宠物主人的压力："您好！请坐。"示意其坐下。

3. 检查病历一般项目的完整性

要求尽量获得完整资料。如果宠物主人还没填写完整请其坐下并完成病历本一般项目："请您把这些缺项填好，这对我们诊断和治疗有很大帮助，现在医院也要求正规填写"，如果不便或不愿填写，可在问诊中巧妙地获得。

根据病历上的资料，宠物医生还可以大概判断宠物主人的文化素质、居家环境，进而为推测对方的经济支付能力提供参考，并为制定个性化诊疗方案打下基础。

（三）问诊

问诊包括主诉、现病史、既往史、饲养管理情况几部分，通过问诊不但可以确定疾病的发生、发展、演变及其就诊经历，还可以初步了解宠物主人的经济状况、对宠物健康的态度、本次就诊的动机等。

1. 鼓励

宠物主人很紧张或陈述很少时，宠物医生应微笑鼓励："别着急，慢慢谈。""再想想，还有其他异常表现吗？"

2. 提醒

可适当地有针对性地提醒或暗示宠物主人其宠物是否有某方面的症状，可以为后面的化验、治疗埋下伏笔。

3. 询问

一定要询问宠物主人患病宠物出现症状的时间。一方面，对疾病的分期、发展以及治疗时应注意的问题非常重要；另一方面，可以判断宠物主人的经济情况和健康态度。

如果刚出现症状就来就诊，说明对健康非常关注，在药价、化验等方面的承受能力就可能较强。如果拖了很久才过来，一种情况是经济条件差或对健康不关心，另一种情况是事业比较忙。因此应适时地补充一句："这么长时间才过来，是不是很忙呀？"从而可以做出判断。前者价格敏感度较高，应注意药价和费用；而后者价格敏感度较低，注重的是疗效，强调好得快。

4. 询问患病宠物的就诊经历

了解患病宠物的就诊经历，一方面可以提醒我们避免重复用药和无效治疗；另一方面可以进一步了解宠物的状况，特别是此次就诊的动机，为制定差异化方案提供参考。此时还可以提高宠物主人对宠物医生的信任度："您以前做过哪些检查，用过哪些药物，如果有的话，少做检查，不买或少买些药，这样可以少花点钱。"这样宠物主人会感觉医生站在自己的立场上，对后面处方和治疗方案的疑虑会少很多。

（四）初步诊断

将检查情况客观、全面地告诉宠物主人，哪里存在问题、存在什么问题，并做出初步诊断，且告知宠物主人类似哪些疾病需要鉴别、应该如何鉴别、需要做哪些检查才能鉴别、每项检查需要多少钱、什么时候可以出结果等。应让宠物主人感觉宠物医生知识渊博，做事专业。这样就可以在宠物主人面前树立权威的形象，进而取得宠物主人的信任，同时为做检查和化验打好基础。经过上述沟通，宠物主人可能的异议会减少很多。

此时，还可以根据不同的宠物主人采用不同的方法。对于素质比较低的宠物主人，可在诊断谈话中，讲述病情的严重性、疗效的确切性，增加其心理压力，促其接受诊疗；对于素质比较高的宠物主人，要有根据地科学地加以引导并暗中施加心理压力，促其消费在健康上。

（五）确定诊断

通过问诊、体检和化验检查的结果确定诊断，同时要向宠物主人讲解有关的医学知识包括病因、发病机理、诊断依据等。此阶段存在的主要问题及处理有以下几个方面：

1. 不化验，直接治疗

宠物医生应从专业的角度来回答宠物主人的问题，如：不做这些化验，我们又怎能知道您的爱犬病情的准确情况，是哪种微生物感染呢？这样就会盲目用药，不但会延误病情，还会给您带来不必要的经济损失和健康损害。做这些化验，不是麻烦，正是对您和您的爱犬负责任。

2. 检查费太高

向宠物主人讲清楚，临床化验不是普通的化验，是运用先进的仪器进行检验，其准确度和精确度都是很高的，只有这样才能保证诊断准确，用药才有针对性，治疗效果才会更好。

3. 不懂化验结果

当宠物医生把化验单拿到手时，应给宠物主人简单明了地讲解化验单的结果，明明白白地告诉他，他的宠物所患疾病及其后果。强调你拟定的治疗方案的特点和优点，最好结合患病宠物的特点来阐述你的治疗方案能尽快医治宠物的疾病。

4. 不太想治疗

从保护宠物的人道主义角度出发，当宠物主人不在乎甚至不太想治疗时，宠物医生应采用恰当的方法，强调疾病不及时治疗的严重后果，尤其要注意尽可能选择简单、有效的方式方法。

（六）治疗方案

要尽可能地选用经济、有效的基本药物和宠物的病情来降低宠物主人的经济负担、设计治疗方案，要设计 2～3 套治疗方案供宠物主人选择。应阐述各方案的特点、优缺点和给宠物主人及患病宠物带来的好处，根据宠物疾病状况推荐一种易于宠物主人接受的治疗方案。

一般宠物主人会想到 5 个问题：是什么？对治疗疾病有什么好处？治了又会怎样？谁这么说过？还有谁的宠物这样治疗过？因此，作为宠物医生应该做好这方面的思想准备。

要鼓励宠物主人说出自己的疑惑，他的疑惑越少，就越信任我们，我们就越能了解宠物主人最关心的问题，对治疗方法的选择也有的放矢。

三、宠物的接近与保定

为了更好地对宠物疾病进行诊断和治疗、确保医护人员和宠物的安全，必须学会接近宠物和熟练掌握对宠物的保定要领和方法。

（一）接近宠物的方法

众所周知，犬、猫有攻击人的习性。犬主要用锋利的牙齿咬人，猫除了牙齿咬人外，还可用利爪抓人，这是在临床接触犬、猫时必须随时警惕的安全问题。

犬、猫对其主人有较强的依恋性。接近宠物时，一般应在宠物主人协助下进行。要询问犬、猫的主人，了解其犬、猫是否咬人，平时是否愿意让别人抚摸等，以免检查者被宠物咬伤或抓伤。宠物医生接近宠物时应以温和的声音呼唤犬、猫的名字，先向宠物发出要接近的信息，然后从宠物的前侧方向徐徐地接近宠物。接近后可用手轻轻地抚摸宠物的头部、颈部或背部，使其保持安静和温顺的状态，一边接近，一边观察其反应，待其安静后方可进行保定和诊疗活动。切忌有粗暴动作或突然刺激，以免引起惊恐、应激、主人反感，甚至造成动物伤人。

让动物看到医生后再接近它们，若是单眼瞎的动物则从健康眼睛一侧接近，若是双眼瞎的动物则从头部抚摸接近。

在犬、猫的接近过程中，应注意以下几点：

（1）向主人了解动物的习性，是否咬人、抓人及有无特别敏感部位不愿让人接触。

（2）观察其反应，当其怒目圆睁、呲牙咧嘴，甚至发出"呜呜"的呼声时，应特别小心。

（3）检查者接近动物时，不能手拿棍棒或其他闪亮和发出声响的器械，以免引起其惊恐不安。检查人员在接近犬、猫时禁止一哄而上，应避免粗暴的恐吓和突然的动作以及其他可能引起犬、猫防御性反应的刺激。检查者着装应符合兽医卫生和公共卫生要求。

（二）宠物的保定技术

宠物的保定是人为地用人力、器械或药物控制宠物的活动能力和防卫能力的方法。目的是确保医疗人员和宠物的安全，达到诊断和治疗的目的。

1. 宠物的物理保定

（1）犬的保定

①扎口保定法：为防止人被犬咬伤，尤其对于性情急躁、具有攻击性的犬只，应采用扎口保定。

a. 长嘴犬的扎口保定法：用绷带（或细的软绳），在其中间绕两次，打一活结圈，套在嘴后颌面部，在下颌间隙系紧。然后将绷带两游离端沿下颌拉向耳后，在颈背侧枕部收紧打结。这种保定可靠，一般不易被自抓松脱（图2-1、图2-2）。另一种扎口法即应先打开口腔，将活结圈套在下颌犬齿后方勒紧，再将两游离端从下颌绕过鼻背侧，打结即可。

图2-1 绷带扎口法

图2-2 扎口保定法

b. 短嘴犬的扎口保定法：用绷带（或细的软绳）在其1/3处打个活结圈，套在嘴后颌面，于下颌间隙处收紧。其两游离端向后拉至耳后枕部打结，并将其中一长的游离绷带经颌部引至鼻部穿过绷带圈，再返转至耳后与另一游离端收紧打结。

②口笼保定法：犬口笼多用牛皮革制成。可根据宠物个体大小选用适宜的

口笼给犬套上，将其带子绕过耳扣牢。宠物用品商店售有各种型号和不同形状的口笼，此法主要用于大型犬。

③徒手犬头保定法：保定者站在犬一侧，一手托住犬下颌部，一手固定犬头背部，握紧犬嘴。此法适用于幼年犬和温驯的成年犬。

④站立保定法：在很多情况下，站立保定有助于宠物的体检和治疗。犬站立于地面时，保定者蹲于犬右侧，左手抓住犬脖圈，右手用牵引带套住犬嘴。再将脖圈及牵引带移交右手，左手托住犬腹部。此法适用于大型犬的保定。

⑤徒手侧卧保定法：犬扎口保定后，将犬置于诊疗台按倒。保定者站于犬背侧，两手分别抓住下方前、后肢的前臂部和大腿部，两手臂分别压住犬颈部和臀部，并将犬背紧贴保定者的前腹部。此法适用于注射和较简单的治疗。

⑥犬夹保定法：用犬夹（图2-3）夹持犬颈部，强行将犬按倒在地，并由助手按住四肢。本法多用于未驯服或凶猛犬的检查和简单治疗，也可用于捕犬。

⑦棍套保定法：一根长1m的铁管（直径4cm）和一根长4m的绳子对折穿出管，形成一绳圈，制成棍套保定器（图2-4）。使用时，保定者握住铁管，对准犬头将绳圈

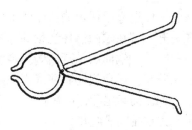

图2-3 犬夹

套住颈部，然后收紧绳索固定在铁管后端。这样，保定者与犬保持一定距离。此法多用于未驯服、凶猛犬的保定。

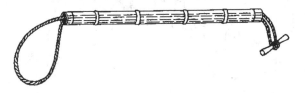

图2-4 棍套保定器

⑧颈枷保定法：颈枷又称伊丽莎白颈圈，是一种防止自我损伤的保定装置。有圆盘形和圆筒形两种。可用硬质皮革或塑料制成特制的颈枷（图2-5、图2-6）；也可根据犬头型及颈粗细，选用硬纸壳、塑料板、三合板或X射线胶片自行制作。如制作圆筒形颈枷，其筒口一端粗，另一端细。圆筒长度应超过鼻唇2~3cm。常用废弃的塑料筒代替圆筒形颈枷。将筒底去掉，边缘磨光滑或粘贴胶布。在筒底周边距边缘1~2cm等距离钻4个孔，每孔系上纱布条做一环形带。再将塑料筒套在犬头颈部，用皮颈脖圈或绷带穿入筒上4个环形带，收紧扣牢或打结。犬术后或其他外伤时戴上颈枷，头不能回转舔咬身体受伤部位，也可防止犬爪搔抓头部。此法不适用于性情暴躁或后肢瘫痪的犬只。

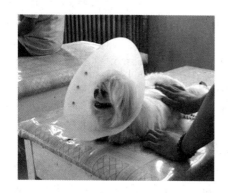

图2-5　颈枷保定法一

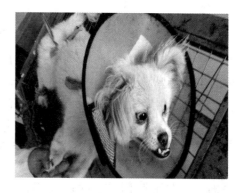

图2-6　颈枷保定法二

⑨体壁支架保定法：体壁支架是一种固定腹肋部的方法，取两根等长的铝棒，其一端在颈两侧环绕颈基部各弯曲一圈半，用绷带将两弯曲的部分缠卷在一起，另一端向后贴近两侧胸腹壁，用绷带围绕胸腔壁缠卷固定铝棒。其末端裹贴胶布，以免损伤腹壁（图2-7上）。

如需提起尾部，可在腹后部两侧各加一根铝棒，向上做30°~45°弯曲，将末端固定在尾根上方10~15cm处（图2-7下）。此保定法可防止犬头回转舔咬胸腹壁、肛门及跗关节以上等部位，尤其对不愿戴颈枷的犬更适宜用此法保定。

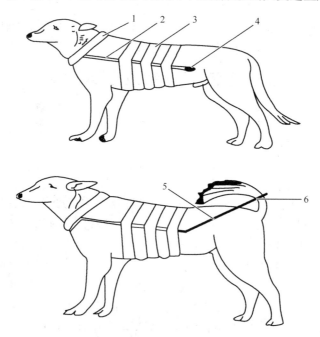

图2-7　体壁支架保定法

1—铝环包扎　2—铝棒　3—绷带　4—棒末端缠上绷带

5—铝棒弯曲　6—棒末端固定在尾部

⑩静脉注射保定法：主要用于静脉采血和注射，需正确地加以保定。

前臂皮下静脉（头静脉）穿刺保定法：犬腹卧于诊疗台上，保定者站在诊疗台右（左）侧，面朝犬头部。右（左）臂搂住犬下颌或颈部，以固定头颈。左（右）臂跨过犬左（右）侧，身体稍依犬背，肘部支撑在诊疗台上，利用前臂和肘部夹持犬身控制犬移动。然后，手托住犬肘关节前移，使前肢伸直。再用食指和中指横压近端前臂部背侧（或全握臂部），使静脉怒张。必要时，应做犬扎口保定，以防咬人。

颈静脉穿刺保定法：犬胸卧于诊疗台一端，两前肢位于诊疗台之前。保定者站于犬左（右）侧。右（左）臂跨过犬右（左）侧颈部，夹持于腋下，手托住犬下颌，并向上提起头颈。左（右）手握住两前肢腕部，拉直，使颈部充分显露。

附：提举后肢保定法（图2-8）：术者在宠物主人的帮助下，先给犬戴上口笼，然后用两手握住两后肢，倒立提起后肢，并用腿夹住颈部。

图2-8 提举后肢保定

（2）猫的捕捉与保定

①布卷裹保定法：将帆布或人造革缝制的保定布铺在诊疗台上，保定者抓起猫背肩部皮肤把猫放在保定布近端1/4处，按压猫体使之伏卧，随即提起近端布覆盖猫体，并顺势连布带猫向外翻滚，将猫卷裹系紧。

由于猫四肢被紧紧地裹住不能伸展，猫呈"直棒"状，丧失了活动能力，便可根据需要拉出头颈或后躯进行诊治。

②猫袋保定法：用厚布、人造革或帆布缝制与猫身等长的圆筒形保定袋，两端开口均系上可以抽动的带子。将猫头从近端袋口装入，猫头便从远端袋口露出，此时将袋口带子抽紧（不影响呼吸），使头不能缩回袋内。再抽紧近端袋，使两肢露在外面。这样，便可进行头部检查、测量直肠温度及灌肠等。

③扎口保定法：尽管猫嘴短平，但仍可用扎口保定法，以免被咬伤。其方法与短嘴犬扎口保定相同［图2-9（1）］。

④保定架保定法：保定架支架用金属或木材制成，用金属或竹筒制成两瓣保定筒（长26cm、直径6～8cm），固定在支架上。将猫放在两瓣保定筒之间，合拢保定筒，使猫躯干固定在保定筒内，其余部位均露在筒外。适用于测量体温、注射及灌肠等［图2-9（2）］。

⑤猫徒手捕捉与保定：对伴侣猫，利用猫对主人的依恋性由主人亲自捕捉，抱在主人的怀里即可。一般捕捉或保定猫时，常用的方法是医护人员一只手抓住猫的颈背部皮肤，另一只手托住猫的腰荐部或臀部，使猫的大部分体重落在托臀部的手上。对野性大的猫或新来就诊的猫，最好要两个人相互配合，

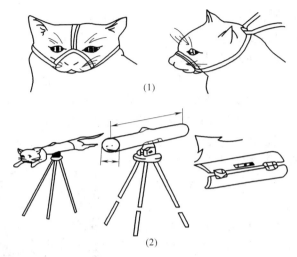

图 2 - 9　猫的保定方法
（1）扎口保定法　　（2）保定架保定法

即一个人先抓住猫的颈背部皮肤，另一个人用双手分别抓住猫的前肢和后肢，以免抓伤人（图 2 - 10）。

图 2 - 10　猫的徒手保定

⑥颈枷保定法：猫的颈枷保定与犬相似。

⑦头静脉和颈静脉穿刺保定法：其基本方法与犬相同。由于猫胆小、易惊恐，静脉穿刺又会引起疼痛，保定时应防止被猫抓咬致伤。

2. 宠物的化学保定

化学保定是指应用化学药物，使动物暂时失去正常活动能力的一种保定方法。这种方法能使宠物活动能力暂时丧失，一般为肌肉松弛所致，而动物感觉却依然存在或部分减退。

（1）常用保定药物

①氯胺酮：又名凯他敏，犬和猫的氯胺酮肌内注射量为 22 ～ 30mg/kg 体重，3 ～ 8min 进入麻醉，可持续 30 ～ 90min。氯胺酮注入犬体后，心率稍增快，

呼吸变化不明显，静眼、流泪、眼球突出，口及鼻分泌物增加，咽喉反射不受抑制，部分犬肌肉张力稍增高。

氯胺酮具有药量小、可以肌内注射、诱导快而平稳、清醒快、无呕吐及躁动等特点，这是其他保定药不能代替的优点。临床上如发现犬的麻醉深度不够时，可以随时追加氯胺酮的药量，多次反复追补，均不会产生不良后果。氯胺酮属于短效的保定药物，一般经 20～30min，最长不超过 1h 可自然复苏，在恢复期，有的犬出现呕吐或跌撞现象，但不久即可消失。

②噻胺酮：又称复方麻保静，从制动效果观察，噻胺酮的诱导期比氯胺酮长 2～3min，很少出现兴奋性增高的现象，导致宠物呕吐的发生率也低于氯胺酮。

注射噻胺酮后肌张力下降，达到完全肌肉松弛状态，心率及呼吸数下降，有时发生呼吸抑制现象（均为 2% 左右），主要是因为麻保静发生作用的结果。噻胺酮的成分是 5% 氯胺酮 1mL，麻保静 1mL，混合后肌内注射，犬的使用剂量为 0.1～0.2mL/kg 体重。噻胺酮复苏药常用的是回苏 3 号（1% 噻噁唑），静脉推注后，一般 2min 后可自然起立，其用量与注射噻胺酮的剂量相同，肌内注射回苏 3 号的剂量应加倍。

③麻保静：药理作用很广，在安定、镇静、镇痛、催眠、松肌、解热消炎、抗惊厥、局部麻醉等方面有明显作用，无论是单独使用或者和其他镇静剂、止痛剂合用，均能收到满意效果。麻保静对呼吸的影响与吗啡、芬太尼一类药物不同，对呼吸影响不大，可能犬能出现呼吸加深、变慢，但总通气量基本不受影响，容易恢复。犬的用量为 0.5～2.5mg/kg 体重。

④846 合剂：846 合剂安全系数大于保定宁和氟哌醇等药，对呼吸的抑制效应明显低于双氢埃托啡。经临床应用证明，本药使用方便，效果良好。犬的推荐剂量为 0.04mL/kg 体重，肌内注射。副作用主要是对犬的心血管系统的影响，表现为心动徐缓，动脉血压降低，呼吸性窦性心律不齐，Ⅰ、Ⅱ度房室传导阻滞等。

用药量过大，呼吸频率和呼吸深度受到抑制，甚至出现呼吸暂停现象。若出现麻醉过量的症候时，可用 846 合剂的催醒剂（1mL 含 4-氨基吡啶 6.0mg、氨茶碱 90.0mg）作为主要急救药物，用量为 0.1mL/kg 体重，静脉注射。

（2）应用禁忌　对心、肺、肝、肾实质器官患有严重疾病或机体患有急性感染者，要慎重或禁止采用药物保定；对孕犬要慎重、妊娠后期禁用；在不具有保证倒卧和起立等安全设施的情况下，一般不宜药物保定。

（3）注意事项　首先要确定需药物保定的宠物体重，如无条件称重，应尽可能地准确估量；其次要选择适宜的保定药物，了解手术和技术操作的性质，估计所需要的保定时间；然后确定剂量，剂量应由多种因素综合确定，除体重因素以外，尚需考虑体型大小、病情、年龄、性别、季节以及应用的目的等。

（4）不良反应及应急处理 应用保定药物时在临床上往往会出现以下不良反应，通常应采取相应的应急处理措施。

①呼吸不畅：一般主要指由于体位不适当，造成机械性的呼吸障碍，必须注意及时纠正。

②呼吸抑制：保定药物对呼吸功能有不同程度的抑制作用，按照每种药物各自的药理作用，呼吸抑制超过一定范围就有可能发生危险。例如，氯胺酮对呼吸抑制相对弱于新保灵系列制剂及麻保静，新保灵可使宠物在每分钟左右有1次呼吸，麻保静可使宠物每分钟有3次呼吸。

呼吸抑制的判别除呼吸次数减少外，还应注意呼吸深度，即肺的气体交换量。当呼吸发生抑制或停止时，应立即采取氧气吸入或人工呼吸，一直坚持到出现自主呼吸或静脉注射呼吸兴奋剂吗乙苯吡酮。

③分泌过多：有的药物使分泌过多，表现为流涎增加，重则有可能导致急性肺水肿，可听到呼吸出现"呼噜音"。应适时进行肌内注射阿托品，减少分泌。

（5）应激反应 有的保定药物比较容易出现应激反应。例如，在临床常用的药物中，噻胺酮出现应激反应的比例较高。应激反应表现在宠物复苏后，多出现兴奋不安、呼吸喘粗、心率加快、分泌增多，有时出现肌红蛋白尿。对出现应激反应的宠物，必须及时创造安静的环境。必要时采取镇静，配合输液、激素、抗生素治疗等医疗措施。

知识测试

一、单项选择题

1. 众所周知，犬、猫有攻击人的习性。犬主要用锋利的牙齿咬人，猫除了用牙齿咬人外，还可用利爪抓人，这是在临床接触犬、猫时必须随时警惕的安全问题。那么宠物的狂犬病主要通过下面哪个途径传播（   ）

A. 消化道　　　　　　B. 呼吸道　　　　　　C. 咬伤

D. 泌尿生殖道　　　　E. 垂直传播

2. 请看下面的图片，这种保定方法属于以下哪种保定方法（   ）

A. 口笼保定法　　　　B. 犬夹保定法　　　　C. 棍套保定法

D. 体壁支架保定法　　E. 扎口保定法

二、问答题

1. 宠物医生或护士在临床上接近犬、猫的过程中，应注意哪几个方面？
2. 宠物常用的化学保定药物有哪几种？有哪些不良反应？

《2011 年执业兽医资格考试应试指南（兽医全科类）》，www. cvma. org. cn。

宠物的接近与保定技术

【目的要求】

掌握临床检查时常用的接近与保定宠物的基本方法。

【实训内容】

犬、猫的接近和保定法。

【实训动物与设备】

动物：犬、猫。

器材：保定绳、口笼、棍套保定器、伊丽莎白圈、猫支架保定器、犬体壁支架保定器等。

【实训方法】

一、接近宠物的方法

接近宠物时，一般应由宠物的主人协助进行，以免被宠物咬伤或抓伤。宠物医生接近宠物时应以温和的呼声，先向宠物发出要接近的信息，然后从宠物的前侧方向徐徐地接近宠物。接近后可用手轻轻地抚摸宠物的头部、颈部或背部，使其保持安静和温顺的状态，便于进行临床检查。

二、接近宠物的注意事项

宠物医生应熟悉宠物的习性，特别对宠物表现的惊恐、攻击人的行为和神态要了解（如犬低头龇牙、不安低声惊吼、低头斜视；猫惊恐低匐、眼直视对方、欲攻击的姿势等）。要向宠物的主人了解宠物平时的性情，注意了解宠物有无易惊恐、好咬人或挠人的恶癖等。

三、犬的保定方法

1. 扎口保定法

（1）长嘴犬扎口保定法；

（2）短嘴犬扎口保定法。

2. 口笼保定法

3. 徒手犬头保定法

4. 站立保定法

（1）地面站立保定法；

（2）诊疗台站立保定法。

四、猫的保定方法

1. 布卷裹保定法

2. 猫袋保定法

3. 扎口保定法

4. 保定架保定法

复习思考题

试述进行犬、猫保定的体会。

项目三 | 临床检查的基本方法

【学习目标】

理解相关专业术语。

了解各种诊断方法的内容、注意事项。

掌握各种诊断方法的临床操作技巧。

【技能目标】

能熟练运用临床诊断的基本方法，并且能够独立对宠物个体进行临床检查以获得临床所需要的症状、资料。

【案例导入】

猫，5 岁，最近 1 周未见排便，近 2d 精神沉郁、不爱吃食，怀疑肠梗阻，那么临床上使用下面哪种诊断方法效果比较好？（　　　）

A. 问诊　　　B. 视诊　　　C. 触诊　　　D. 嗅诊　　　E. 叩诊

【课前思考题】

1. 临床常用的基本检查方法有哪几种？

2. 假设你是宠物医院的一名医生，来诊病例时你打算从哪些方面和宠物主人进行交流？

3. 临床上使用听诊器主要听诊哪些器官？

临床检查宠物的基本方法主要包括：问诊及一般称为物理检查法的视诊、触诊、叩诊、听诊和嗅诊，由于犬、猫个体小、腹壁薄、被毛多等特点，问诊、视诊、触诊、听诊检查是最常用的检查手段。这些临床检查方法都是通过宠物医生的感觉器官，或配合使用简单的器械发现患病宠物的异常表现，为认识疾病、建立正确的诊断提供可靠的资料。

一、问诊

问诊是以询问的方式，向宠物主人了解宠物（犬、猫及鸽等）的发病情况和发病的经过。问诊也是流行病学调查的主要方式，即通过问诊和查阅有关资料，调查有关引起传染病、寄生虫病和营养代谢病发生的一些原因。

（一）问诊的方法

宠物医生应以和蔼的态度、通俗的语言，尽可能地向宠物的主人全面、重点地了解宠物的疾病情况，从中获取与诊断疾病有关的临床资料。根据临诊的启示和需要，可采取启发式询问。宠物的问诊可在临床其他检查方法之前，也可穿插在其他检查方法之中。

（二）问诊的内容

问诊的内容十分广泛，除了解犬、猫的品种、性别、年龄及特征外，应着重了解现病史、既往病史及宠物的饲养管理状况。

1. 现病史

现病史是指本次发病情况及经过，应重点了解。

（1）发病的时间、地点 主人最先发现宠物不正常的时间、地点。不同的情况或条件，可提示不同的可能性疾病，并以此估计可能的致病原因。在发病时间上，除了季节性因素外，应着重了解发病时间与气候、饮食、嬉戏、调教、训练或运动、早晚、产前产后等的关系。对于发病地点，主要了解舍内或舍外及其周边的环境状况，了解是否各类事故发生的可能性，如惊吓、外伤、斗殴、中毒、车祸、人祸等；有些地域可能是某些疾病易发区、高发区。

（2）病后的表现 通常主人往往只介绍疾病的一般症状，如主人发现宠物异常的初始表现往往是食欲不振、呕吐、便秘或腹泻，尿淋漓、排尿疼痛、红尿，精神沉郁或过度兴奋、咳嗽、呼吸困难、流鼻液或流涎，运动障碍，腹胀等。而对疾病特有症状不一定介绍，这通常是提示诊断的重要线索，所以必要时，可提出某些类似的症候、现象，以求宠物主人的解答。

（3）（疾病的经过）诊治情况 目前与开始发病时疾病程度的比较，是减轻或加重了；症状的变化，又出现了什么新的症状或原有的什么症状减轻或消失了；是否治疗过，用过何药和方法，效果如何，曾诊断何病。这不仅可推断病势的进展情况，而且依治疗经过的效果验证，可做为诊断和治疗的参考，根据病势也可以正确地推断该病例的预后。

（4）主人对病因的估计 主人对病因的估计往往是客观具体的，是我们推断病因的重要依据，但不一定是主要的。甚至有的主人对疾病的症状描述不清楚，如：有的主人区分不出宠物是"咳痰"还是"逆呕"，所以对于主人描述的病因、症状要进行甄别。我们绝对不能问主人"你认为你的宠物可能患了什么病"这样的问题，而应该引导主人回答我们的问题，如"宠物患病当日吃了什么食物、吃了多少"、"是否受过烟熏"等类似问题。

（5）周边同种动物发病情况 此时周边地区同种动物是否在大量发病，疾病症状和经过如何，采用哪些方法治疗，转归怎样。是一种动物发病还是多种动物（如狐狸等）同时发病等情况，可作为是否为群发病（传染病、寄生虫病、营养代谢病和中毒病）的诊断条件。如果有，要了解发病率、死亡率及预防情况。询问疾病的传播速度，可以识别疾病是爆发型还是散发型。还要了解发病动物的来源调动情况。这对群发病的诊断很有帮助。

2. 既往病史

患病宠物与同窝宠物以往的患病情况，可帮助了解是继发性疾病还是疾病复发，是否是传染病或中毒性疾病。

预防接种的内容、时间、效果等；过去有无类似的症状出现，经过和结局如何；临近区域经常发生疾病的情况等，可帮助判定是否有传染病或中毒性疾病的发生。

3. 饲养管理状况

一般来说，动物疾病的发生都与饲养管理有着直接或间接的关系。饲养管理不当是造成动物疾病发生最主要的原发病因。一个身体强壮的动物具有强大的抵抗疾病的能力。饲养管理是养育健康动物的第一要素。在收集临床资料的时候，一定要收集饲养管理信息。

（1）日粮种类及饲养制度　多数宠物为杂食动物，宠物日粮来源丰富、种类繁多。我国目前饲喂宠物的日粮形式和来源主要有 3 种：商用宠物日粮、家庭为宠物专门调制的日粮和随家庭共用的饭菜。一般说来，在日常生活中为宠物专门调制日粮是没有必要的，对于某些主人来说甚至是不科学的。从门诊病例看，享受家庭专门调制日粮的宠物发病比例更高。

（2）日常管理措施　不同的宠物日常管理措施不同，但是宠物的日常管理措施必须依据该种动物的生理特点。在制定宠物日常管理制度时，不可以凭自己的想象把自己认为是最好的管理措施强加于宠物。兽医在收集临床资料时应着眼于宠物的饲喂时间、餐数、饲喂量、食物温度、饮水情况，定时定点大小便情况，笼舍卫生，运动情况，调教训练情况等。

（三）注意事项

（1）要具有同情心和责任感，和蔼可亲，考虑全面，语言要通俗易懂，尽量不用专业术语，态度诚恳、亲切、和蔼。这样才能得到主人的密切配合，避免可能引起主人不良反应的语言和表情，防止暗示。

（2）对所得资料不要简单地肯定或否定。要认真分析主人所述内容，主人所述可能不系统、无重点，还可能出现主人对病情的恐惧而加以夸大或隐瞒，甚至不说实话，应对这些情况加以注意，要设法取得主人的配合，运用科学知识加以分析整理，从而提出诊断的线索。

（3）如果是其他门诊或兽医介绍来的，主人持有的介绍信或病历可能是重要的参考资料，但主要还是要依靠自己的询问、临床检查和其他有关检查的结果，经过综合分析来判断。

（4）对于危重病例，在做扼要的询问和重点检查后，应立即进行抢救。详细的检查和病史的询问，可在急救的过程中或之后再做补充。

二、视诊

视诊是用眼（借助简单器械——额镜、内窥镜）对患病宠物的整体或局部进行观察的一种诊断方法，是认识疾病最常用、最简单、最重要的检查方法。

（一）视诊的方法

一般视诊时，检查者应先站在宠物左前方 1～1.5m 的地方，观察全貌。然后由前向后边走边看，顺序地依次观察宠物的头部、颈部、胸部、腹部及四肢。到正后方时，应观察尾部、会阴部，并对照观察两侧胸、腹部的对称性，再由右侧到正前方。如发现异常应按相反的方向再转一圈，做进一步的检查。最后进行牵遛、观察步态等。

视诊在临床中分为全身（大体）视诊和局部（各部位）视诊两种。

1. 全身视诊

全身（大体）视诊通常不进行保定，应尽量让宠物采取自然姿势和状态，宠物医生站在宠物的左前方，观察全貌（图3-1）。然后由前向后边走边看，依次观察头部、颈部、胸部、腹部及四肢，走到正后方时应停留一下，观察尾部及肛门、会阴部，并对照观察两侧胸部、腹部的状态及对称性，由右侧到正前方。如发现异常可稍接近做进一步检查。

图3-1 全身视诊

2. 局部视诊

局部视诊根据情况可实行保定，主要观察宠物局部（各部位）如头部、颈部、胸部、腹部、四肢、尾部及肛门、会阴部等有无异常，如肿胀、创伤、溃疡等。

随着科技的发展，视诊的范围也越来越大，对于某些特殊部位，如鼓膜、眼底、胃肠道黏膜等，也可借助某些仪器进行视诊，如耳镜、内窥镜等。

（二）视诊的内容

视诊时主要注意以下几方面内容。

1. 体质与外貌

如体格的大小、营养及发育状况，被毛的光润程度及胸、腹部的对称性等。体质与外貌的判断应该以动物的品种、年龄、性别、生理状态等为前提。

2. 精神、姿势、运动及行为

如精神沉郁或精神兴奋，姿势是指动物站立时的样子，运动是指行走时的体态。动物站立时的异常情况如交替负重，四肢集于腹下，悬肢，曲颈，僵直等；有无腹痛不安等（图3-2）。

图3-2 病犬精神呆滞

3. 生理活动及代谢物的状态

如撕咬、嘴嚼、吞咽、饮水、呕吐、排粪动作等，排尿姿势、尿液改变、咳嗽、喘息等及排泄物的数量、性状等。

4. 可视黏膜及与外界相通的体腔

如口、鼻、眼、咽喉、生殖道及肛门等黏膜的颜色、完整性，分泌物及排泄物的数量、性状及混合物等。

5. 表被状态

如被毛状态，皮肤和黏膜的颜色及特征，体表的创伤、溃疡、疹块、疱疖、肿物等。

6. 其他

饲料及饮水品质、宠物笼舍卫生等。

（三）注意事项

（1）在自然光照好的宽敞场所进行。光线对检查结果有影响，如在黄色光线下进行检查，轻微黄疸就不易被发现。

（2）对患病宠物一般不保定，使其保持自然状态。要求患病宠物在安静的状态条件下进行，对远道而来的宠物应先休息后再进行视诊；视诊所获得的资料应结合其他临床诊断资料再做出结论。

三、触诊

触诊是用手或手掌，或者借助某些检查器具（探管、探针等）对宠物的组织、器官进行触压和感觉，以判断其有无病理变化的一种诊断方法。

（一）触诊的方法

触诊在临床上分为直接触诊（用手指、掌直接接触宠物体）和间接触诊（借助于器械间接地接触宠物体，如胃管探诊）；此外，根据触诊的部位分为内部触诊和外部触诊。临床诊断中触诊与视诊一般同时进行。

1. 外部触诊法

外部触诊法即直接触诊法，分为浅表触诊法和深部触诊法。

（1）浅表触诊法　用平放而不加压力的手指或手掌以滑动的方式、轻柔地进行触摸，试探检查部位有无抵抗、疼痛或波动等，这种方法适用于皮肤、胸部、腹部、关节、软组织浅部的动静脉和神经的检查。如检查皮肤的湿度时用手掌或手背贴于体表检查。

判断敏感性，如以刺激为目的而判断动物局部的敏感性时，在触诊时应注意观察宠物的反应、头部和肢体的动作，如动物表现为躲闪、回视或反抗，常是敏感或疼痛的表现，但此时应注意宠物可能因为害怕而发生不真实的反应。

检查体表的肿物，主要是感觉肿物的硬度和性状，根据感觉和压后的现象进行判断。有以下几种触感：

①捏粉状：当指压时呈凹陷形成指压痕，但很快恢复原形，类似捏压生面团样的感觉，多见于组织间发生浆液性浸润，如水肿等。

②弹力感：弹力感像压肝脏一样的感觉，表现稍有弹性或较硬的弹性感，如指压蜂窝织炎或新生肿瘤时的感觉。

③硬固：硬固感像触及骨样坚硬的物体时的感觉，如肠结石、硬粪块、异物、骨刺等。

④波动：内容物为血液、脓液及浆液样液体时，表面柔软略有弹性，触之有波动感，指压抬起后立即恢复原位，如脓肿、血肿、腹水等。

⑤气肿：气肿是指在组织间蓄积空气或气体时，体表呈现肿胀的外观，肿胀部位有界限不明显的膨隆触感。压迫时发出捻发音或小水泡破裂音，叩诊时发出鼓音。见于气肿疽、恶性水肿及其继发的皮下气肿。

⑥温感：温感是指对被检宠物体表温度的感觉，是被检宠物全身或局部血液循环的影响所引起的。如局部炎症或高热时呈现热感，贫血时呈现冷感。

⑦疼痛：当触诊宠物某一部位时表现出敏感、不安，可视为局部组织器官有炎症；针刺无反应可视为麻痹。局部炎症或麻痹在临床上非常重要。

特殊情况，在腹下、腹侧或脐部有肿胀，触之柔软，而且有的能还纳，可摸到疝孔，应提示疝（称为赫尔尼亚）。

（2）深部触诊法　是用不同的压力从外部检查内脏器官的位置、形状、大小、活动性、内容物及压痛等的方法。

检查时用一手或两手，由浅入深，逐渐加压以达深部。深部触诊主要用以检查腹腔病变和脏器的情况，根据检查目的的不同，可分为以下几种：

①按压触诊法：以手平放于被检部位，轻轻按压，以感知其内容物的性状与敏感性，适用于检查胸腹壁的敏感性及腹腔器官与内容物的性状（图3-3、图3-4）。

图3-3　按压触诊法1　　　　　图3-4　按压触诊法2

②切入（深压）触诊法：是以一个或几个手指并拢，逐渐用力按压，用以探测腹腔深在病变的部位和内部器官的性状，适用于检查肾脏、肝脾的边缘（图3-5）。

③冲击触诊法：用拳或手掌连续冲击动物被检部位2~3次，以感觉深部组织器官的性状或状况（图3-6）。此法宜用于大的宠物。

图3-5　切入触诊法

2. 内部触诊法

内部触诊法即间接触诊法，又称深部组织触诊，是通过手掌或借助于器械检查内部组织、器官变化的方法。如用并拢的2~3指用力深入触压，检查痛

感和疼痛范围（称插入触诊法）；用双手从宠
物的腹背或两侧腹壁、胸壁同时加压，感知
内脏实质器官有无肿瘤、积粪、肿胀等（称
双手触诊法）。

图 3 - 6　冲击触诊法

（二）触诊的内容

1. 体表状况

如感觉感知动物体表的温度、湿度，皮
肤及皮下组织的质地、弹性、硬度，浅表淋
巴结及局部病变的位置、大小、形态、性质、硬度及疼痛反应等。

2. 组织器官生理或病理性冲动

如心搏动或脉搏的强度、频率、节律、性质等。

3. 腹部状况

腹壁的紧张度、敏感性，腹腔内组织、器官的大小、硬度、游动性等。

4. 感觉功能

如疼痛反射等。

（三）注意事项

（1）注意安全，必要时可适当保定。

（2）触诊四肢及下腹时，一手支撑点，由上至下，从前向后。

（3）检查敏感性时，要由健区到患区先轻后重，并注意比较。

①手法要轻柔，以免引起宠物的精神、肌肉紧张而影响检查效果。

②做腹部检查时，应注意不要将肾脏、充盈的膀胱误认为是腹腔包块。

③触诊时要手脑并用，边触摸边思索病变的解剖位置和毗邻关系，以明确
病变的性质和来自何种脏器。

四、叩诊

叩诊是专门用于宠物的胸部、腹部及其含气部位的诊断。是用手指或叩诊器
叩击宠物患病部位所产生的振动声音（叩诊音），间接地判断内部病变的方法。

（一）叩诊的方法

叩诊在临床上分为直接叩诊和间接叩诊两种方法。其中，直接叩诊是小动
物临床常用的叩诊方法。

1. 直接叩诊

直接叩诊是用叩诊槌或弯曲的手指直接叩击患病部位表面的方法。常用于
额窦炎、上颌窦炎、气肿部位的诊断，也可用于叩击关节或肌腱等以检查宠物
的反射功能。

2. 间接叩诊

间接叩诊是用叩诊器或指与指进行的叩击宠物的方法，是临床应用最为广

泛的诊断方法。在临床上又分为：

（1）指指叩诊　主要用于小宠物的胸部叩诊，是将左（右）手指紧贴于被叩击部位，用另一只屈曲的右（左）手的中指进行叩击的方法。

（2）叩诊器（槌板）叩诊　主要用于胸、腹部的叩诊，是将叩诊板紧贴患病部位的体表，用叩诊槌叩击的方法。

（二）叩诊的内容

叩诊音是叩击组织、器官时产生振动所发出的声音。叩诊音的性质取决于被叩组织的弹性、致密度和含气量。

声音的强弱、清浊取决于声波振幅的大小，振幅大则声音强而清晰，振幅小则声音弱而钝浊。振幅的大小又决定于叩诊的力量及被叩组织、器官的弹性和含气量的多少。因此，在叩打肌肉等组织器官时，其振幅小，声音弱而钝浊，呈浊音；叩打肺脏边缘时，呈半浊音，其声音介于清音与浊音之间。

音调的高低取决于振动的频率，即单位时间内振动的次数，频率高的音调高，频率低的音调低。

叩打含有一定量气体的单一腔体时，器官振动规律呈周期性振动，因此发生近于乐音的鼓音，如叩击含气部位发出的音响。

在临床叩诊检查过程中，常见的具有临床价值的声音如下：

1. 浊音

浊音是叩击坚实或不含空气的部位时发出的小、弱而短的振动音。浊音是类似叩击肌肉多的股部发出的声音，又称股音或肌音。在肺浸润或渗出性胸膜炎等临床叩诊时，可听到明显的浊音。

2. 半浊音

半浊音是清音与浊音之间的过渡音响，如叩击肺脏边缘时发出的声音。

3. 清音

清音是叩击肺脏区域发出的强大而清晰的声音，又称肺音。它是由肺泡、肺组织及气管内的空气振动所引起的。

4. 过清音

过清音是介于清音与鼓音之间的过渡音响，音调较清音低，音响较清音强，极易听到。表明被叩击部位的组织或器官内含有多量气体，但弹性较弱。过清音是额窦、上颌窦的正常叩诊音。

5. 鼓音

鼓音是叩击含气器官发出的大而强的声音，其振动一致。在宠物患有肠鼓气、局部气肿时，叩诊能听到此音。

（三）注意事项

（1）叩诊应在安静的环境中进行。

（2）要选定好叩诊部位，不可盲目。

（3）叩诊板或被叩之指应该平放在被叩部位，紧密连接但不可强力按压，更不可枕于骨骼之上或之间。

（4）利用腕力用叩诊指或叩诊锤垂直打击被叩部位，之后叩诊指或叩诊板要自然弹起，连续叩击 2～3 次。

（5）叩击力量适中并根据被叩部位而适当改变。

五、听诊

听诊是听取体内某些器官功能运动所产生的声音变化，从而推测内部组织器官有无异常的一种诊断方法。听诊与叩诊相同，也是临床非常重要的诊断方法。主要应用于胸部和腹部器官的检查。

自兰耐克（Lannec）1819 年制成单耳听诊器以来，先后有多种类型的听诊器问世。近年来又生产出电子听诊器，主要是通过轻便的电子扩音装置，将听诊的声音进行放大。常用于心音和肺呼吸音的听诊检查。

（一）听诊的方法

听诊的方法包括以耳直接贴于宠物的体壁上直接听诊和用听诊器间接听诊两种方法。

1. 直接听诊法

直接听诊法是将纱布或特制的听诊布覆于宠物的体壁上，用耳部贴附听诊布上，直接听取内部组织、器官的音响。本方法诊断价值虽大，但检查时有一定的危险性。除特殊情况外，一般不用此方法。

2. 间接听诊法

间接听诊法是将听诊器的集音器头紧贴于宠物的体壁，通过连接的胶管，把听取内部组织、器官的音响传入两耳内的方法，在临床上广泛应用。

（二）听诊的内容

听诊时根据来自内部组织、器官发出的声音性质，判断内部组织、器官有无病变，并将所听取来的病理性声音与生理状态的声音进行对比研究探讨。听诊主要应用于如下器官系统的临床检查。

1. 呼吸系统

通常能听取喉头、气管、支气管及肺泡等发出的声音和胸膜的摩擦音等。

2. 循环系统

能听取心搏动的节律变化和心杂音以及心包的摩擦音、拍（击）水音等。特别在判定心瓣膜的功能变化上，心脏的听诊尤为重要（图 3－7）。此外，听取胎儿的心音，在产科范围内是不可缺少的诊断方法。

3. 消化系统

对消化系统用于听诊腹腔内肠管的声

图 3－7　心脏听诊

音。根据胃肠蠕动音的有无及蠕动音的性质判断消化功能。

4. 其他系统

还可听取血管音、皮下气肿音、肌束颤动音、关节活动音、骨折断面摩擦音等。

（三）注意事项

（1）使动物安定后在安静的环境中接受听诊。

（2）听诊器的耳插向前与耳孔紧密接触，不留缝隙。

（3）听头与动物被听部位紧密接触，不可滑动、不可用力按压。

（4）听诊器的传导装置不可与任何物体接触、摩擦，防止外界摩擦音等干扰。

（5）听诊时应集中注意力听取并辨别各种听诊音，观察动物的各种行为表现。

（6）对一个目标的听诊应持续2～3min。

（7）听诊要有针对性，是在问诊之后有目的地进行的。

六、嗅诊

嗅闻是辨别动物呼出气、口腔气味及排泄物、分泌物等有无异常气味的一种检查方法。这些异常的气味多半来自皮肤、黏膜、呼吸道、呕吐物、排泄物、脓液和血液等病理性产物。嗅诊时兽医将患病宠物散发的气味扇向自己的鼻部，然后仔细判断气味的性质。在临诊工作中，通过嗅诊往往能够迅速提供具有重要意义的诊断线索（图3-8）。

图3-8　嗅闻呼出气

常见分泌物和排泄物气味的诊断意义：如呼出气带有特殊的腐败气味，常提示有坏疽性肺炎；呼出气和全身有尿味，提示有尿毒症的可能。

视诊、触诊、叩诊、听诊和嗅诊，是用检查者的视觉、触觉、听觉和嗅觉器官去感知外界现象。感觉器官的灵敏程度是不同的，人类感官精确程度的顺序是视觉、触觉、听觉、嗅觉和味觉，因此，视诊是最可靠的检查法，触诊次之，而依靠听觉的叩诊和听诊则更次之。

只应用任何一种哪怕是十分良好的检查法，其所得症状、材料也都是片面、不充分的，必须依靠其他方法的补充与验证。各种方法的适当配合、各种现象的综合分析，是临诊工作的一般常规和准则。

一、单项选择题

1. 检查体表的肿物，主要是感觉肿物的硬度和性状，根据感觉和压后的现象进行判断，如触诊时有波动感，可能是下面哪种情况？（   ）

A. 皮下水肿　　　　　　B. 皮下气肿　　　　　　C. 蜂窝织炎

D. 脓肿　　　　　　　　E. 新生肿瘤

2. 下面哪种疾病可能与宠物受过烟熏有关系？（   ）

A. 口炎　　　　　　　　B. 咽炎　　　　　　　　C. 唾液腺炎

D. 气管炎　　　　　　　E. 胃炎

二、问答题

1. 临床上问诊有哪些内容？

2. 临床上对宠物使用触诊检查时，应注意哪几个方面的问题？

3. 临床上对宠物使用听诊检查时，应注意哪几个方面的问题？

《2011 年执业兽医资格考试应试指南（兽医全科类)》，www. cvma. org. cn。

临床基本检查技术

【目的要求】

掌握临床检查时常用的接近、保定和检查宠物的基本方法，并能运用这些方法进行临床检查。

【实训内容】

问、视、听、叩、触和嗅诊的基本方法。

【实训动物与设备】

动物：犬、猫。

器材：保定绳、口笼、听诊器、叩诊锤、叩诊板等。

【实训方法】

一、问诊

（一）基本情况调查

基本情况调查包括年龄、体重、性别，是否驱过虫，是否注射过宠物疫苗，有无与患病宠物接触史，生活环境与食物种类等。

（二）病史调查

何时发病，病初情况，病情发展情况，有无呕吐、腹泻、疼痛症状，摄食与饮水情况，体温、呼吸变化，有无排粪排尿，是否流涎，有无抽搐症状，是否让人触摸等。

（三）治疗情况

在哪里看过病，诊断结果如何，用过什么药物，用药方式与药量，用药后效果如何，用药时间等。

二、视诊

视诊包括对犬、猫全身情况的检查和对病症有关局部的检查。

三、触诊

触诊包括徒手检查、器械触诊、叩诊和听诊等。常用的有浅表触诊法和深部触诊法。

（一）浅表触诊法

主要检查皮肤弹性、厚度时，常用手指将皮肤捏成皱褶进行检查。检查皮肤的状况及肿胀或肿物的大小、形状、软硬度、敏感性和移动性等时，用手指加压、触摸、揉捏。触诊时，如果宠物出现回顾、躲闪、反抗，常是敏感、疼痛的表现。

（二）深部组织触诊法

要掌握和领会双手深触诊法、插入诊疗法、冲击触诊法、直肠内触诊法的要领和应用目的。深入理解触诊时的注意事项。

四、叩诊

要掌握直接叩诊法与间接叩诊法。注意了解体会影响叩诊效果的因素。明确心脏、肺脏叩诊的界限及其临床诊断价值。

五、听诊

听诊是听取患病宠物循环器官、呼吸器官、消化器官在活动时所发出的声音，以借此判断其病理变化的方法。分为直接听诊法和间接听诊法。注意了解体会影响听诊效果的因素。

熟练掌握心脏的听诊、肺脏的听诊及肠音的听诊方法，掌握心脏听诊、肺脏听诊及肠音听诊的临床诊断价值。

六、嗅诊

嗅诊是借助嗅觉检查患病宠物的分泌物、排泄物、呼出气及皮肤气味的一种方法。呼出气体带有尸臭气味，多见于肺坏疽；皮肤有汗带有尿臭气味，多见于尿毒症。

复习思考题

试述临床诊断的方法及其注意事项。

项目四 │ 临床检查程序与病历记录

【学习目标】

理解相关专业术语。

了解临床检查程序，病历书写的方法，现症状检查的内容。

掌握项目四患病宠物登记的内容，如何做好发病调查、流行病学调查，什么时候用辅助及特殊检查。

【技能目标】

根据已学过的专业知识，能够了解宠物的种类、品种等与发病有什么关系。

能熟练地掌握发病调查和流行病学调查的每一个细节，熟练地书写病历。

【案例导入】

犬低血钙性痉挛多发生于（　　　）。

A. 早晨　　　B. 中午　　　C. 下午　　　D. 傍晚　　　E. 凌晨

【课前思考题】

1. 犬、猫的年龄与发病有什么样的关系？

2. 如何给犬、猫测体温？应该注意哪些问题？

一、患病宠物登记

患病宠物登记就是系统地记录就诊患病宠物的标志和特征。登记的目的主要是了解患病宠物的个体特征，便于识别；同时也可为临床诊断和治疗工作提供一些参考性条件。

对患病宠物的登记主要记录以下内容。

（一）宠物的种类

如犬、猫、鸽子、观赏鸟、观赏鱼等。不同种类的宠物各有本身固有的传染病，如犬瘟热病仅发生在犬，猫泛白细胞减少症（猫瘟热）不感染犬，而狂犬病是犬、猫共患的传染病。宠物的种属不同也各有其不同的常见、多发病，如观赏鸟的嗉囊系列疾病等。

（二）宠物的品种

同一种属不同品种的宠物因品种之间的差异，发病情况也各不同；不同品种的宠物有不同的生理功能，其个体抵抗力及体质类型也不同。因此，不同品种的宠物也有不同的常发病。如小型贵妇犬和其他小型犬的膝关节易脱臼，拳师犬肿瘤的发病率较高，短头犬较易发生呼吸系统疾病。

（三）宠物的性别

不同性别宠物的解剖、生理特点，在临床诊断工作中应予以注意。雌性宠物在妊娠、分娩前、分娩后的特定生理阶段，常有特定的多发病或在临床治疗中需特殊注意的治疗事项。因此，在宠物登记时对妊娠的宠物应加以明示。

（四）宠物的年龄

宠物的不同年龄阶段，常有其特有的、多发的疾病。宠物的不同年龄可提示不同种类的疾病。一般，传染病和先天性疾病常发生在幼年宠物，而内分泌失调性疾病和肿瘤常发于成年或老年宠物；肠套叠和寄生虫病多见于青年宠物。

此外，对就诊的患病宠物还应登记宠物的名称。为了便于联系，应登记宠物主人的姓名、住址、联系电话等信息。通常应注明就诊的日期和时间。

二、发病情况调查

对发病情况的调查主要通过问诊的方法，必要时须进入现场了解患病宠物的全部情况。一般在患病宠物登记后与临床检查开始前进行。发病情况调查的内容如下：

（一）发病时间

询问患病宠物的发病时间及发病当时的具体情况，如饲喂前或饲喂后发病、运动中或休息时发病等。

（二）病后表现

主要了解患病宠物的饮食、粪便、尿液的情况，有无咳嗽、不安、异常运动行为表现等，主要向宠物的主人进行了解。

（三）诊治情况

宠物患病后是否治疗过，治疗时的用药情况及效果。可供临床诊断和治疗时参考。

（四）以往健康情况

以往是否患过病，患病情况如何？平时的饲养情况怎样？日粮情况及调配情况等。

三、流行病学调查

对患病宠物怀疑是传染病、寄生虫病、代谢性疾病、中毒性疾病时，应当对患病宠物所在的宠物群及住所周围宠物的发病情况进行流行病学调查。流行病学调查的主要内容包括以下两方面：

第一，同窝或周围饲养的宠物有无类似疾病的发生，发病率是多少；有无死亡，死亡率是多少；临近饲养的宠物有什么疾病流行；是否注射过疫苗；防疫时间如何，对传染病的分析有重大的临床诊断价值。

第二，宠物的食物配合情况和饲喂方法等，饲料的质量、加工调制的方法如何；饲料的放置场所附近有无有毒气体及废水排放等。对推断病因，分析中毒病、代谢性疾病等均有重要的临床诊断价值。

四、现症临床检查

现症临床检查就是对患病宠物进行客观的临床检查，是发现、判断症状及病变的主要手段。症状及病变是提示诊断的基础和出发点。因此，临床检查必须仔细、认真，一般可按下列步骤进行。

（一）一般检查

（1）观察整体状态，如精神、营养、体格、姿势、运动、行为等。

（2）测定体温、脉搏及呼吸次数。

（3）被毛、皮肤及浅表的病变。

（4）可视黏膜的检查。

（5）浅表淋巴结的检查。

（二）各器官、系统检查

（1）心血管系统检查。

（2）呼吸系统检查。

（3）消化系统检查。

（4）泌尿及生殖系统检查。

（5）神经及运动系统检查。

有时也可根据个人的习惯，在患病宠物登记、问诊后，按整体及一般检查对头部、胸部、腹部、臀部及四肢等部位进行细致检查。

五、辅助临床检查与病历书写

根据临床检查的需要可配合进行某些功能性试验、实验室检查检验、特殊临床检查等。

当然，临床检查的程序并不是固定不变的，可依据患病的具体情况而灵活运用。应该特别强调的是，临床检查必须全面而系统，在一般检查的基础上，要对病变的主要器官和部位再做详细、深入的检查，以全面揭示病变与症状，为临床诊断提供充分、可靠的材料。

所有临床检查及特殊检查的结果，均应详细地记录于病历中。

病历不仅是诊疗机构的法定文件，也是临床工作者不断总结诊疗经验的宝贵原始资料，并可作为法律医学的证据。因此，必须认真填写，妥善保管。

病历的书写，一般包括登记、病史、一般检查、各系统检查、实验室及特殊检查，诊断、处方及治疗等内容。

病历书写要全面、详细，对症状的描述要力求真实、具体、准确，要按主次症状分系统（或按部位）进行顺序记载，避免零乱和遗漏，记录用词要通俗、简明、字迹清楚。对疑难病例，一时不能确诊的，可先填写初步诊断，待确诊后再填最后诊断。

一、单项选择题

1. 同一种属不同品种的宠物因品种之间的差异，发病情况也不同，如：下面哪种犬容易发生膝关节脱臼？（　　）

　　A. 小型贵妇犬　　　　B. 松狮犬　　　　　C. 拉布拉多犬

　　D. 金毛猎犬　　　　　E. 德国牧羊犬

2. 同一种属不同品种的宠物因品种之间的差异，发病情况也不同，如：下面哪种犬肿瘤发病率比较高？（　　）

　　A. 贵妇犬　　　　　　B. 雪纳瑞犬　　　　C. 拳师犬

　　D. 可卡犬　　　　　　E. 博美犬

二、问答题

1. 患病宠物登记主要登记哪些内容？

2. 流行病学调查主要有哪些内容？

《2011 年执业兽医资格考试应试指南（兽医全科类)》，www.cvma.org.cn。

临床检查程序

【目的要求】

了解临床按照程序检查的必要性，掌握临床检查的程序、步骤。

【实训内容】

1. 患病宠物登记。

2. 发病情况调查。

3. 流行病学调查。

4. 现症临床检查。

5. 辅助或特殊临床检查。

6. 病历书写。

【实训动物与设备】

动物：犬、猫。

器材：病历记录本、笔。

【实训方法】

一、患病宠物登记

1. 宠物的种类。

2. 宠物的品种。

3. 宠物的性别。

4. 宠物的年龄。

二、发病情况调查

1. 发病时间。

2. 病后表现。

3. 诊治情况。

4. 以往健康情况。

三、流行病学调查

对疑似患传染病、寄生虫病、代谢性疾病、中毒性疾病的患病宠物进行流行病学调查。

四、现症临床检查

1. 一般检查。
2. 各器官、系统检查。

五、辅助或特殊临床检查

1. 实验室检查检验。
2. 特殊临床检查。

六、病历书写

病历书写要全面、详细，对症状的描述要力求真实、具体、准确，要按主次症状分系统（或按部位）进行顺序记载，避免零乱和遗漏，记录用词要通俗、简明、字迹清楚。对疑难病例，一时不能确诊的，可先填写初步诊断，待确诊后再填最后诊断。

【病历记录表】

病　　历

NO. _____

主人：_____ 住址：_____ 电话：_____

品种：_____ 性别：_____ 年龄：_____ 毛色：_____

特征：_____

发病日期：_____ 初诊日期：_____

初步诊断：_____ 最后诊断：_____

疾病转归：_____年_____月_____日　宠物医师签名：_____

病史：既往史：_____

_____

现病史：_____

_____

饲养情况：_____

_____

临床检查：体温_____℃；脉搏_____（次/min）；呼吸数_____（次/min）

整体状态：_____

_____

循环系统：_____

_____

呼吸系统：_____

消化系统：_____

_____

泌尿生殖系统：_____

_____

神经及运动系统：_____

_____

副页　　　　　　　　　　　　　　　　　　　　　　　　　　第一页

日期	临床症状、治疗及处置	医师签字

第二页（十六开）

复习思考题

1. 试述临床上应该按照怎样的程序来进行检查。

2. 如何进行病历书写？

项目五 | 一般临床检查

【学习目标】

理解相关专业术语。

了解一般临床检查的内容与方法，及给犬、猫进行临床三检的必要性。

掌握整体状态的观察、皮肤和被毛的检查、眼结膜的检查、体表淋巴结检查的内容，及给宠物进行体温测定、脉搏数检查、呼吸数检查的方法。

【技能目标】

能根据已学过的专业知识，了解宠物的整体状态给临床诊疗工作可以提供哪些信息。

能熟练掌握宠物眼结膜检查、体温测定等的方法与技巧。

【案例导入】

犬瘟热时有发热现象，其热型属于典型的（   ）。

A. 稽留热　　　　B. 弛张热　　　　C. 双相热

D. 不定型热　　　E. 间歇热

【课前思考题】

1. 犬、猫在精神抑制时是什么样的状态？分别有什么临床意义？

2. 犬、猫眼结膜在病理情况下有哪些变化？有什么临床意义？

一般临床检查是对患病宠物进行临床诊断的初步阶段。通过检查可以了解患病宠物的全貌，并可发现疾病的某些重要症状，为进一步的系统临床检查提供线索。一般临床检查主要应用视诊和触诊的方法进行，检查内容主要包括整体状态的观察、被毛及皮肤的检查、眼及眼结合膜检查、浅表淋巴结检查以及体温、脉搏和呼吸数的测定等。

一、整体状态的观察

（一）精神状态观察

动物的精神状态是动物的中枢神经系统功能活动的状态，正常时中枢神经系统的兴奋与抑制两个过程保持动态的平衡。可根据其对外界刺激的反应能力及其行为表现而判定。动物表现为静止时较安静，行动时较灵活，经常注意外界，对各种刺激较为敏感。

1. 正常状态

一般情况下，健康犬、猫眼神灵活、有光泽，反应灵敏。正常犬、猫对主人（或饲养员）较为熟悉，见到主人喜撒娇，活泼可人，服从指令。但对生人较为警惕，有人接近，即起立作防御状，或发出威胁声，或退避。

2. 临床意义

当中枢神经系统功能发生障碍时，兴奋与抑制过程的平衡被破坏，具有临床诊断价值的是患病宠物常表现为过度的兴奋或抑制。

（1）兴奋　是中枢功能亢进的结果，依据其病变程度不同可表现为：

①轻度兴奋：患病宠物对外界的轻微刺激即表现为强烈反应，经常左顾右盼、竖耳、刨地、不安乃至挣扎。可见于脑及脑膜充血和颅内压增高的疾病，如脑与脑膜的炎症、日射病与热射病的初期；中毒或某些传染病的初期等。

②精神狂躁：患病宠物表现为不顾一切障碍向前直冲或后退不止，反复挣扎乃至攻击人畜（图5-1）。多提示为中枢神经系统的重度病症，如脑膜炎的狂躁型、狂犬病等。

（2）抑制　是中枢神经系统紊乱的另一种形式。依据程度不同可表现为：

①沉郁：可见患病宠物离群呆立，委靡不振，耳聋头低，对周围事物冷淡，对刺激反应迟钝，见于一切热性病及慢性消耗性疾病的体力衰竭（图5-2）。

图5-1　患犬精神狂躁　　　　　　　图5-2　患犬精神沉郁

②嗜睡：表现为重度委靡，闭眼似睡，或站立不动或卧地不起，给以强烈刺激才引起其轻微反应。多见于重度的脑病或中毒性疾病。

③昏迷：是动物重度的意识障碍，可见意识不清、卧地不起、呼唤不应、对刺激几乎无反应或仅有部分反射功能。多见于脑及脑膜疾病的后期。重度昏迷是预后不良的征兆。

由于大失血、急性心力衰竭或血管功能不全而引起急性脑贫血时，临床上表现为一时性昏迷状态，称为休克或虚脱。如果病情好转，随着脑供血功能的改善，动物的精神状态即行恢复。

据临床资料获悉，精神状态的异常表现不仅常随病程的发展而有程度上的改变，如最初的兴奋不安逐渐变为高度的狂躁，或由轻度的沉郁而渐呈嗜睡乃至昏迷，此系病程加重的结果；而且有时在同一疾病的不同阶段，可因兴奋与抑制过程的相互转化，而表现为临床症状的转变或两者的交替出现，如初期兴奋，后期可转变为昏迷，或可见到兴奋、昏迷与昏睡、兴奋的交替出现。由此可见，对某些临床症状及其诊断意义的分析，不能简单地、机械地和固定地、绝对地看待。疾病不是一个静止的过程，症状也自然要有动态的变化。

（二）营养状况观察

营养状况表示动物机体物质代谢的总水平，与饲养管理密切相关。

宠物的营养状况观察主要是根据肌肉的丰满程度、皮下脂肪的蓄积量、被毛的状态和光泽及警醒情况来判定。健康宠物应肥瘦适度，肌肉丰满健壮，被毛光顺而富有光泽，使人看后有一种舒适感。临床上把宠物的营养状况分为3类。

1. 营养良好（八九成膘）

营养良好的宠物，肌肉丰满，皮下脂肪充盈，被毛光泽，躯体圆满而骨骼棱角不突出。

2. 营养不良（五成膘以下）

营养不良的宠物，消瘦，且被毛蓬乱、无光泽，皮肤缺乏弹性，骨骼表露明显（如肋骨）。营养不良的患病动物，多同时伴有精神不振与躯体乏力。

3. 营养中等（六七成膘）

营养中等的宠物介于营养良好和营养不良之间。

另外，营养过剩在宠物中较多见，是体内中性脂肪积聚过多，引起肥胖，主要是由运动不足、营养过剩或内分泌紊乱而引起。如犬肥胖症除因单纯性肥胖（食物性肥胖）外，多因肾上腺皮质功能亢进、甲状腺功能减退及性腺功能障碍等引起内分泌紊乱性肥胖。

4. 营养不良的临床意义

（1）急剧消瘦 主要应考虑有急性热性病的可能或由于急性胃肠炎、频繁下痢而致大量失水的结果。

（2）缓慢消瘦 多提示为慢性消耗性疾病（主要为慢性传染病、寄生虫病、长期的消化紊乱或代谢障碍性疾病等）。

此外，所有幼龄动物的消瘦，应注意营养不良、贫血、佝偻病、维生素 A 缺乏症、白肌病［硒和（或）维生素 E 缺乏症］以及其他营养、代谢紊乱性疾病等。高度的营养不良称为恶病质，是判断预后不良的一个重要指征。

（三）体格发育状况观察

体格发育状况一般可根据骨骼与肌肉的发育程度来确定。为了确切地判定，可应用测量器械测定其体高、体长、体重、胸围及管围的数值。一般依视诊观察的结果，可区分体格的大、中、小或发育良好与发育不良。

1. 发育良好

体格发育良好的犬、猫，其外貌清秀，结构匀称，肌肉结实，给人以强壮有力的印象。强壮体格的犬、猫，不仅生产性能良好，对疾病的抵抗力也强。

2. 发育不良

发育不良的犬、猫，多表现为躯体矮小，结构不匀称，特别是幼龄阶段，常呈发育迟缓甚或发育停滞。

3. 发育不良的临床意义

一般可提示营养不良或慢性消耗性疾病（慢性传染病、寄生虫病或长期的消化紊乱）。在幼龄犬、猫，可见其比同种、同窝的犬、猫发育显著落后，往往是慢性传染病、寄生虫病（尤其是蛔虫病）以及营养不良（先天性或母乳不足）所致，多见于矿物质、维生素代谢障碍而引起的骨质疾病（骨软症与佝偻病）。幼龄动物的佝偻病，在体格矮小的同时其躯体结构呈明显改变，如头大颈短、关节粗大、肢体弯曲或脊柱凸凹等特征形象。

（四）姿势与体态的观察

姿势是指动物在相对静止或运动过程中的空间位置和呈现的姿态。

1. 正常姿势

健康宠物均采取自然姿态，行走步态自然，各有其不同的特点。

2. 临床意义

病理状态下所表现的反常状态，常由中枢神经系统疾病及其调节功能失常，骨骼、肌肉或内脏器官的病痛及外周神经的麻痹等原因而引起。异常姿势的改变具有一定的临床诊断价值，常见姿势异常表现如下。

（1）强迫站立姿势

①木马样姿势：表现为头颈平伸、肢体僵硬、四肢关节不能屈曲、尾根竖起、鼻孔开张、瞬膜露出及牙关紧闭等，全身肌肉强直性痉挛。多见于宠物破伤风等疾病（图5-3）。

②四肢疼痛性强迫站立姿势：单肢疼痛表现为患肢提起，健肢负重站立姿势；多肢疼痛，多见于蹄叶炎、骨骼疾病、关节疾病、肢体肌肉风湿病等，常呈四肢聚于腹下的站立姿势或肢体频频交替的负重站立，健康肢采用替代负重的姿势。

图5-3 破伤风强直性痉挛、角弓反张

（2）强迫伏卧姿势

①四肢骨骼、关节、肌肉疼痛：宠物喜卧，站立时困难并伴有全身肌肉震颤，见于骨软症、风湿病等。

②衰竭性疾病四肢无力：喜卧不动，多见于长期消耗性疾病。

③截瘫性强迫伏卧：多见于两后肢的截瘫，宠物呈"犬坐"姿势，严重的病例表现为后躯感觉、反射功能障碍及排粪、排尿失禁。

（3）强迫运动姿势

①共济失调：运动时四肢配合不协调，呈醉酒状。可见于脑脊髓的炎症，多为病原侵害小脑的结果。

②盲目运动：无目的地徘徊，前冲或后退，或呈圆圈运动，或以一肢为轴，呈时针样运动。多提示脑、脑膜的炎症，中毒性疾病或脑的占位性病变。

（4）肢体跛行　某一肢体或多个肢体患有疼痛性疾病，使运动功能障碍导致运步失常，称为跛行。患肢着地、负重时表现疼痛为支跛；患肢提举时有运动障碍为悬跛；两者均有时为混合跛。

跛行多由四肢骨骼、关节、肌腱、蹄部或四肢外周神经的疾病所引起。

（5）体躯蜷缩　若犬躺卧时头置于腹下或卧姿不自然，不时翻动，为腹痛表现。猫腹痛时则表现为坐姿蜷缩，人若抱之，呈痛苦呻吟状。

二、表被状态的检查

检查表被状态，主要应注意其被毛、皮肤、皮下组织的变化以及表在的外科病变的有无及特点。健康犬、猫的被毛平整、有光泽，皮肤富有弹性。被毛和皮肤的异常变化是皮肤、被毛疾病及维生素缺乏症或营养代谢疾病的一种表现。检查被毛和皮肤主要通过视诊和触诊。对于外寄生虫或霉菌等引起的皮肤病，还可以刮取病料进行显微镜检查。

（一）被毛检查

1. 检查的内容

宠物的被毛检查主要采用视诊和触诊的方法，主要观察毛、羽的清洁性、光泽及脱落情况。健康宠物的被毛平顺而富有光泽，每年春、秋两季脱换新毛。

2. 临床意义

被毛松乱、失去光泽、容易脱落，多见于营养不良、某些寄生虫病、慢性传染病。局部被毛脱落，见于湿疹、疥癣、脱毛癣等皮肤病。鸟的啄羽症脱毛，多为代谢紊乱和营养缺乏所致。

此外，当饲养管理不当或长期饲料配合不合理，可能出现卷毛、无光泽和色泽变化，并可影响皮肤的健康。

（二）皮肤检查

1. 检查方法

宠物的皮肤检查主要采用视诊和触诊的方法。

2. 临床意义

宠物皮肤检查的诊断价值主要有以下几方面。

（1）颜色　皮肤颜色的检查，一般能反映出动物血液循环系统的功能状态及血液成分的变化。白色皮肤的宠物，皮肤没有色素，呈淡蔷薇色（即粉红色），容易检查出皮肤颜色发生的细微变化。而皮肤具有色素的宠物，辨认色彩的变化较为困难，一般通过检查可视黏膜的色彩分析问题。白色皮肤的宠物，其颜色改变可表现为苍白、黄染、发绀及发红。

①苍白：为贫血之症，可见于各型贫血（如猫传染性贫血）。

②黄疸：可见于肝病（如实质性肝炎、中毒性肝营养不良、肝变性及肝硬化），胆道阻塞（肝片吸虫症、胆道蛔虫病），溶血性疾病（如新生仔犬黄疸等）。

③蓝紫色：又称发绀。轻则以耳尖、鼻盘及四肢末端为明显；重者可遍及全身。可见于严重的呼吸器官疾病；重度的心力衰竭；多种中毒病，尤以亚硝酸盐中毒最为明显。此外，中暑时也常见显著的发绀。多种疾病的后期均可见全身皮肤明显发绀，以致全身皮肤重度发绀，常为预后不良的指征。

④发红：是充血的结果或发热的表现，如犬瘟热。犬瘟热后期皮肤上有红色斑点及疹块。

（2）温度　检查皮温，可用手掌或手背触诊动物躯干、股内等部位而判定。为确定躯体末梢部位皮温分布的均匀性，犬、猫可触诊鼻端、耳根及四肢的末梢部位，观赏鸟可检查肉髯及两足。

动物皮肤血管网的分布状况和皮肤散热功能是影响皮温高低的主要因素，在思考问题时应以此为出发点。当然，皮肤温度也受外界气温的影响。

全身皮温增高，常见于发热性疾病；局限性皮温增高是局部炎症的结果。全身皮温降低见于衰竭症、大失血；局部皮肤发凉，见于该部水肿或神经麻痹。皮温不均，见于心力衰竭及虚脱。

①皮肤温度增高：是体温升高，皮肤血管扩张，血流加快的结果。又分为下面两种。

a. 全身性皮温增高：提示热性病、剧痛、过度兴奋等。

b. 局部性皮温增高：提示局部炎症，如皮炎、蜂窝织炎、咽喉炎等。

②皮肤温度下降：由于血液循环障碍，皮肤血管中血流灌注不足所致。全身性皮温降低，是体温降低的标志，见于心力衰竭、营养不良、大失血、重症贫血等。又分为：

a. 局限性皮温降低：如四肢末梢厥冷，见于高度血液循环障碍、心力衰竭、休克和虚脱、该部皮肤及皮下组织的水肿、局部麻痹等。

b. 皮肤温度不均：即皮温分布不均，多为皮肤血液循环不良或神经支配异常而引起局部血管痉挛所致。

末梢冷厥是重度循环障碍的结果，表现为耳鼻发凉、四肢末梢发冷，可见于心力衰竭及虚脱、休克。

（3）湿度　皮肤的湿度与汗腺分泌有关。由于犬汗腺极不发达，此项对犬临床诊断意义不大。对于其他宠物，如发现汗增多，除因气温过高、湿度过大或运动之外，多属于病态。临床上表现为全身性和局部性湿度过大（多汗）。全身性多汗，常见于热性病、日射病以及剧痛性疾病、内脏破裂；局部性多汗多为局部病变或神经功能失调的结果。皮肤干燥见于脱水性疾病，如严重腹泻。

（4）弹性　皮肤弹性可从另一侧面反映机体的营养水平和健康状况。检查皮肤的弹性，通常可于犬、猫背部，用手将皮肤捏成皱褶并轻轻拉起，然后放开，根据其皱褶恢复的速度而判定。健康宠物提起的皱褶很快恢复、平展。皮肤的弹性降低时，皱褶恢复很慢，多见于大失血、脱水、营养不良及疥癣、湿疹等慢性皮肤病（图5-4）。

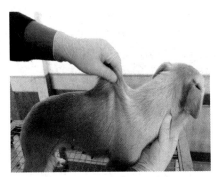

图5-4　皮肤弹性检查

（5）疹疱　是许多传染病和中毒病的早期症状，对疾病的早期诊断有一定意义，多由于毒素刺激或发生变态反应所致。疹疱按其发生的原因和形态不同可分为以下几种：

①斑疹：是弥漫性皮肤充血和出血的结果。用手指压迫，红色即退的斑疹，称为红斑，见于日光敏感性疾病；小而呈粒状的红斑，称为蔷薇疹，见于痘病毒引起的疾病；皮肤上呈现密集的出血性小点，称为红疹，指压红色不退，见于病毒性疾病及其他有出血性素质的疾病。

②丘疹：呈原形的皮肤隆起，由小米粒到豌豆大，是皮肤的乳头层发生浸润所致。在患传染性口炎和滤泡性鼻炎时，常出现于唇、颊部及鼻孔周围。

③水疱：为豌豆大、内含透明浆液性液体的小疱。因内容物性质的不同，可分别呈淡黄色、淡红色或褐色。患痘病时水疱是其发病经过的一个阶段，其后转为脓疱。

④脓疱：为内含脓液的小疱，呈淡黄色或淡绿色，见于痘病及犬瘟热等。

⑤荨麻疹：为皮肤表面散在的鞭痕状隆起，多为豌豆大至核桃大，表面平坦，常有剧痒，多呈散在性的急性发生，预后不留任何痕迹。常于接触荨麻而发生，故称荨麻疹。宠物受到昆虫刺蜇、突然变换高蛋白性饲料、消化不良以及上呼吸道感染等，均可出现荨麻疹。这是由于机体变态反应引起毛细血管扩张及损伤而发生真皮或表皮水肿所致。

（6）皮肤及皮下组织肿胀　皮肤及皮下有肿胀时，用视诊法观察肿胀部位的形态、大小，并用触诊判定其内容物的性状、硬度、温度以及可动性和敏感性等。临床上常见的肿胀有以下几种：

①皮下水肿：特征为局部无热、无痛反应，指压如生面团并留指压痕（炎性肿胀则有明显的热痛反应，一般较硬、无指压痕）。皮下浮肿依据发生原因主要分为营养性、肾性及心性浮肿。宠物下颌、四肢、下腹部浮肿，多见于寄生虫病；牛下颌或胸前浮肿，常见于心脏病、心包炎，因循环障碍，可引

起全身浮肿；观赏鸟皮下浮肿可见于渗出性素质（如硒或维生素 E 缺乏）；一般宠物的腹下、胸下、阴囊及四肢浮肿，见于营养不良、心脏和肾脏疾病以及局部血液循环障碍等。

②皮下气肿：触诊时出现捻发音，颈、胸侧及肘后的串入性皮下气肿，局部无热痛反应。多见于宠物皮下外伤引起的气肿等。出现腐败性炎症时，常伴有发热（局部或全身性），局部切开皮肤时，可流出腐败发臭的液体。

③脓肿、水肿及淋巴外渗：多呈圆形突起。触诊多有波动感，见于局部创伤或感染，穿刺抽取内容物即可予以鉴别。

④其他肿物：

a. 疝：用力触压疝的病变部位时，疝内容物即可还纳入腹腔，并可摸到疝孔，如宠物的腹腔疝、脐疝、阴囊疝。

b. 体表局限性肿物：如触诊坚实感，则可能为骨质增生、肿瘤、肿大的淋巴结；如腺癌多发于肛门周围及耳部，肿块迅速增大，多发于雌性宠物；宠物的乳房部位出现肿块时，良性的肿胀缓慢，恶性的肿块增长速度快；腹部淋巴结肿大多见于痢疾；下颌、腋下、大腿根部淋巴结肿大，多见于恶性淋巴结肿大；四肢部位出现硬性肿物，触诊固定不动，有时带有疼痛，多见于骨质增生等。

三、可视黏膜的检查

凡是肉眼能看到或借助简单器械可观察到的黏膜，均称为可视黏膜，如眼结膜、鼻腔、口腔、阴道等部位的黏膜。常以眼结膜颜色代表可视黏膜的颜色。检查眼及眼结膜时，应着重观察眼结膜的颜色，其次要注意眼有无肿胀和分泌物。

（一）眼部观察

宠物的眼部观察，主要观察眼部的状况，如眼部外伤、有无肿胀物等，特别注意眼部（眼窝）凹陷，一般是脱水的特征，肿胀是水肿的特征。要注意与眼病的区别。

（二）眼结膜检查

检查眼结膜时，宜在自然光线下进行，便于准确判定眼结膜的颜色。检查时应对两眼进行比较，必要时可与其他部位的可视黏膜进行对照（图 5 - 5）。

健康宠物的眼结膜为淡红色，但很易因兴奋而变为红色。

（三）眼结膜检查的项目

眼结膜并无固定的方法，将上下眼睑打开进行检查即可，操作时应将动物

图 5 - 5　犬的眼结膜检查

保定可靠，以防咬伤。

1. 眼睑及分泌物

一般老龄、衰弱的动物有少量分泌物。眼睑肿胀并伴有羞明、流泪，是眼炎或眼结膜炎的特征。如有反复地周期性发作病史，多提示为周期性眼炎，如夜盲症。轻度的结膜炎症，伴有大量的浆液性眼分泌物，可见于流行性感冒。

黄色、黏稠性眼眵，是化脓性结膜炎的标志，常见于某些发热性传染病和犬瘟热。宠物大量流泪，可见于感冒。

2. 眼结膜的颜色

眼结膜的颜色决定于黏膜下毛细血管中的血液数量及其性质，以及血液和淋巴液中胆色素的含量。正常时，健康犬、猫的可视黏膜湿润，有光泽，呈淡红色，猫的比犬的要深些。眼结膜颜色的改变，不仅可反映其局部的病变，并可推断全身的循环状态及血液某些成分的改变，在诊断和预后的判定上均有一定的意义。常见的病理表现为潮红、苍白、发绀或黄疸。

（1）苍白　由于全身或头部循环血液量减少，以致局部组织、器官的血液供给和含血量不足，是各种贫血的表现。急速发生苍白的，见于大失血、肝脾破裂等；逐渐苍白的，见于慢性消耗性疾病，如慢性消化不良及寄生虫病、营养性贫血。

（2）潮红　是结膜下毛细血管充血的征象，也可见于眼结膜的炎症和外伤。根据潮红的性质，可分为弥漫性潮红和树枝状充血。

弥漫性潮红是指整个眼结膜呈均匀潮红，见于各种急性热性传染病、胃肠炎、胃肠性腹痛病等；树枝状充血是由于小血管高度扩张、显著充盈而呈树枝状，常见于脑炎及伴有高度血液反流障碍的心脏病。

（3）黄疸　结膜呈不同程度的黄色，是由于胆色素代谢障碍，致使血液中胆红素浓度增高，进而渗入组织所致，以巩膜及瞬膜处较易发现。

①肝前性黄疸：因红细胞被大量破坏，使胆色素蓄积并增多而形成黄疸，又称溶血性黄疸，如血孢子虫病等。此时，由于红细胞被大量破坏而同时造成机体的贫血，所以，在可视黏膜黄染的同时常伴有苍白现象。结合膜的重度苍白与黄疸，是溶血性疾病的特征。应该说明，某些疾病时的黄疸现象，可能是多种因素综合作用的结果。

②肝性黄疸：因肝实质的病变，致使肝细胞发炎、变性或坏死，并有毛细胆管的淤滞与破坏，造成胆色素混入血液或血液中的胆红素增多，又称实质性黄疸，可见于实质性肝炎、肝变性以及引起肝实质发炎、变性的某些传染病、营养代谢病与中毒病。

③肝后性黄疸：因胆管被结石、异物、寄生虫所阻塞或被其周围的肿物压迫，引起胆汁淤滞、胆管破裂，造成胆色素混入血液而发生黏膜黄染，又称阻塞性黄疸，可见于胆结石、华支睾吸虫病、胆道蛔虫等。此外，当小肠黏膜发炎、肿胀时，由于胆管开口被阻，可有轻度的黏膜黄染现象。

肝前性、肝性和肝后性黄疸的鉴别见表 5 – 1。

表 5 – 1　　　　　　　肝前性、肝性和肝后性黄疸的鉴别表

分类	发生机制	病因
肝前性（溶血性）	胆红素形成过多	溶血性疾病
肝性（实质性）	肝细胞处理胆红素能力（摄取、结合、排泄）下降	肝脏疾病、肝内胆汁淤滞
肝后性（阻塞性）	肝外胆汁排泄障碍、胆道阻塞	胆道梗塞性疾病

（4）发绀　可视黏膜呈蓝紫色，发暗，是血液中还原性血红蛋白增多或形成大量变性血红蛋白的结果。一般引起发绀的原因有以下几种：

①动脉血的氧饱和度不足：上呼吸道狭窄、肺脏的呼吸面积显著减少（肺炎、胸膜炎）。因吸入性呼吸困难（如上呼吸道高度狭窄）或肺呼吸面积显著减少（如当各型肺炎、胸膜炎时），引起氧气供应不足，导致肺部血液氧合作用不足而引起。

②缺血性缺氧：全身性淤血时，因血流缓慢，血液流经组织中毛细血管时，脱氧过多；严重休克时，心输出量减少，外周循环缺血缺氧，黏膜呈青灰色。因血流过缓或过少，而使血液流经体循环的毛细血管时，过量的血红蛋白被还原而导致，这种发绀又称外周性发绀，多见于由心力衰竭或心脏衰弱引起的全身性淤血。

血液中出现多量的异常血红蛋白衍生物（如高铁血红蛋白），见于亚硝酸盐中毒。

（5）有出血点或出血斑　结膜呈点状或斑块样出血，是因血管壁通透性增大所致，常见于血液寄生虫病、某些传染病等。

四、浅表淋巴结的检查

由于淋巴结体积小并深埋在组织中，故在临床上只能检查少数淋巴结。对宠物常检查腹股沟淋巴结。

（一）检查方法

淋巴结的检查主要采用触诊和视诊的方法进行，必要时采用穿刺检查方法，主要注意其位置、形态、大小、硬度、敏感性及移动性等。

（二）临床意义

1. 急性肿胀

通常呈明显肿大，表面光滑，伴有明显的热、痛（局部热感，敏感）反应，一定移动性（但受限）。提示周围组织、器官的急性感染，如犬炭疽病、血液寄生虫病等。

2. 慢性肿胀

一般呈肿胀、硬结、表面不平，无热、无痛，且多与周围组织粘连而固

着，有难于活动的特点。淋巴结的慢性肿胀，在犬淋巴性白血病的早期可见全身体表淋巴结发生无热无痛的慢性肿胀。淋巴结的慢性肿胀也可见于各淋巴结的周围组织、器官的慢性感染及炎症。

3. 化脓

淋巴结在初期肿胀的基础上，增温而敏感，明显隆起，皮肤紧张，逐渐有波动感。随后，皮肤变薄，被毛脱落，破溃后排出脓液。

淋巴结化脓则在肿胀、热感、呈疼痛反应的同时，触诊有明显的波动，若配合进行穿刺，可吸出脓性内容物。

五、体温、脉搏及呼吸次数的测定

体温、脉搏、呼吸次数是宠物生命活动的重要生理指标。在正常情况下，除受外界气温及运动、使役等环境条件的暂时性影响，一般在一个较为恒定的范围内变动。

（一）体温的测定

在正常生活条件下，健康宠物的体温通常保持在一定范围内，一般清晨最低，午后稍高，一昼夜间的温差一般不超过1℃。如果超过1℃或上午体温高、下午低，表明体温不正常。

判定宠物发热的简单方法，是从宠物的鼻、耳根及精神状态来分析。正常宠物的鼻端发凉而湿润，耳根部皮温与其他部位相同。如果发现鼻端（鼻镜）干而热，耳根部皮肤温度较其他部位高，精神不振，食欲不良而饮水欲增加时，则表明该宠物体温高。

一般情况下，在多数传染病，呼吸道、消化道及其他器官的炎症，日射病与热射病时体温升高。而在中毒、重度衰竭、营养不良及贫血等疾病时，体温常降低。

1. 测定方法

测量体温最准确的方法是用体温表量。测温时术者将体温表的水银柱甩到35℃以下，用酒精棉球擦拭消毒，并涂少量润滑剂（液状石蜡），由助手对宠物适当保定，测温者将尾稍上提，把体温表缓缓插入肛门内（图5-6）。插入后要防止体温表脱落，5min左右即可取出，读取度数。应当注意的是当宠物兴奋、紧张和运动后，或外界气温升高等，直肠温度可能有轻度的升高。

观赏鸟类在翅膀下测量。

图5-6 体温测定

2. 正常体温数值

几种宠物正常体温数值见表 5 - 2。

表 5 - 2　　　　　　　　　　　　宠物正常体温数值表　　　　　　　　　　单位：℃

宠物种类	体温	宠物种类	体温
犬	37.5 ~ 39.0	兔	38.0 ~ 39.5
猫	38.5 ~ 39.5	观赏鸟	40.5 ~ 42.0

宠物受某些生理因素的影响，可引起一定的生理性的体温变动。首先，年龄因素，如幼犬体温高于成年犬 0.5 ~ 1.0℃；其次，宠物的性别、品种、营养性能等对体温的生理变动也有一定影响，如一般雌性宠物在妊娠后期体温可稍高；兴奋、运动以及采食、咀嚼活动之后，体温会暂时性升高 0.1 ~ 0.3℃；体温昼夜的变动一般早晨温较低，午后稍高，其温差变动在 0.2 ~ 0.5℃。

3. 临床意义

（1）体温升高　发热，由于热源性刺激物的作用，使体温调节中枢的功能发生紊乱。产热和散热的平衡受到破坏，产热增多，而散热减少，从而体温升高，并呈现全身症状，称为发热。

体温升高是宠物机体对病原微生物及其毒素、代谢产物或组织坏死分解产物的刺激，以及某些有毒物质被吸收所产生的一种防御反应。宠物体温升高多是传染病指标之一，一般炎性疾病如胃肠炎、肺炎、胸膜炎、腹膜炎、子宫内膜炎等体温一定升高，风湿病、无菌手术后体温也一时性升高。在上述疾病经过中，若通过治疗体温逐渐下降则是病情逐渐好转的标志。

①发热程度：发热的程度一般可反映疾病的程度、范围及性质。根据体温升高的程度分为：

a. 微热：体温升高 0.5 ~ 1℃，见于局限性炎症。

b. 中热：体温升高 1 ~ 2℃，见于呼吸道、消化道一般性炎症及某些亚急性、慢性传染病、小叶性肺炎、支气管炎、胃肠炎等。

c. 高热：体温升高 2 ~ 3℃，见于急性感染性疾病与广泛性的炎症，如犬瘟热、溶血性链球菌病、流行性感冒、急性胸膜炎与腹膜炎等。

d. 极高热：体温升高 3℃ 以上，提示某些严重的急性传染病，如犬炭疽病、宠物败血症以及日射病与热射病等。

②热型变化：在临床上，把每天上、下午测得的结果记录下来，连成曲线称为体温曲线。根据体温曲线判定热型，对于诊断疾病有重大的临床诊断价值。

热型可分为：

a. 稽留热：其特点是体温高，可持续 3d 以上，而且每天的温差变动范围较小，一般日差不超过1℃，见于犬流感、犬炭疽病、大叶性肺炎、犬瘟热、犬传染性肝炎等（图5-7）。

b. 弛张热：其特点是体温升高后，每天的温差变动范围较大，常超过1℃以上，但体温并不降到正常，见于败血症、化脓性疾病、支气管肺炎。

c. 间歇热：其特点是高热持续一定时间后体温下降到正常温度，然后又重新升高，如此有规律地交替出现，见于慢性结核病、梨形虫病。

d. 不定型热：体温曲线变化无规律，如发热的持续时间长短不定，每天日温差变化不等，有时极其有限，有时则波动很大。多见于一些非典型经过的疾病，如渗出性胸膜炎等。

e. 双相热：初次体温升高约持续2d，然后降至常温2~5d，再次体温升高并持续数日，常见于犬瘟热等（图5-8）。

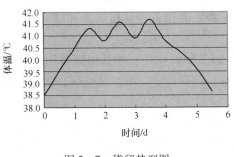

图5-7　稽留热型图　　　　　图5-8　双相热型图

③发热病程长短：根据发热病程长短分为：

a. 急性发热：一般发热期延续1~4周，若长达1个月有余则为亚急性发热，可见于多种急性传染病，如犬瘟热、急性胃肠炎等。

b. 慢性发热：持续数月甚至1年有余，多提示为慢性传染病，如结核病等。

c. 一过性热：又称暂时性热，体温1d内暂时性升高，对动物无任何不良影响，常见于注射血清、疫苗后的一过性反应，或由于暂时性的消化紊乱引起。

（2）体温降低　机体散热过多或产热不足，导致体温降至常温以下，称为体温低下（体温过低）。

主要见于某些中枢神经系统疾病（流行性脑脊髓炎）、中毒病、重度营养不良、严重的衰竭症、低血糖症、顽固性下痢、各种原因引起的大失血以及陷入濒死期的患病宠物。

发热持续一定阶段之后则进入降热期。依据体温下降的特点，可分为热的渐退与骤退两种。前者表现为在数天内逐渐下降至正常体温，且宠物的全身状态亦随之逐渐改善而恢复；后者在短期内迅速降至正常体温或正常体温以下。如热骤退的同时，脉搏跳动增加且宠物全身状态不见改善甚至恶化，多提示为预后不良。

4. 注意事项

新购进的体温计在使用前应该进行矫正（一般放在 35～40℃ 的温水中，与已矫正过的体温计相比较，即可了解其灵敏度），待宠物适当休息后再行测温，测温时应确保人和动物安全，体温计插入的深度要适当，以免损伤直肠黏膜，当直肠蓄粪时，应促使排出后再行测温，在肛门弛缓、直肠黏膜炎及其他直肠损害时，为保证测温的准确性，对母畜可在阴道内测温（较直肠温度低0.2～0.5℃）。

（二）脉搏数测定

1. 脉搏数测定方法

用触诊法检查脉搏数，即用食指、中指及无名指的末端置于动物的浅在动脉上，先轻感触而后逐渐施压，便可发现其搏动。

犬、猫的脉搏，多在大腿内侧的股动脉处触摸（图5-9），也可在前肢内侧的正中动脉。触诊时，令宠物主人将动物保定好，最好采取自然站立姿势，待安静后，用食指、中指和无名指置于动脉处，反复用轻、中、重的力量按压，体会脉搏的性质。检测脉搏时，待动物安静后进行，妥善保定动物，注意人、畜安全，可听取心音次数判断病情。

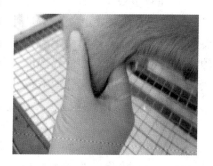

图5-9 脉搏测定

一般宠物过肥、患有皮炎、脉搏过弱而不感于手时，以及有其他妨碍脉搏检查的情况时，可用听诊心搏动数来代替。

脉搏的频率通常用1min的数值表示，但以求出2～3min的平均值为宜。

2. 正常宠物的脉搏数

某些外界条件、地区性以及生理因素等均可引起脉搏次数发生改变：如外界温度、海拔高度的变化（升高），动物的运动、采食活动，因外界刺激而引起的恐惧与兴奋等，一般均会引起动物心脏活动的加快和脉搏次数的一时性增多。宠物的正常脉搏数见表5-3。

表5-3		宠物正常脉搏数值表	单位：次/min
宠物种类	脉搏数	宠物种类	脉搏数
犬	70～120	兔	120～140
猫	110～130	观赏鸟（心跳）	120～240

在动物个体的特点中，宜首先注意其年龄因素，一般幼龄阶段比成年动物的脉搏数有明显的加快。其次，性别、品种对脉搏也有一定影响。

3. 临床意义

在正常情况下，脉搏数受外界温度、运动、年龄、性别等多种因素的影响而有所变动。在疾病情况下主要见于如下变化：

（1）脉搏增数　脉搏增数主要见于热性病（热性传染病及非传染性疾病）、心脏病（如心脏衰弱、心肌炎、心包炎）、呼吸器官疾病（如大叶性肺炎、小叶性肺炎及胸膜炎）、各类型贫血及失血性疾病、剧烈的疼痛性疾病（如腹痛症、四肢疼痛性疾病）以及某些毒物或药物的影响（如交感神经兴奋剂）。

（2）脉搏减数　脉搏减数主要见于某些脑病（如脑脊髓炎、慢性脑室积水）、中毒病（如洋地黄中毒）、胆血症（如胆道阻塞性疾病）以及危重患病宠物。

4. 注意事项

脉搏检查应待宠物安静后进行；如无脉感，可用手指轻压脉管后放松即可感知；当脉搏过于微弱而不感于手时，可用心跳次数代替脉搏数；某些生理性因素或药物的影响，如外界温度、宠物运动时，恐惧和兴奋时、妊娠后期或使用强心剂等，均可引起脉搏数改变。

（三）呼吸次数测定

1. 测定方法

检查者站于宠物一侧，观察胸腹部起伏动作，一起一伏即为一次呼吸；在冬季寒冷时可观察呼出气流；还可对肺进行听诊测数（图 5 - 10）。观赏鸟可观察肛门周围羽毛起伏动作计数。一般应计测 2 ~ 3min 的次数后取平均数。

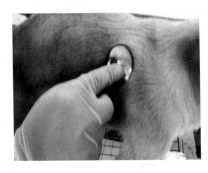

图 5 - 10　呼吸次数的测定

2. 正常呼吸次数

宠物的正常呼吸次数见表 5 - 4。

表5-4	宠物正常呼吸次数表		单位：次/min
宠物种类	呼吸次数	宠物种类	呼吸次数
犬	10 ~ 30	兔	50 ~ 60
猫	10 ~ 30	观赏鸟	15 ~ 30

3. 临床诊断价值

（1）呼吸次数增多　呼吸次数增多见于呼吸器官本身的疾病，如各型肺炎、主要侵害呼吸器官的传染病（如结核、传染性胸膜肺炎、流行性感冒、霉形体病）、寄生虫以及多数发热性疾病、心力衰竭、贫血、腹内压增高性疾病、剧痛性疾病、某些中毒病（如亚硝酸盐中毒）。

（2）呼吸次数减少 呼吸次数减少见于宠物颅内压明显升高（如脑水肿）、某些中毒及重度代谢紊乱以及呼吸道高度狭窄。

4. 注意事项

宜于宠物休息后测定；必要时可用听诊肺呼吸音的次数代替呼吸数；某些因素可引起呼吸次数的增多，如外界温度过高、运动时、妊娠、兴奋等情况。

一、单项选择题

1. 当患病宠物出现左顾右盼、竖耳、刨地、不安乃至挣扎等现象时，可能和下面哪种情况有关？（ ）

A. 轻度兴奋   B. 精神狂躁   C. 沉郁

D. 嗜睡   E. 昏迷

2. 营养状况表示动物机体物质代谢的总水平，与饲养管理密切相关。当宠物急剧消瘦时可能与下面哪种疾病有关？（ ）

A. 犬布氏杆菌病   B. 急性胃肠炎   C. 绦虫病

D. 佝偻病   E. 维生素 A 缺乏症

3. 严重的患病宠物表现为后躯感觉、反射功能障碍及排粪、排尿失禁，宠物呈"犬坐"姿势，可能与下面哪种疾病有关？（ ）

A. 单瘫   B. 偏瘫   C. 两后肢截瘫

D. 后肢骨折   E. 钙缺乏症

4. 患病宠物出现黄疸症状时可能与下面哪种疾病有关？（ ）

A. 犬瘟热   B. 犬细小病毒病   C. 犬副流感

D. 犬结核病   E. 犬传染性肝炎

5. 检查皮肤的弹性，通常可于犬、猫背部，用手将皮肤捏成皱褶并轻轻拉起，然后放开，根据其皱褶恢复的速度而判定。当宠物皮肤弹性下降时最可能与下面哪种疾病有关？（ ）

A. 肠梗阻   B. 肠炎   C. 肠肽气

D. 肠套叠   E. 肠内肿瘤

6. 在正常生活条件下，健康宠物的体温通常保持在一定范围内，那么成年犬正常体温范围是多少？（ ）

A. 37.5~38.5℃   B. 37.5~39.0℃   C. 37.5~39.5℃

D. 38.5~39.5℃   E. 38~40℃

二、问答题

1. 宠物发育不良的临床意义是什么?

2. 健康宠物均采取自然姿态,行走步态自然,各有其不同的特点,那么宠物在病理状态下可能会出现哪些异常的姿势?有什么临床意义?

《2011 年执业兽医资格考试应试指南(兽医全科类)》,www. cvma. org. cn。

一般临床检查技术

【目的要求】

熟悉患病宠物一般检查的方法，患病宠物的体温、脉搏及呼吸次数的测定方法，为临床工作打下基础。

【实训内容】

1. 全身状态的观察。

2. 被毛和皮肤的检查。

3. 眼结膜的检查。

4. 浅表淋巴结的检查。

5. 宠物的体温测定。

6. 宠物的脉搏（心跳）测定。

7. 宠物的呼吸次数测定。

【实训与设备】

动物：犬、猫、鸽子。

器材：临床诊断检查用各种器材，如体温计等。

【实训方法】

一、全身状态的观察

全身状态观察主要掌握体格发育情况、营养程度、精神状态、习性、姿势及运动的检查等内容。

二、被毛、皮肤的检查

被毛和皮肤检查主要掌握被毛整洁、有光泽。皮肤检查注意皮肤的温度、湿度、颜色以及皮肤的弹性和气味。

三、眼结膜的检查

宠物的眼结膜是可视黏膜之一。可视黏膜的检查，主要有眼结膜、口黏膜、鼻黏膜、阴道黏膜等可视黏膜。但是在这些可视黏膜中，以眼结膜的检查为主。

四、浅在淋巴结的检查

对宠物常检查腹股沟淋巴结。必要时采用穿刺检查方法，主要注意其位置、形态、大小、硬度、敏感性及移动性等。

五、体温的测定

在正常生活条件下，健康宠物的体温通常保持在一定范围内，一般清晨最低，午后稍高，一昼夜间的温差一般不超过1℃。如果超过1℃或上午体温高、下午低，表明体温不正常。

体温的测定要掌握宠物的体温测定方法、热型变化的临床诊断价值，熟练掌握健康宠物的体温数值。

六、脉搏数的测定

脉搏的测定要掌握宠物的脉搏测定方法，脉搏变化的临床诊断价值，熟练掌握健康宠物的脉搏（心跳）数值。

七、呼吸次数的测定

要掌握宠物的呼吸次数测定方法，呼吸次数变化的临床诊断价值，熟练掌握健康宠物的呼吸数值。在熟练呼吸类型的基础上，重点掌握呼吸困难的临床诊断价值。

复习思考题

1. 熟记宠物的体温、脉搏和呼吸次数。
2. 掌握测定方法和注意事项。

项目六 | 器官系统临床检查

【学习目标】

理解相关专业术语。

了解各器官系统的病理变化及其诊断意义。

掌握各器官系统的临床检查方法。

【技能目标】

能根据已学过的专业知识，按不同器官系统的特点选择适当的检查方法进行检查。

能熟练运用临床诊断方法，按操作规程和要求对各器官系统检查，区分正常与病理变化并明确其诊断意义。

【案例导入】

德国牧羊犬，雄性，触诊肾区有避让反应，少尿。尿液检查：蛋白质阳性，相对密度降低。B超检查显示双肾肿大。该犬所患疾病可能是（　　　）。

A. 急性肾炎　　　　B. 肾性骨病　　　　C. 急性肾衰竭

D. 慢性肾衰竭　　　E. 泌尿道感染

【课前思考题】

1. 器官系统临床检查就是对宠物各器官系统部位进行全面检查，在各器官系统临床检查时都用到哪些检查方法？

2. 要想做出正确的疾病诊断，应如何区分正常和病理变化？

3. 在器官系统临床检查过程中需要注意哪些问题？除器官系统本身的检查外，相对应的行为病理变化还应检查哪些？

一、心血管系统检查

心血管系统的活动与全身功能有密切的关系，心血管系统发生疾病时，往往会引起全身功能发生紊乱。其他器官系统疾病时，也常常引发心血管系统疾病。在临床诊断中，准确地判断心血管系统的功能状态，不仅在临床诊断上十分重要，而且对推断预后也具有一定的意义。可用视诊、触诊的方法检查心搏动；用叩诊的方法判定心脏的浊音区；并应着重用听诊的方法，诊查心音，判定心音的频率、强度、性质和节律的改变以及有无心杂音。此外，可根据需要配合应用某些特殊的检查方法，如心电图或心音图的描记；X射线的透视或摄影；中心静脉压的测定以及某些实验室检验等。

（一）心脏的检查

1. 心搏动检查

犬和猫的心搏动部位在左侧第 4～6 肋间胸下部的 1/3 处，以第 5 肋间的搏动最明显，而右侧的心搏动在第 4～5 肋间较为清楚。临床上将心室收缩、心肌冲动，使心脏部位的胸壁发生振动称为心搏动。

（1）心搏动的检查方法　心搏动检查主要采用触诊的方法。先由助手握住宠物的左前肢并将其向前方提起，检查者用手掌置于宠物的左侧肘头后上方的心脏区域进行触诊。必要时可采用双手触诊法，即检查者可用左、右两手同时自宠物的两侧胸壁进行触诊。检查心搏动时，宜注意其位置、频率，特别是其强度的变化。

（2）心搏动检查的病理意义

①心搏动增强：可见于伴有疼痛性疾病、轻度贫血、急性心包炎、心内膜炎、发热及中毒性疾病。

②心搏动减弱：引起心脏衰弱、心室收缩无力的病理过程，如心脏病的代偿障碍期；当心区胸壁增厚，如浮肿、脓肿、气胸、纤维蛋白性胸膜炎等，可引起心搏动减弱或消失；当心脏和胸膜间的介质状态改变，如渗出性胸膜肺炎、胸腔积液、肺气肿、渗出性或纤维蛋白性心包炎等。

③心搏动移位：靠近心脏的肿瘤、胸膜炎、心包炎和胸腔积液等，能使心搏动移位。其中向前移位见于胃扩张、腹水、膈疝等，向右移位见于左侧胸腔积液等。

④心脏区压痛：触压心区时，宠物表现敏感、有疼痛感，多见于肋骨骨折、心包炎和胸膜炎等。

2. 心脏叩诊

（1）叩诊的方法　叩诊的部位与心搏动部位相同，常用指指叩诊法。

（2）犬和猫的心脏浊音区　犬和猫的心脏浊音区比较明显，即位于左侧 4～6 肋间呈绝对浊音，前缘至第 4 肋骨；上缘达肋骨和肋软骨结合部，大致与胸骨平行；后缘受肝浊音的影响，不明显。右侧位于第 4～5 肋间。

（3）浊音区改变的临床诊断价值　①心脏浊音区扩大：可见于心脏肥大、心包积液、心脏扩张等疾病。②心脏浊音区缩小：可见于肺气肿、气胸等疾病。

3. 心脏听诊

心脏听诊的目的在于听取心脏的正常和病理性音响，在宠物的心脏疾病诊断中占有重要的地位。

（1）心音的产生　心电图检查已发现宠物的正常心音分为第一、第二、第三和第四心音。但是，第三和第四心音一般很难听到，只有在心率减慢时才能听到。在临床上通常只能听到"通－塔"的第一和第二心音。

第一心音是心室收缩开始时，二尖瓣和三尖瓣骤然关闭产生的震动音。第一心音在宠物的前区各部位均可听到，以心尖部位最强。第一心音的特点是音调低而钝浊，持续时间长，尾音长。

第二心音是心室舒张时主动脉瓣和肺动脉瓣关闭产生的震动音。第二心音的特点是音调较高，持续时间短，尾音终止突然。

（2）听诊心音的方法　一般用听诊器进行听诊。听诊时先将宠物的左前肢向前拉伸半步，充分暴露心区，在左侧肘头后上方的心区部位听诊。必要时可听诊右侧心区。将听诊器的听头放于心区部位，并使之与体壁充分接触。

（3）心音最强听取点　在心脏区域的任何一点，都可以听到两个心音。心脏的4个瓣膜发出的声音沿血流的方向传导，只有在一定的位置声音最清楚。临床上把心音听得最清楚的位置称为心音最强听取点。犬和猫的心音最强听取点为：

①第一心音：二尖瓣口音，左侧第4肋间，胸廓下1/3的水平线上；三尖瓣口音，右侧第4肋间，肋软骨固着部上方。

②第二心音：主动脉口音，左侧第4肋间，肩关节水平线直下方；肺动脉口音，左侧第3肋间，靠胸骨的边缘处。

4. 心音的病理性改变

主要包括心音的频率、强度、性质和节律发生的变化。临床常见的病理性改变如下：

（1）心音增强　如第一、第二心音同时增强，多见于发热性疾病的初期，伴有疼痛性疾病、贫血与失血、心脏肥大及心脏疾病代偿功能亢进时。生理性的心音增强，多见于兴奋、恐惧的情况以及机体消瘦的宠物，应用强心剂等。

如仅第一心音增强，多见于心脏肥大、二尖瓣狭窄及贫血，是心脏收缩引起房室瓣的震动加强所致。

如仅第二心音增强，是由于主动脉或肺动脉的血压增高所致，见于急性肾炎、肺淤血、慢性肺气肿及二尖瓣闭锁不全等。

（2）心音减弱　正常情况下，营养良好或肥胖的宠物听诊时均感到心音减弱。在病理情况下，由于心肌收缩力减弱，使心脏驱血量减少时，两心音均减弱。如心脏衰弱的后期及宠物疾病的濒死期、心包炎、渗出性胸膜炎及肺泡气肿等。

第一心音减弱，临床上比较少见，一般在心肌梗死或心肌炎的后期、宠物的房室瓣膜发生钙化而失去弹性时，可发生第一心音减弱。

第二心音减弱，多见于宠物大失血、严重的脱水、休克、主动脉口狭窄及主动脉闭锁不全等疾病。能导致血容量减少或主动脉根部血压降低的疾病，可引发第二心音减弱。

（3）心音分裂　见于心室收缩时，二尖瓣与三尖瓣的关闭不同步或心室舒张时，主动脉瓣与肺动脉瓣的关闭不同步所致。临床上把一个心音分成两个心音的现象称为心音分裂。第一心音分裂见于宠物右束支传导阻滞、心肌炎等，第二心音分裂见于房中隔缺损、主动脉或肺动脉瓣狭窄、心脏血丝虫、左或右束支完全性传导阻滞等。

（4）心音混浊　心音不纯，音质低、浊，含混不清，第一和第二心音的界限不明显。主要是由于心肌变性或心脏瓣膜有一定的病变，使瓣膜的震动能力发生改变所致。多见于高热性疾病、严重的贫血、高度衰竭性疾病等，因为常伴发心肌营养不良或心肌变性，而引起心音混浊。

（5）心杂音　心杂音分为心内性杂音和心外性杂音。

①心内性杂音：发生在心脏内部，杂音与心音保持一定的时间关系，声音的性质不同于心音。在临床上按心内性杂音出现的时期又分为收缩期杂音和舒张期杂音。收缩期杂音发生在心脏收缩期，常伴随第一心音后面或第一心音同时出现杂音；舒期杂音发生在心脏舒张期，常伴随第二心音后面或第二心音同时出现杂音。

临床上常常把心内性杂音按有无心脏瓣膜或瓣膜口的形态学变化，分为器质性心内杂音和非器质性心内杂音。器质性心内杂音，是由于瓣膜或瓣膜口发生解剖形态学变化而引起的，常见于瓣膜闭锁不全或瓣膜口狭窄等，其特点是长期存在，声音尖锐、粗糙，如锯木音或丝丝音，运动或注射强心剂后，杂音增强。非器质性心内杂音有两种情况：一种是瓣膜（瓣膜口）或心脏内部无解剖形态学的变化，由于心室扩张而造成瓣膜相对闭锁不全所产生的杂音；另一种是由于血液稀薄，血流速度加快，震动瓣膜和瓣膜口而引起的杂音。其特点是杂音不稳定，音性柔和如吹风音，运动或注射强心剂后杂音减弱或消失。

心内杂音的强度分级，在临床上没有统一的标准。1959 年，得特韦勒（Detweiler）把犬的心内杂音强度分为 5 级：

一级杂音，隐约地刚刚能听到轻微的杂音。

二级杂音，听诊数秒后能听到清晰的杂音。

三级杂音，开始听诊时就能在较大的区域听到杂音。

四级杂音，能听到较强的杂音，将听诊器离开胸壁时听不到杂音，但能感知震颤。

五级杂音，杂音强，将听诊器离开胸壁时也能听到杂音，并能感知震颤。

临床上，瓣膜疾病的诊断要点见表 6－1。

表 6－1　　　　　　　　　　　临床瓣膜疾病诊断要点

瓣膜疾病	杂音发生时期	最强听取点	主要症状
二尖瓣闭锁不全	缩期	左侧第 5 肋间	咳嗽、呼吸困难、啰音、可听到缩期杂音，严重者出现心房性心律失常
三尖瓣闭锁不全	缩期	右侧第 4 肋间	右侧心音强、颈静脉阳性搏动、淤血、浮肿、脉弱
主动脉瓣闭锁不全	舒期	左侧第 4 肋间	左侧心音强、心肥大、扩张、虚脉、速脉

续表

瓣膜疾病	杂音发生时期	最强听取点	主要症状
肺动脉瓣闭锁不全	舒期	左侧第3肋间	呼吸困难、发绀
二尖瓣狭窄	舒期或收缩前期	左侧第5肋间	咳嗽、呼吸困难、啰音、可听到缩期杂音，严重者出现心房性心律失常
三尖瓣狭窄	舒期或收缩前期	右侧第4肋间	弱脉、淤血、浮肿、胸腔积液和腹水
主动脉瓣狭窄	缩期	左侧第4肋间	心肥大、扩张、心音强、脉弱小
肺动脉瓣狭窄	缩期	左侧第3肋间	脉弱小、呼吸困难、发绀

②心外性杂音：是由心包或靠近心脏区域的胸膜发生病变所引起的。临床上一般声音固定，较长时间存在，听之距耳较近，用听诊器的听头压迫心区杂音增强。常见的心外性杂音有4种：

a. 心包摩擦音：正常心包内有少量的心包液，具有润滑作用，心脏活动时不产生音响。当心包发炎时，由于纤维蛋白沉着，使心包的脏层和壁层变得粗糙，心脏跳动时产生摩擦音，呈断续的、粗糙的破裂音的特性。该杂音呈局限性出现，常在心尖部位听到。

b. 心包拍水音：当心包发生腐败性炎症时，心包腔内聚集大量的液体，伴随着心跳活动，发出类似河水击打河岸的声音。心包拍水音在心脏的缩期和舒期均可听到，多在心脏的收缩期移行到舒张期时明显。

c. 心包-胸膜摩擦音：靠近心区的胸膜发炎并有纤维素性渗出时，可随着呼吸及心搏动同时出现的摩擦音。见于各种类型的胸膜炎，同时伴有胸膜炎症的一些其他症状和特点。

d. 心肺性杂音：在紧靠肺前叶的心区部听诊时，有时可能听到的杂音。当心脏收缩时，容积变小，所形成的负压空间被肺脏充填所致。此种杂音在宠物吸气时增强，可与其他杂音相区别。多见于心脏增大及心脏收缩幅度增强的情况。

（6）心律不齐　心脏活动快、慢不均及心音的间隔不等或强弱不一的表现。常见的有窦性间歇、期外收缩、心房纤维性颤动、心房搏动和心脏传导阻滞等。心律不齐主要提示心脏的兴奋性与传导功能障碍以及心肌的损害。常见于心肌的炎症、营养不良或变性、心肌硬化等。

（二）脉管的检查

在心血管系统的临床检查中，需要对血管（动脉、静脉）进行检查。通过检查可以获得宠物的心脏功能状态和血液循环状况，可作为疾病临床诊断及预后的一项重要参考指标。

1. 动脉脉搏的检查

当心脏收缩时，血液被驱入主动脉内，此时心脏所产生的压力传到动脉，则出现动脉的搏动，称为脉搏。

（1）脉搏的检查方法　宠物脉搏的检查一般检查股动脉。检查者一只手（右手）握住宠物的后肢下部，另一只手（左手）的食指和中指放于股内侧的股动脉上，拇指放于股外侧（图6-1）。

脉搏检查要注意计算脉搏的频率、脉搏的性质（搏动的大小、强度、软硬及充盈状态等）及有无节律的变化。

宠物的脉搏可因种类、年龄、性别以及妊娠等生理因素和运动、兴奋及外界温度的变化而略有不同。

（2）脉搏检查的病理变化　正常宠物的脉搏强弱一致，间隔均等。除脉搏增多和减少外，主要有：

①脉搏的性质：脉搏搏动的振幅较大称大脉，振幅较小称小脉；脉搏的力量较强称强脉，力量微弱称弱脉；动脉管壁较松弛称软脉，动脉管壁过于紧张而有硬感称硬脉；血管内血液过度充盈称实脉，血量充盈不足称虚脉。临床上动脉波动较强、大、充实、较软的脉搏，表示心脏功

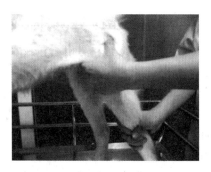

图6-1　在股动脉处测定脉搏数

能良好；动脉搏动较弱、较小的，多提示心脏功能衰弱。脉搏微弱的不感于手，多提示心脏重度衰竭。在剧烈的疼痛性疾病时多表现为硬脉；宠物在失血或脱水时多表现为虚脉。

②脉搏的节律：脉律不齐是心律不齐的反映，此时，应注意检查心脏的功能状态，其临床意义与心律不齐一致。

2. 表在静脉的检查

宠物的表在静脉检查主要是观察静脉的充盈状态。一般宠物营养良好，表在静脉血管观察不明显，较瘦弱或皮薄毛稀的宠物比较好观察。

如表在静脉过度充盈（如颈静脉、胸外静脉、股内静脉等），是静脉血液回流障碍、体循环淤滞的症候，多见于心力衰竭、心肌炎后期、先天性心脏病等。

二、呼吸系统检查

机体与外界环境之间进行气体交换的全部物理和化学过程称为呼吸。机体借助于呼吸，吸进新鲜空气，呼出二氧化碳，以维持正常的生命活动。呼吸系统的临床检查主要包括呼吸运动的观察、上呼吸道检查、胸部检查及胸腔穿刺液的检查等。

（一）呼吸运动的观察

宠物呼吸时，呼吸器官及呼吸辅助器官所表现的有节律的协调运动称为呼

吸运动。呼吸运动的观察具有重要的临床意义。临床上呼吸运动的观察除呼吸数检查外，还包括呼吸式、呼吸节律和呼吸困难的检查。

1. 呼吸式检查

健康猫呈胸腹式呼吸，每次呼吸的深度均匀、间隔时间均等；健康犬呈胸式呼吸，胸壁的运动比腹壁明显。如出现腹式呼吸，表明病变在胸部，多见于胸膜炎、肋骨骨折、肺炎等；猫出现胸式呼吸，表明病变在腹部，多见于腹膜炎、腹壁外伤、肠胀气、胃扩张等疾病。

2. 呼吸节律检查

健康宠物呈节律性的呼吸运动，呼气与吸气在时间上的比值恒定，如犬的比值为1∶1.64。宠物的呼吸节律可因兴奋、运动、恐惧、狂叫、喷鼻及嗅闻而发生暂时性的变化，无病理意义。呼吸节律的病理变化有以下几种：

（1）吸气延长　吸气时间明显延长。主要是吸气时，空气进入肺脏发生障碍的结果，常见于上部呼吸道狭窄，如鼻、咽、喉气管的炎性肿胀，肿瘤、黏液、假膜和异物梗阻或在呼吸道外有病变压迫。

（2）呼气延长　呼气时间明显延长。主要是肺脏中的气体排出受到阻碍的结果，使呼气动作不能顺利完成。可见于细支气管炎和慢性肺泡气肿等。

（3）断续性呼吸（间断性呼吸）　是宠物在吸气或呼气过程中，出现多次短促而有间断的动作。表明宠物为了缓解胸壁或胸膜疼痛，将吸气分为多次进行，或一次呼气不能把肺内的气体排出，又进行额外的呼气动作所致。临床上多见于细支气管炎、慢性肺气肿及伴有疼痛性胸腹部疾病等；也见于呼吸中枢兴奋性降低时，如脑炎、中毒和濒死期。

（4）潮式呼吸（陈－施呼吸）　呼吸运动暂停后，逐渐加深、加快，达到高峰后又逐渐变浅、变缓，以至于呼吸暂停，经数秒乃至15~30s的短暂间隙以后，又以同样的方式出现。如此反复交替出现波浪式呼吸节律。潮式呼吸表明是呼吸中枢衰竭的早期，标志病情严重。多见于脑炎、心力衰竭、尿毒症及中毒病等（图6-2）。

图6-2　陈-施呼吸

（5）间歇呼吸（毕奥呼吸）　是数次连续的、深度大致相等的深呼吸和呼吸暂停交替出现，如此周而复始地出现间歇性呼吸。表示中枢的敏感性极度降低，比潮式呼吸更为严重，标志病情危重。多见于脑膜炎、尿毒症等（图6-3）。

（6）深长呼吸（库斯毛尔呼吸）　是呼吸显著深长，呼吸次数明显减少，并带有明显的呼吸杂音，如啰音和鼾声。多见于代谢性酸中毒、失血的末期、脑脊髓炎和脑水肿等。

图 6 - 3　毕奥呼吸

3. 呼吸困难检查

呼吸困难是一种复杂的病理性呼吸障碍，表现为呼吸费力、辅助呼吸肌参与呼吸运动，并伴有呼吸运动加强、呼吸次数或呼吸节律发生改变。按呼吸困难发生的原因可分为：

（1）心源性呼吸困难　是由于心脏衰弱、血液循环障碍所引起的肺换气受到限制。宠物表现为呼吸困难，伴有明显的心血管系统症状，运动后心跳、气喘更为严重。一般见于心力衰竭、心内膜炎、心肌炎等。

（2）血源性呼吸困难　主要是红细胞减少或血红蛋白变性所致的血氧不足，导致呼吸困难。临床上见于重度贫血、大出血等。

（3）中毒性呼吸困难　由于致毒物质作用于呼吸中枢或使组织呼吸酶系统受到抑制所引起。临床上又可分为内源性中毒和外源性中毒，前者多见于各种原因引起的代谢性酸中毒，如尿毒症、严重的胃肠炎；后者多见于某些化学药物中毒，如巴比妥类药物、水合氯醛中毒等。

（4）中枢神经性呼吸困难　由于中枢神经系统器质性病变或功能障碍所致，常见于脑炎、脑出血、脑水肿等。

（5）肺源性呼吸困难　主要是由于呼吸器官功能障碍，使肺脏的通气、换气功能减弱，肺活量降低，血中二氧化碳浓度增高和氧缺乏等导致呼吸中枢兴奋的结果。由于呼吸困难的病变部位及病变性质不同，在临床上表现出 3 种形式：

①吸气性呼吸困难：宠物在呼吸时，表现为吸气用力、吸气的时间延长、鼻孔扩张、头颈伸直、肛门内陷，并可听到特异的吸气狭窄音。常见于鼻腔、咽喉、气管狭窄性疾病。

②呼气性呼吸困难：宠物在呼吸时，表现为呼气用力、呼气的时间延长、脊背弓曲、腹部用力紧缩、肛门突出、呈明显的二段呼气。高度呼气困难时，可沿肋骨弓出现较深的凹陷沟，称为"喘线"或"息劳沟"。一般多见慢性肺气肿、细支气管炎等。

③混合性呼吸困难：宠物表现为吸气和呼气均发生困难，伴有呼吸次数增加，是临床上普遍存在的一种呼吸困难。常见于肺炎、渗出性胸膜炎等，心源性、血源性、中毒性、中枢神经性因素，均可引起混合性呼吸困难。

（二）上呼吸道检查

上呼吸道检查包括对鼻液、鼻腔、咳嗽、喉和气管、喷嚏及打鼾等进行临床检查。

1. 鼻液、鼻部及鼻腔的检查

宠物的鼻端有特殊的分泌结构,健康宠物经常保持湿润状态,但在宠物刚刚睡醒或睡觉时鼻端干燥。

宠物在发热性疾病和代谢紊乱时,鼻端干燥并有热感;宠物流水样鼻汁时,常见于鼻炎、感冒、犬瘟热初期等;流脓性鼻汁时,常见于上呼吸道的细菌性感染、鼻窦炎、齿槽脓漏引起的上颚窦炎等;鼻出血时,常见于鼻外伤、鼻腔异物、鼻黏膜溃疡及鼻腔肿瘤等。宠物的鼻腔比较狭窄,检查时应用鼻腔镜较为适宜。

2. 喉及气管的检查

检查喉及气管一般采用视诊和触诊的方法,临床上两种方法常相互结合进行,必要时可采用喉和气管听诊的方法。喉的内部检查常用喉镜进行,主要观察喉黏膜有无充血、肿胀、异物及肿瘤等情况。

3. 咳嗽的检查

咳嗽是宠物的一种保护性反射动作,是喉、气管和支气管等部位黏膜受到刺激的结果。临床检查时应重点观察咳嗽的性质、次数、强弱、持续时间及有无疼痛等临床表现。

常见咳嗽的临床病理表现如下:

(1)干咳 咳嗽的声音清脆、干而短、无痰,疼痛较明显,表明宠物的呼吸道内无渗出物或仅有少量的黏稠的渗出物。临床上常见于喉和气管内有异物、慢性支气管炎、胸膜炎等。

(2)湿咳 咳嗽的声音钝浊、湿而长、有痰液咳出,常伴随着咳嗽动作,从鼻孔喷出大量的渗出物。常见于咽喉炎、肺脓肿、支气管肺炎等。

(3)稀咳 宠物表现为单发性咳嗽,每次仅出现一两声咳嗽,常常反复发作而带有周期性。临床上见于感冒、肺结核等。

(4)连咳 宠物表现为连续性咳嗽。临床上多见于急性喉炎、传染性上呼吸道卡他等。

(5)痉挛性咳嗽(发作性咳嗽) 咳嗽剧烈,连续发作,主要是宠物呼吸道黏膜遭受强烈的刺激或刺激因素不易排除的结果。常见于异物性肺炎或上呼吸道有异物等。

(6)痛咳 咳嗽的声音短而弱,咳嗽带痛,咳嗽时宠物出现头颈伸直、摇头不安或呻吟等异常表现。临床上常见于急性喉炎、喉水肿、异物性肺炎等。

(7)喷嚏 当鼻黏膜受到刺激时,反射性引起爆发性短促性呼气,气流震动鼻翼产生的一种特殊声响。常见于鼻炎、鼻腔内异物(昆虫、草籽、刺激性气体)等。

(8)打鼾 健康状态下宠物较少打鼾,短吻型宠物易打鼾,有时其他型的宠物偶尔会出现打鼾现象。病理性打鼾常由鼻孔狭窄引起。

（三）胸部检查

对胸部的检查，临床上常采用视诊、触诊、叩诊和听诊的方法。必要时还需要配合 X 射线检查及胸腔穿刺检查等特殊临床检查方法。

1. 胸部视诊

视诊时着重观察胸廓的形状变化和皮肤的变化。健康宠物的胸廓形状和大小，因种类、品种、年龄、营养及发育情况而有很大的差异。但健康的宠物，胸廓两侧对称，肋骨膨隆，肋间隙均匀一致，呼吸匀称。在病理情况下，胸廓的形状可能发生变化。如重症慢性肺气肿可见胸廓向两侧扩张，呈桶状胸；骨软症时可变为扁平胸；一侧性胸膜炎或肋骨骨折时，可发现两侧胸廓不对称等。胸部皮肤检查，应注意有无外伤、皮下气肿、丘疹、溃疡、结节、胸前和胸下的浮肿以及局部肌肉震颤、脱毛等情况。

2. 胸部触诊

触诊时主要触摸胸壁的敏感性和肋骨的状态。触诊胸壁时，宠物表现为骚动不安、躲闪、反抗、呻吟等行为，多见于胸膜炎、肋骨骨折等；胸壁局部温度增高，可见于炎症、脓肿等。皮下气肿时，按压此处皮肤，气体在皮下组织中移动，可出现捻发音。

3. 胸部叩诊

临床上主要根据叩诊音的变化，判断肺脏和胸膜的病理变化。

（1）犬、猫肺脏的叩诊区　正常叩诊区为不正的三角形（图 6－4）。前界为自肩胛骨后角并延其后缘自然向下引一条垂线，止于第 6 肋间的下部；上界为距背中线 2～3cm，与脊柱平行的直线（A）；后界自第 12 肋骨与上界的交点开始，向下向前经髋关节水平线与第 11 肋骨的交点（B），坐骨结节水平线与第 10 肋骨的交点（C），肩关节水平线与第 8 肋骨的交点所连接的弓形线；而止于第

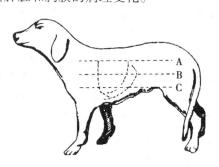

图 6－4　犬肺脏叩诊区

6 肋间下部与前界相连肺脏的定界叩诊，一般采用弱叩诊，是沿着上述 3 条水平线由前向后，依肋间的顺序进行弱的叩打，以便定界。

肺脏的定性叩诊诊断，一般采用强叩诊，是从上到下、由前向后，沿肋间顺序叩诊，直至叩诊完全部肺脏。如发现异常声音，应在对侧相应的部位进行比较叩诊。

（2）肺部叩诊音　健康宠物的肺部叩诊音，中部为清音，音响较大，音调较低；上部及边缘部因肺的含气量少、胸壁较厚或下面有其他脏器等，叩诊音为半浊音。

（3）肺叩诊区的病理变化　叩诊区扩大，是肺过度膨胀或胸腔积气的结果，常见于肺气肿、气胸等；叩诊区缩小，常见的有肺脏的前界后移或肺脏的后界前移，前者见于心脏肥大、心室扩张等，后者见于胃扩张、肠胀气等。

（4）肺部叩诊音的病理变化　肺脏的叩诊音变化如下（图6-5）：

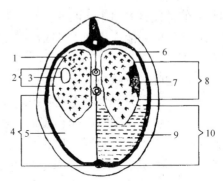

图6-5　胸部叩诊病理音示意图
1—肺脏　2—鼓音　3—空洞　4—鼓音
5—气胸　6—肋骨　7—病灶　8—浊音
9—积水　10—水平浊音

①浊音：是由于肺泡内充满炎性渗出物，使肺组织发生实质性病变，密度增加或肺内形成无气组织所致。临床上常见于肺水肿、肺炎、肺脓肿及肺肿瘤等。

②半浊音：是肺内的含气量减少，而肺的弹性不减退所致。常见于支气管肺炎等。

③鼓音：是由于肺脏或胸腔内形成异常性含气的空腔，而且空腔的腔壁高度紧张所致。临床上常见于肺空洞、膈疝、气胸等。

④过清音：为清音和鼓音之间的一种过渡性声音，是肺组织的弹性显著降低，气体过度充盈所致。常见于慢性肺气肿等。

⑤水平浊音：当胸腔内积聚大量的液体时，积液部分叩诊出现浊音，由于液体上部呈水平界面，叩诊时出现水平浊音。常见于胸腔积液、渗出性胸膜炎等。

4. 胸部听诊

宠物胸部听诊在于查明支气管、肺和胸膜的功能状态，确定呼吸音的强度、性质和病理性呼吸音。因此，胸部听诊对肺和胸膜疾病的诊断具有特殊的临床指导意义。宠物的听诊区与叩诊区相一致。

（1）听诊的方法　临床听诊时，先从胸壁的中部开始，其次是上部和下部，均从前向后依次进行听诊，每个部位至少要听取2~3次呼吸音后，再改换听诊部位，直至听完全肺。发现异常声音时，要与对侧胸部对比听诊。

（2）正常肺泡呼吸音及支气管呼吸音　健康的宠物肺泡呼吸音类似柔和的"夫、夫"音。在整个肺部均能听到，其声音强而高朗。通常在第3~4肋间与肩关节水平线上下，接近体表的区域有较大的支气管（支气管区），可听到类似"赫"的支气管呼吸音。

（3）病理性呼吸音　在临床上，病理性呼吸音主要有以下几种：

①肺泡呼吸音增强：肺泡呼吸音增强，分为普遍性和局限性增强两种。

a. 普遍性增强：是呼吸中枢兴奋性增高的结果。在临床听诊时，可听到类似重读的"夫、夫"音，声音较粗，整个肺区均可听到。可见于发热、代谢亢进及伴有其他一般性呼吸困难的疾病情况。

b. 局限性增强（代偿性增强）：主要是肺脏的病变侵害一侧肺或一部分肺组织，使被侵害的组织功能减弱或丧失，健康一侧或无病变部位承担（代偿）了患病部位的功能而出现了呼吸功能亢进的结果。常见于支气管肺炎、渗出性胸膜炎等。

②肺泡呼吸音减弱或消失：特征为肺泡呼吸音变弱，听不清楚，甚至听不到。常见于肺炎、慢性肺泡气肿等。

③啰音：是伴随呼吸而出现的一种附加音。按啰音的性质和产生条件不同，可分为干性啰音和湿性啰音两种。

a. 干性啰音：当支气管壁上附着黏稠的分泌物或支气管黏膜发炎、肿胀或支气管痉挛，使气管的管径变窄，气流通过狭窄的支气管腔或气流冲击支气管壁的黏稠分泌物时，引起气流震动而产生的声音。其特征为类似笛声、哨音、飞剑音或咝咝音。常见于支气管炎、肺炎、肺结核等。

b. 湿性啰音：是气流通过带有稀薄分泌物的支气管时，引起液体移动或形成的水泡破裂而发出的声音。其特征为类似含漱、水泡破裂的声音。湿性啰音按发生部位的支气管口径的不同，可分为大、中、小水泡音。可见于肺炎、肺水肿、肺出血等。

④捻发音：是肺泡被少量的液体黏着在一起，当吸气时黏着的肺泡被气流突然冲开而产生的声音。其特征为类似在耳边捻一簇头发所产生的一种细微而均匀的噼啪声音。捻发音的出现表明肺的实质有病变，常见于肺炎、肺出血和肺水肿的初期等。

在临床听诊中，捻发音与小水泡音很相似，应加以鉴别（表6-2）。

表6-2 捻发音与小水泡音的鉴别

鉴别要点	捻发音	小水泡音
出现的时机	吸气顶点最清楚	吸气与呼气均可听到
性质	类似捻头发的声音，大小一致	类似水泡破裂声，大小不一致
咳嗽的影响	比较稳定，几乎不变	咳嗽后减少或可能暂时消失
病变的部位	肺泡	细支气管

⑤空瓮性呼吸音：是空气经过支气管进入光滑的大空洞时，空气在空洞内产生共鸣所形成的。其特征为类似轻吹狭口的空瓶口所发出的声音。可见于坏疽性肺炎、肺脓肿、肺结核等形成空洞时。

⑥胸膜摩擦音：健康宠物的胸膜表面光滑，胸膜腔内有少量的液体起润滑作用，胸膜的脏层和壁层摩擦时不发出音响。当胸膜发炎时，由于纤维蛋白沉

着，使胸膜增厚粗糙，呼吸时粗糙的胸膜相互摩擦而产生杂音。

其特征为类似粗糙的皮革相互摩擦发出的断续声音。常见于犬瘟热病继发胸膜炎的初期或吸收期及传染性胸膜肺炎。

胸膜摩擦音与啰音很容易混淆，必须加以区别（表6-3）。

表6-3　　　　　　　　　　　胸膜摩擦音与啰音的鉴别

鉴别要点	胸膜摩擦音	啰音
距离	听之距离耳边较近	听之距离耳边较远
出现的时期	吸气与呼气均清楚，深呼吸增强	吸气末期最清楚，深呼吸减弱或消失
咳嗽的影响	比较稳定，几乎不变	咳嗽后部位、性质发生改变，有时消失
紧压听诊器	声音增强	声音不变
触诊时	疼痛，有胸膜摩擦感	没有或有轻微的振动感
出现部位	多在肘后，肺区下1/3处	部位不定

三、消化系统检查

犬和猫在分类学上属哺乳纲食肉目的犬科和猫科。犬被驯养后变成了以肉食为主的杂食动物，猫的食物也不只限于肉食了。消化系统最易受到各种理化因素、生物因素的侵害，因此，消化系统疾病是宠物最常见、多发的疾病。消化系统疾病严重影响宠物的消化吸收，影响宠物的生长发育，会导致机体抵抗力的降低，易诱发宠物其他器官、系统的疾病。

消化系统的临床检查，多采用视诊、触诊和听诊的方法，根据临床需要，可采用X射线检查、内镜检查、超声波检查，以及胃肠内容物、粪便及肝功能等实验室检查等。

（一）饮食欲检查

宠物的食欲是否良好，对宠物消化系统疾病的诊断、治疗与判定预后，具有重要的临床意义。

1. 食欲检查

对宠物的食欲观察，要在不改变宠物饲养的条件下，通过宠物对食物的要求欲望和采食量来加以判断。健康犬食欲旺盛，特别是食物中肉类食物较多时，常常表现出"护食"的习性，防止其他同类靠近，而且吃得较快。猫采食时不喜欢打扰，多躲在安静的地方享用。

（1）生理性的食欲变化　健康宠物因食物的低劣、外界温度的变化、过劳、环境改变以及异常的刺激，可引起暂时性的食欲不振或减退。

（2）病理性的食欲变化　宠物在疾病时，经常见到的病理性食欲变化有以下几种：

①食欲减退：宠物采食缓慢、采食量明显减少。首先可由消化器官本身的

疾病引起，如口腔、牙齿以及各种胃肠疾病，咽与食管的疾病；也可见于发热性疾病、代谢病等。

②食欲废绝：宠物食欲完全丧失，拒绝采食。可见于急性胃肠道疾病和其他重症疾病等。

③食欲不定：食欲时好时坏，可见于慢性胃肠卡他等。

④食欲亢进：患病宠物食欲旺盛，采食量增多。可见于慢性消耗性疾病、肠道寄生虫病、糖尿病及重病的恢复期等。

⑤异嗜：是指宠物采食正常饲料成分以外的物质，如木片、泥土、碎石、粪便等。宠物出现异嗜，多提示为营养、代谢障碍性疾病，如矿物质、维生素、微量元素缺乏等。

2. 饮欲检查

饮欲检查主要是检查饮水量的多少。饮欲的产生是由于机体内水分缺乏时，细胞外液减少，血浆渗透压增高，致使唾液分泌减少，口咽黏膜干燥，反射性地刺激丘脑下部的饮欲中枢所引起的。在疾病状态下，饮欲的变化如下：

①饮欲增强：多见于剧烈的腹泻、大量排汗、腹膜炎、糖尿病、呕吐后及发热性疾病等。

②饮欲减退：多见于半昏迷的脑病和某些胃肠疾病等。

（二）吞咽和呕吐检查

1. 吞咽检查

吞咽动作是一种复杂的生理反射活动，这一活动是由舌、咽、喉、食管、胃及吞咽中枢和有关的传入、传出神经共同协作来完成的。

吞咽障碍，一般表现为摇头、伸颈、屡次企图吞咽而又终止或吞咽时引起咳嗽并伴有大量流涎以及饮水从鼻腔反流。临床上多见于咽的疼痛性肿胀、异物及肿瘤等。

2. 呕吐检查

宠物较容易发生呕吐，呕吐是一种保护性动作，呕吐时表现为不安，伸头向前接近地面，同时腹肌强烈收缩，并张口作呕吐状，呕吐物为胃内容物。

（1）食后立即呕吐　常见于蛔虫病、肠闭塞、急性中毒、急性腹膜炎及尿毒症等。

（2）喝水后不久出现呕吐　常见于急性钩端螺旋体病、急性胃炎、食物中毒、某些药物（四氯化碳、阿扑吗啡）中毒、脑炎、脑肿瘤及吞食异物等。

（3）呕吐后又吃下吐出物　常见于采食了过量的食物后，马上剧烈运动，或给予过量的水果等不易消化的食物使宠物胃的负担过重等。

（4）呕吐物的性质与成分　呕吐物中混有血液，可见于出血性胃炎、胃溃疡、出血性胃肠综合征、犬瘟热等出血性疾病；呕吐物呈黄绿色，多见于十二指肠阻塞等；粪性呕吐物，多见大肠阻塞；呕吐物混有寄生虫、毛团及其他异物，多见于寄生虫病及代谢性疾病等。

（三）口腔、咽和食管检查

临床上，当发现宠物的饮食欲减退、吞咽或咽下障碍时，应当对口腔、咽及食管进行详细的检查。

1. 口腔检查

宠物的口腔检查主要注意流涎、气味，口唇、口腔黏膜的温度、颜色，舌以及牙齿等情况。临床上一般采用视诊、触诊、嗅诊等方法进行。健康宠物口腔稍湿润、口腔黏膜呈淡粉红色。

（1）开口法　一般采用徒手开口法即可。当宠物骚动不安、凶猛或需要进行口腔深部检查时，可装置开口器。

①犬的徒手开口法：对性情温顺的犬，检查时让助手握住犬的前肢，检查者右手拇指置于犬的上唇左侧，其余四指置于上唇右侧，在掐紧上唇的同时，用力将唇部皮肤向内下方挤压；将左手拇指和其余四指分别置于下唇左右侧，用力向内上方挤压唇部皮肤，左、右手用力把犬的上、下颌拉开即可检查。

②猫的徒手开口法：可让助手握紧猫的前肢，检查者两手将猫的上、下颌分开；或让助手用左手抓住猫的颈项部皮肤，右手食指和拇指卡住猫头上下颌交汇处，左手手腕一转，使猫头向后仰，猫嘴张开，检查者可用铅笔或手指按住下颌进行检查。

（2）口腔的病理变化

①流涎：见于各种类型的口炎以及伴发吞咽或咽下障碍的疾病，如溃疡性口炎、咽炎、唾液腺炎、颌骨骨折以及狂犬病、某些中毒病等。

②口唇：健康的宠物上、下口唇紧闭。在病理状态下，口唇表现下垂，有时口腔不能闭合，可见于面神经麻痹、昏迷、下颌骨骨折、狂犬病、唇舌肿胀及牙齿契入异物等。一侧性面神经麻痹，口唇歪向健康一侧；双唇紧闭，口角向后牵引，口腔不易或不能打开，可见于脑膜炎及破伤风等；兔唇，即唇与鼻孔之间有裂痕，多发于短头品种的幼仔犬；口盖有裂口（纵裂），口腔与鼻腔相通，多为先天性畸形，轻者可以手术治疗，重者应淘汰。

③口腔气味：宠物在正常情况下，除采食后口腔中有某种饲料的气味外，口腔一般无特殊的臭味。当消化系统功能紊乱时，由于宠物长时间的饮、食欲废绝，口腔的黏膜上皮细胞以及食物残渣腐败分解，可发出恶臭味。多见于口炎、咽炎及胃肠炎等。当宠物发生齿龈炎、齿槽脓漏症、扁桃体炎时，可发出腐败性臭味。

④口腔湿度：临床上，口腔湿润，可见于口炎、咽炎、唾液腺炎、狂犬病、破伤风等；口腔干燥，可见于长期腹泻、脱水及一切发热性疾病。

⑤口腔温度：检查口腔温度时，可用手指伸入宠物的口腔中感知。健康情况下，口腔的温度与体温是一致的。临床上如果体温不高，仅口腔温升高，多为口炎的表现。

⑥口腔颜色：宠物的口腔颜色基本与眼结膜的颜色及病理意义相同。

（3）舌、牙齿的检查　舌的检查应注意有无舌苔及舌苔的颜色；齿的检查应注意牙齿的排列是否整齐，有无松动、过长齿、赘生齿及磨灭齿等情况。

舌苔是覆盖在舌体表面的一层疏松或致密的脱落不全的上皮细胞沉淀物。

舌苔呈灰白色或黄白色，多见于胃肠疾病及热性疾病；舌苔黄厚，提示病情较重或病程较长；舌苔薄白，一般表示病轻或病程短。健康宠物的舌转动灵活且有光泽，颜色与口腔黏膜相似，呈粉红色。舌色呈青紫色、舌软如棉，常提示病情已经到了危重期。舌麻痹，舌垂于口角外，失去活动能力，多见于脑炎后期。舌体咬伤，可见于狂犬病、脑炎等。齿龈出血，多见于齿龈炎、齿槽脓漏症、齿龈膜炎、齿根炎等。

2. 咽和食管检查

检查宠物的咽部和食管，主要采用视诊和触诊的方法。必要时可使用开口器进行直接视诊或触诊。咽部视诊时，头颈的伸展和运动不灵活，咽部肿胀，多为咽炎的表现。

咽部的触诊，一般用两手同时从两侧耳根部向下逐渐滑行，并轻轻按压以感知咽部周围组织的状态。如出现敏感、疼痛或咳嗽，多见于急性咽炎或腮腺炎等。应当注意的是，咽炎时吞咽障碍明显，腮腺炎时吞咽障碍不明显。

食管检查，多在宠物出现吞咽障碍时进行。检查时应注意有无食管炎、食管梗塞、食管损伤及食管内寄生虫等。

（四）腹部检查

宠物腹部检查常用的方法是视诊、触诊和听诊。必要时可进行腹腔穿刺等检查。

1. 腹部视诊

视诊主要观察腹围的大小、外形轮廓的改变以及有无局限性肿胀。

（1）腹围增大　除母犬妊娠后期及饱食等生理情况外，多见于宠物的血丝虫病、腹膜炎、白血病等发生腹水时，并常伴有四肢和下腹部水肿。宠物发生结肠便秘时，在髋骨结节与季肋之间出现腹部隆起，表现为腹围增大。在宠物发生卵巢囊肿、子宫蓄脓及膀胱内充满尿液时，表现为腹部膨满。

（2）腹围缩小　除主要见于细小病毒性肠炎、犬瘟热等腹泻外，急性腹泻、长期发热、慢性消耗性疾病等均可引起腹围缩小。破伤风、腹膜炎时，因腹肌紧张，可见腹围轻度卷缩。

（3）局限性膨大　常见于腹壁疝时，由于腹肌破裂，肠管脱出于皮下。在疝部能听到肠蠕动音，触诊可感觉到有肠管和疝轮环（破裂口）。

2. 腹部触诊

（1）腹部触诊的方法　检查者站在犬的后方，以双手拇指在腰部作支点，其余四指伸直置于腹壁两侧，缓慢用力压迫，直至两手指端相互接触为止，以感知腹壁及触摸到的腹腔器官状态。对小宠物，将两手置于两侧肋弓的后方，逐渐向后向上移动，让内脏滑过各个指端，进行触诊。也可采用使宠物前、后躯轮流高举的姿势，能触知腹腔内全部器官。在开始触诊时宠物的腹壁紧张，触压一会后即行弛缓。

（2）腹部触诊的病理变化 当宠物有胃炎、胃溃疡时，胃区有压痛；胃扩张时，在宠物的左侧肋骨下方有膨隆；当大肠便秘时，在宠物的脊柱下和骨盆入口处的前部可摸到香肠状粪条或粪块，有时前段可达肝脏，后段可延伸到右腹侧；肠套叠时，可摸到一个坚实而有弹性的、弯曲的、移动的圆柱形肠管，有时可感知肠套叠的存在；当肠嵌闭或肠绞窄时，可摸到病变部形成的结节，前段有肠胀气，肠嵌闭或肠绞窄处有压痛；当腹水时，触诊有波动感，采用冲击触诊，会出现波动，多见于渗出性腹膜炎、子宫蓄脓、尿闭、胸腔积液等引起积液。应当注意的是，宠物患有单纯性的腹膜炎时，腹壁有疼痛，可区别因其他疾病引起的胸腔积液。

3. 腹部听诊

腹部听诊主要了解宠物胃肠功能状态以及肠道内容物的性状。宠物的肠音不太发达，难以区分大、小肠音（统称肠音）。宠物的肠音每隔 10～20s 蠕动 1 次，呈哗发音、捻发音或流水音。病理性的肠音，主要如下：

（1）肠音增强 肠音高朗，连绵不断，见于肠胀气的初期、肠卡他及胃肠炎的初期等。

（2）肠音减弱 肠音短促而微弱，次数稀少，多见于重度胃肠炎的后期以及便秘等。

（3）肠音消失 无肠音，多见于肠麻痹、便秘及肠变位的后期等。

（4）肠音不整 肠音时快时慢，时强时弱。可见于胃肠卡他及大肠便秘的初期等。

（5）金属性肠音 多见于各种原因引起的肠胀气。

4. 腹部叩诊

可用指指叩诊或槌板叩诊的方法进行。宠物发生肠胀气时，在腹部相应的位置可出现鼓音；便秘时，出现浊音；腹膜炎出现腹水时，出现水平浊音。

（五）肝脏检查

宠物的腹壁较薄，从右侧肋骨的后方向前上方能触摸感知到肝脏。对犬叩诊时，在右侧第 7～12 肋间，肺脏的后缘 1～3 指宽；左侧第 7～9 肋间沿肺脏的后缘，均能叩诊出与心浊音界相融合的肝脏的浊音界。宠物患有肝炎时，肝脏的浊音界扩大，向后延伸，后缘可达到背部和侧方，触诊肝区敏感性增高。在临床检查中，还应进行肝功能检验和超声波检查等。

（六）直肠检查

当宠物有腹痛，试图排粪而又不能排除时，应进行直肠检查。一般采用触诊的方法。检查者用剪短指甲并涂润滑剂或戴橡皮手套的小指或食指，轻轻插入宠物的肛门，可判断肛门的收缩力，以检查肛门括约肌有无麻痹、直肠内有无蓄粪、直肠黏膜有无息肉等。

宠物便秘时，肛门指检呈现过敏状态，直肠内有干燥秘结的粪便；直肠歪曲时，直肠检查可发现形成的直肠囊袋或直肠侧曲，粪便在弯曲处发生秘结，X射线钡餐摄影检查，可发现直肠歪曲或直肠狭窄。此外，直肠检查还可确定骨盆腔内的盆骨有无骨折或肿瘤。在直肠检查前，应注意宠物有无肛瘘、肛裂及肛门腺囊肿等。

宠物肛门区炎症时，经常将肛门沿地面摩擦、企图啃咬肛门等；肛门腺囊肿时，直肠检查有疼痛和肿胀，压迫肿胀部可流出多量分泌物。

（七）排粪姿势及粪便的检查

1. 排粪姿势及粪便状态检查

排粪姿势和状态是一种复杂的反射动作。犬、猫一般采取近似坐下的姿势。一般采用视诊的方法进行检查。

（1）排粪姿势　观察宠物的排粪姿势及检查粪便，对临床诊断有很大的帮助。犬排粪时后肢张开弯曲，近似于坐下的姿势。猫排粪时先寻找僻静的地方，用爪挖一小坑，后肢分开下蹲排粪，最后用土掩盖粪便。

（2）排粪异常或障碍的临床诊断价值　正常宠物的排粪次数与采食饲料的数量、质量及使役情况有密切关系。主要表现有腹泻、便秘、里急后重、排粪失禁及排粪时带痛等。

①腹泻：粪便稀软，排粪次数增加，粪便呈稀粥状，甚至排水样粪便，有时混有脱落的肠黏膜上皮或血液，是肠蠕动功能增强的结果。多见于传染性胃肠炎、急性肠卡他、肠炎及某些肠道寄生虫病等。

②便秘：宠物表现为排粪用力，排粪次数减少，屡有排粪姿势而排出量少、干固、色深的粪便。可见于一般性发热性疾病、慢性胃肠卡他或胃肠弛缓、肠便秘、肠变位等。

③里急后重：频频做排粪姿势并强力努责，无粪便排出，或有时排出极少量的稀软粪便或黏液，常见于肠炎、顽固性腹泻、结肠与直肠周围和肛门的疾病等。

④排粪失禁：宠物没有排粪的姿势，粪便不自主地排出肛门外。多由于肛门括约肌弛缓或麻痹所致，如持续性腹泻、大脑疾病、脊髓损伤、全身虚弱等。

⑤排粪带痛：排粪时表现为疼痛不安、呻吟、弓腰努责，常见于腹膜炎、结肠炎、直肠炎、直肠周围组织炎、泌尿道疾病等。

2. 粪便性状的检查

临床检查时，应注意以下几方面的情况。

（1）粪便的硬度和形状　与食物的种类及含水、脂肪、粗纤维的多少以及食物在宠物胃内停留的时间有密切关系。一般情况下，成年犬采食后食物停留的时间为20h，其中，胃4h、小肠5h、大肠10h。在病理情况下，食物在消化道停留的时间长，可发生便秘、粪硬；停留的时间短，可发生腹泻、粪软；

肠道内的水分多即腹泻；肠道内的水分少即便秘。

（2）粪便的颜色　粪便的颜色因食物的种类、胆汁的多少、肠液分泌的多少、粪便在肠道停留时间的长短而有不同。健康宠物的粪便为褐色。

粪便在肠道停留的时间长，颜色较黑；阻塞性黄疸时，胆汁排出障碍，颜色灰白；胃及上部肠道出血时，呈黑褐色；下部肠道出血时，粪便呈红色；胰腺炎等疾病时，粪便呈灰色，并带有特殊的脂肪闪光；内服汞制剂时，粪便为绿色；钩端螺旋体病时，粪便呈黄绿色；肠炎时，稀便含少量的脓液和血液，并有腥臭。

（3）粪便的气味　因食入食物种类的不同，粪便的气味也有不同。一般食入肉类和脂肪时，粪便呈特殊的恶臭味；在临床诊断中，如果宠物没有食入肉类食物，粪便呈腐败性臭味，多为肠卡他、肠炎等疾病。

3. 粪便的异常混合物

宠物粪便的异常混合物，在临床有诊断意义的包括以下几种。

（1）黏液　健康宠物的粪便表面有极薄的黏液层。黏液量增多，表明宠物肠道内有炎症或排粪迟滞。肠便秘时，粪便有胶冻样黏液层，覆盖整个粪球，类似脱落的肠黏膜。有时带有血液。

（2）假膜　随粪便排出的假膜，由纤维蛋白、上皮细胞及白细胞组成，常为圆柱状。可见于纤维素性假膜性肠炎。

（3）脓汁　粪便中混有脓汁，是化脓性炎症的表现，如直肠脓肿等。

（4）寄生虫及异物　粪便中有蛔虫、绦虫体节等，对寄生虫病的诊断有重要意义。粪便中混有毛球、破布、被毛等，多为宠物缺乏维生素、矿物质等所造成的异嗜。

四、泌尿生殖系统检查

临床上宠物的肾脏、尿路（除生殖系统外）的原发性疾病虽然少见，但在某些传染病、寄生虫病、代谢障碍等疾病的过程中，都有肾脏、尿路和生殖系统的损害，而且又多被这些疾病的原发病的症状所掩盖。因此，不应忽视泌尿生殖器官系统的检查。泌尿生殖系统的临床检查，主要采用问诊、视诊、触诊、导管探诊、尿液的实验室检查、肾功能检查以及排尿和尿液检查。必要时还可用 X 射线和超声波诊断等特殊的临床检查方法。

（一）排尿状态观察

宠物的排尿状态观察包括排尿动作、排尿次数和尿量、排尿障碍的检查。

1. 排尿姿势及排尿量

健康的猫和母犬、幼犬排尿时，采取下蹲姿势；公犬排尿采取提一侧后肢，有排尿在其他物体上的习惯。公犬常常伴随嗅闻物体或其他犬排过尿的地方而排尿，在短时间可排 10 多次。健康的成年犬 1d 内的排尿量为 0.5 ~ 2L，幼犬为 40 ~ 200mL；猫排尿量是犬的 1/20 ~ 1/10。

2. 排尿障碍（排尿异常）

在病理情况下，宠物的泌尿、贮尿和排尿都可以表现出异常。临床检查时，要注意下列情况。

（1）多尿和频尿　排尿次数增多，并且每次排出的尿量不减少，是肾小球滤过功能增强或肾小管重吸收功能减弱的结果。可见于宠物的肾炎、糖尿病、尿毒症等。

频尿是排尿次数明显增多，但一次尿量不多甚至减少，因而24h排尿总量不多。多见于膀胱炎，膀胱受机械性刺激，尿路炎症。

（2）少尿和无尿　排尿次数少，而且尿量也减少甚至没有尿液排出，此时尿色变浓，尿相对密度增高，有大量的沉积物。临床上分为3种情况：

①肾前性少尿：多发于血浆渗透压增高和外周血液循环衰竭，肾脏血流量减少时，可见于剧烈的腹泻、休克、脱水、热性病，严重的水肿或大量渗出液和心力衰竭等。临床表现为尿量轻度或中度减少，一般不出现无尿。

②肾源（中）性少尿：是肾脏本身泌尿功能高度障碍的结果。常见于急性肾小球肾炎，各种慢性肾脏病（如肾结石、肾结核）引起的肾功能衰竭期等。临床主要表现为少尿，少数严重者表现为无尿，严重时，可因体内代谢最终产物不能及时排出而引起自体中毒和尿毒症。

③肾后性少尿：主要是由于输尿管阻塞所致。可见于肾盂结石、输尿管结石等。

（3）尿闭　又称尿潴留。膀胱充满尿液而不能排出。临床上常见于尿道阻塞、膀胱麻痹、膀胱括约肌痉挛等。主要表现为宠物多有尿意，伴有轻度或剧烈疼痛。

（4）尿淋漓　尿液不断呈点状排出。可见于膀胱炎、尿道炎、前列腺炎等。老龄、体衰、胆怯的宠物也有可出现尿淋漓。

（5）尿失禁　不采取一定的准备动作和正常的排尿姿势，不自主地、经常地或周期性地排出少量尿液。可见于脊髓或支配膀胱的神经麻痹等。

（6）尿痛　宠物排尿时，疼痛不安、呻吟、回视腹部等。常见于膀胱炎、尿道炎、尿路结石等情况。

3. 尿液性质的改变

在临床观察排尿状态时，要特别注意宠物尿液性质的变化，对临床诊断具有重要的意义。临床常见尿液性质的改变如下：

（1）尿色的改变　健康宠物的尿色为黄色。当尿的颜色呈红色或褐色时，表明尿中带有血液。临床上多见于细菌性膀胱炎、肾脏或尿路结石、犬丝虫病、洋葱中毒等。宠物尿液的颜色变深，接近橙色，可能是肝脏疾病、药物引起的肝脏损害、胆囊疾病以及胆结石等引起的黄疸所致。黄疸出现时，皮肤和可视黏膜均变成黄色。亚甲蓝或台盼蓝等可使尿液变成蓝色；石炭酸、松馏油等可使尿液变成黑色或黑棕色。

（2）尿液混浊　表明从肾脏到尿道这段尿路的炎症，炎性脓液混入尿中，使尿液变得混浊。常见于膀胱炎。雌性宠物生殖器官异常时也可使尿液变得混浊，如子宫炎时可出现奶酪色或咖啡色的尿液。

（3）尿液发亮　宠物排尿后，在尿液渗透过的地方，可见到发亮的物质。表明宠物患有膀胱炎，是尿液在膀胱中形成磷酸盐结晶的结果。

（4）尿液变浓或变淡　健康宠物在清晨第一次排尿或运动后排尿以及水分不足时，由于尿液浓缩，尿液呈深黄色。患有糖尿病、尿崩症时，因饮水过量，尿液颜色变淡；患有痢疾、呕吐等症状的疾病时，尿液的颜色可变浓。

（二）泌尿器官检查

泌尿器官由肾脏、肾盂、输尿管、膀胱和尿道组成。肾脏是形成尿液的器官，其余部分是尿液排出的通路，称为尿路。泌尿器官检查包括肾脏、输尿管、膀胱及尿道检查。临床上对肾脏和尿路的检查比较重要。

1. 肾脏检查

（1）肾脏的正常位置　肾脏是一对实质性器官，位于脊柱两侧的腰下区，包于肾脂肪囊内，右侧肾脏一般比左侧肾脏稍向前方一点。犬的右肾位于第1~3腰椎横突的下面；左肾因胃的饱满程度不同，其位置也常随之改变。猫的肾脏大致与犬相同。

（2）肾脏的检查方法　宠物的肾脏检查一般采用触诊和叩诊等方法进行，但因肾脏的位置以及宠物的品种不同，有一定的局限性。通常情况下，宠物的肾脏可进行腹部深部触诊，令宠物采取站立姿势，检查者两手拇指放在宠物的腰部，其余手指从两侧肋弓后方与髋关节之间的腰椎横突下方，从左右两侧同时施压向前滑动，进行触诊。

①肾区视诊：肾脏疾病时，肾区表现敏感，肾区疼痛，常表现为腰背板硬、拱起、运步小心、后肢向前移动迟缓。同时，宠物发生眼睑、腹下、阴囊及四肢下部水肿（肾性水肿）。

②肾区外部触诊和叩诊：应注意宠物有无疼痛反应。肾脏出现压痛，可见于急性肾炎、肾脏及周围组织的化脓性炎症、肾脓肿等；如感到肾脏肿大、压之疼痛敏感并有波动，提示为肾盂肾炎、肾盂积水、化脓性肾炎等；肾脏质地坚硬、体积增大、表面粗糙不平，提示为肾硬变、肾肿瘤、肾结核、肾及肾盂结石。触诊时，肾体积缩小，多提示先天性肾发育不全、萎缩性肾盂肾炎及间质性肾炎等。

2. 膀胱检查

膀胱是贮尿器官，上接输尿管，下与尿道相连。因此，膀胱疾病除膀胱本身的原发病之外，还可能继发肾脏、前列腺及尿道的一些疾病等。

（1）膀胱的检查方法　膀胱位于耻骨联合前方的底部，一般采取仰卧的姿势进行触诊。通常膀胱检查时，检查者两手放于宠物腹下的两侧，慢慢地向上方抬举，以感觉膀胱的大小和敏感性程度或将一手的食指插入宠物的直肠，另一手的拇指压迫宠物的腹壁，并用手指将膀胱向直肠方向后压（直肠触诊法）。

在膀胱检查中，较好的方法是膀胱镜的检查，可以直接观察到膀胱黏膜的状态和膀胱内部的病变，也可以窥察输尿管口的情况。此外，还可采用临床尿液化验、X 射线造影术等检查方法。

（2）膀胱检查的病理意义 膀胱检查主要注意膀胱的大小、位置、充盈程度、厚度以及有无压痛等。直肠触诊时，应注意膀胱的增大、空虚、压痛及膀胱内的结石、血凝块、肿物等。膀胱增大，多见于尿道结石、膀胱括约肌痉挛、膀胱麻痹、前列腺肥大、膀胱肿瘤、尿道狭窄等，有时也可见于直肠便秘压迫尿道；膀胱麻痹时，在膀胱壁上施加压力，可有尿液被动地流出，停止压力，排尿立即停止；膀胱空虚，除肾源性无尿外，常见于外伤性、膀胱壁坏死性炎症（溃疡性）等引起的膀胱破裂。

3. 尿道检查

雌性宠物的尿道检查，用阴道开膣器；雄性宠物尿道检查，常用触诊和尿道探诊的方法。检查时应注意尿道有无炎症、结石、狭窄及损伤等。

（三）生殖器官检查

1. 雄性宠物生殖器官检查

雄性宠物生殖器官包括阴囊、睾丸、精索、附睾、阴茎及副腺体（前列腺、贮精囊和尿道球腺）。外生殖器包括阴囊、睾丸和阴茎。健康状态下，宠物的阴囊皮肤薄而皱缩，富有弹性。

阴囊肿大，触诊感觉发凉，指压留痕，常见于犬丝虫引起的浮肿；触诊阴囊有热痛，常见于阴囊炎、睾丸炎等；一侧睾丸肿大、坚硬并有结节，应考虑是否为睾丸肿瘤；阴囊明显增大，持续性腹痛，触诊阴囊有软坠感、无热等，多见于宠物的阴囊疝；摸不到睾丸，可能为隐睾或先天性睾丸发育不全；宠物患布氏杆菌病时，常发生附睾炎、睾丸炎和前列腺炎；阴茎嵌顿和阴茎外伤时，表现为阴茎肿大并疼痛不安等。

2. 雌性宠物生殖器官检查

雌性宠物生殖器官包括卵巢、输卵管、子宫、阴道和阴门。外生殖器包括阴道和阴门。临床检查主要以视诊和触诊为主，可借助阴道开膣器开张阴道观察阴道黏膜的颜色、湿度、损伤、炎症、肿物及溃疡等情况。健康宠物的阴道黏膜呈淡粉红色，表面光滑而湿润。宠物处于发情期时，阴唇和阴道黏膜充血肿胀，有量不等的无色、灰白色或淡黄色透明的黏液流出，有时常吊在阴唇皮肤上或黏着在尾根部的毛上，变为薄痂。

在病理情况下，常见的疾病是阴道炎，常做排尿姿势而尿量不多，流出污秽不洁的浆液性、黏液性或脓性分泌物，呈腥臭味；假膜性阴道炎时，可见阴道黏膜覆盖一层灰黄色或灰白色的坏死组织膜，膜下上皮损伤或出现溃疡，阴道黏膜肿胀，有时有小结节。宠物子宫扭转时，阴道黏膜呈紫红色，阴道壁紧张，越向前越变窄，有旋转状皱褶，同时伴有腹痛症状。当阴道或子宫脱出时，可见明显的脱垂物体。

五、 神经系统检查

宠物的神经系统检查不仅对神经系统本身的疾病有意义,而且对其他器官、系统疾病也具有十分重要的诊断价值。因为神经系统在宠物的协调统一性上居主导地位,当机体发生疾病时,对于疾病的发生和发展,具有保护性的抑制作用。对于神经系统的检查,主要包括精神状态、感觉功能、运动功能、反射功能的检查。

(一)精神状态观察

宠物的精神状态观察主要采取视诊的方法。临床检查时应注意颜面的表情、眼和耳的动作,身体的姿势以及宠物的各种防卫性功能等情况,特别要着重观察宠物的精神兴奋和抑制状态。具体内容参见一般临床检查。

(二)感觉功能检查

宠物的感觉功能是由感觉神经系统完成的。在临床检查中,分为浅感觉、深感觉和特种感觉检查3部分内容。

1. 浅感觉检查

浅感觉是指皮肤和黏膜感觉,包括触觉、痛觉、温觉及对电的感觉等。在宠物临床中,主要应用痛觉和触觉检查。

(1)浅感觉检查方法 健康动物用针头以不同的力量针刺皮肤,立即出现反应,表现为相应部位的肌肉收缩,被毛颤动,迅速回头或踢咬动作等。检查痛觉时,为避免视觉的干扰,应先把宠物的眼睛遮住,然后用针头以不同的力量针刺宠物的皮肤,观察宠物的反应。一般先从感觉较差的臀部开始,再沿宠物的脊柱两侧向前,直至颈侧、头部。对四肢作环形针刺,较容易发现不同神经区域的异常。

(2)浅感觉病理性改变 按临床表现分为如下3种:

①感觉性增高(感觉过敏):是指给予轻微的刺激即可引起强烈的反应,主要是感觉神经径路发生刺激性病变,其兴奋性增高(兴奋阈值降低),对刺激的传送能力增强所致。临床上多见于外伤、脊髓膜炎、脊髓背根损伤、视丘损伤、末梢神经炎等。

②感觉性减退或消失:是指对刺激的反应减弱或消失,主要是由于感觉神经末梢、传导径路或感觉中枢障碍所致。局限性感觉性减退或消失,是支配该领域内的末梢感觉神经受到损伤所致;体躯两侧呈对称性的感觉性减退或消失,多为脊髓横断性损伤,如脊髓挫伤、压迫及炎症;半边肢体的感觉性减退或消失,多见于延脑或大脑皮层之间的传导径路受损伤,常发生于病变部的对侧肢体;全身感觉性减退或消失,常见于各种疾病引起的昏迷等。

③感觉异常:是指不受外界刺激的影响而自发产生的感觉,如痒感、蚁行感、烧灼感等。感觉异常是感觉神经传导径路存在强烈的刺激所致。但宠物不如人类能以语言表达,只表现出对感觉异常部的舌舔、啃咬、摩擦、搔爬,甚

至咬破皮肤而露出肌肉、骨骼仍不止。多见于狂犬病、伪狂犬病、多发性神经炎等。应当注意的是，皮肤病、寄生虫病、真菌病等引起的皮肤瘙痒，应与神经系统疾病的感觉异常相区别。

2. 深感觉检查

深感觉是指位于皮下深处的肌肉、关节、骨、腱和韧带等，将关于肢体的位置、状态和运动等情况的冲动传到大脑，产生深部感觉，即所谓的本体感觉，借以调节身体在空间的位置、方向等。因此，临床上根据动物肢体在空间的位置改变情况，可以检查宠物本体感觉有无障碍或疼痛反应等。

临床检查深感觉时，可人为地使动物的四肢采取不自然的姿势，如令宠物的两前肢交叉站立，或令两前肢扩张站立，还可令前肢向前方远放，以观察宠物的复位反应。健康宠物，当人为地采取不自然的姿势后，能自动地迅速恢复原来的自然姿势。深感觉发生障碍时，可长时间保持人为的姿势不变。临床上深感觉障碍时多伴有意识障碍，多提示大脑或脊髓被侵害，如慢性脑室积水、脑炎、脊髓损伤、严重肝病及中毒性疾病等。

3. 特种感觉检查

特种感觉是特殊的感觉器官的感觉，如视觉、听觉、嗅觉、味觉等。特种感觉的异常变化，也可由非神经系统的，尤其是特种感觉器官本身的疾病引起，因此，在临床上应注意区别。

宠物的视觉增强，多表现为羞明，除发生于结膜炎等眼科疾病外，还见于颅内压升高、脑膜炎、日射病和热射病等；视觉异常的宠物，有时表现出"捕蝇样动作"，如狂犬病、脑炎、眼炎初期等。

听觉迟钝或完全消失，多见于延脑或大脑皮层颞叶损伤；听觉过敏，可见于脑和脑膜疾病。

宠物中以犬、猫的嗅觉最灵敏，尤其是警犬和猎犬可因嗅觉障碍而失去其经济价值。嗅觉迟钝或消失，多见于犬瘟热、猫瘟热或猫传染性胃肠炎等。

（三）运动功能检查

宠物的运动是在大脑皮层的控制下，由运动中枢和传导径以及外周神经元等部分共同完成的。运动功能检查，临床上除进行外科检查外，还应注意强迫运动、共济失调、痉挛和麻痹等。

1. 强迫运动

强迫运动是大脑功能障碍所引起的不自主运动。常见于盲目运动、回转运动（圆圈运动）等。

（1）盲目运动　患病宠物无目的地徘徊走动，对外界刺激无反应，不注意周边事物。有时不断前进，直至头顶在障碍物上，无法前进而不动。常见于脑膜炎、狂犬病等。

（2）回转运动　患病宠物按一定的方向做圆圈运动，是大脑前庭核的一侧性损伤引起的。临床表现为向患侧做圆圈运动；四迭体后部至桥脑的一侧性损伤，则向健侧做圆圈运动；大脑皮层两侧性损伤，可向任何一侧做圆圈运动。

2. 共济失调

共济失调是指宠物不能保持躯体平衡的运动障碍（图6-6）。临床上按发病的原因可分为：

（1）外周性失调　是感觉神经兴奋传导障碍所引起的。多见于脊髓膜炎和神经受压迫等。

（2）脊髓性失调　是脊髓的感觉障碍，肌肉运动失去中枢的精确调节所致。患病宠物运步时左右摇晃，但头不歪斜。

图6-6　患犬共济失调

（3）延髓性失调　是延脑的障碍所致。患病宠物多呈一前肢、躯干和颈部感觉异常。

（4）小脑性失调　宠物不常发生，是小脑异常所致。患病宠物步态跟跄，直线行走困难。此种失调不伴有眼球震颤。当一侧性小脑受损时，患侧前后肢失调较明显。

（5）大脑性失调　是大脑皮层的额叶或颞叶受损所致。患病宠物虽然能直线运动，但躯体向健侧倾斜，甚至转弯时跌倒。

3. 痉挛与麻痹

（1）痉挛　肌肉的不随意性收缩称为痉挛，是由于大脑皮层受刺激、脑干或基底神经节受损伤所致。按照肌肉的不随意收缩的形式，痉挛可分为阵发性痉挛、强直性痉挛和症状性癫痫。

①阵发性痉挛：是肌肉一阵阵地收缩与弛缓交替出现。多提示大脑、小脑、延脑或外周神经受到损害，常见于病毒或细菌感染性脑炎及宠物的钙、镁缺乏症等。

②强直性痉挛：是肌肉长时间的连续收缩，无弛缓和间歇，也是大脑皮质受抑制，基底神经受损伤，或脑干和脊髓的低级运动中枢受刺激的结果。多见于破伤风、有机磷中毒等。

③症状性癫痫：是大脑皮质出现器质性变化时出现的癫痫症状。发作时表现为强直性痉挛、瞳孔扩大、流涎、大小便失禁、意识丧失，多见于犬瘟热、尿毒症等。

（2）麻痹　随意运动减弱或消失称为麻痹。完全麻痹又称瘫痪；一侧躯体麻痹又称偏瘫；后躯麻痹又称截瘫。偏瘫是脑部的疾病，截瘫是脊髓的损伤。

锥体系统和锥体外系的运动神经元损伤所产生的运动麻痹，称为中枢性麻痹；脊髓腹角和脑神经运动核的运动神经元损伤所产生的运动麻痹，称为末梢性麻痹。在临床诊断中应注意两者之间的鉴别（表6-4）。

表6-4 中枢性麻痹与末梢性麻痹的鉴别

鉴别要点	中枢性麻痹	末梢性麻痹
肌肉张力	增高	降低
肌肉萎缩	一般无肌肉萎缩	迅速萎缩
腱反射	增强	减弱或消失
皮肤反射	减弱或消失	减弱或消失

（四）反射功能检查

反射是神经活动的最基本方式，它必须在反射弧的结构和功能保持完整性的情况下才能实现。临床上经常检查的反射有以下几种。

1. 耳反射

用细棍轻触耳内被毛，健康宠物立刻表现出摇耳、摇头的反应。反射中枢在延髓及第1~2颈髓。

2. 角膜反射

用手指或羽毛轻触角膜时，宠物立即闭眼。反射中枢在桥脑。

3. 瞳孔反射

瞳孔对光反射的向心神经为视神经，远心神经为动眼神经，反射中枢位于脑干（中脑和四迭体）。检查时应先注意宠物的瞳孔有无扩大和缩小。

（1）瞳孔对光的反射径路 光线—视网膜—视神经—视束—中脑动眼神经副交感核—动眼神经副交感纤维—虹膜瞳孔括约肌。当这一反射弧受损伤时，瞳孔的对光反射发生障碍。

（2）瞳孔对光反射的检查方法 检查时先遮住宠物的眼睛片刻，使瞳孔散大；然后开张其眼，并用电筒从侧方迅速照射瞳孔。健康宠物光照后瞳孔迅速缩小，移去后可随即恢复正常。检查时，要注意两眼对比观察。在病理情况下，瞳孔检查可见如下情况：

①瞳孔扩大：是因为交感神经兴奋或动眼神经麻痹，致使瞳孔开张肌收缩的结果。交感神经兴奋时，对光仍具有反应，见于宠物高度兴奋、恐惧、剧痛性疾病及应用阿托品类药物等；动眼神经麻痹时，对光反射无反应，多见于某些脑病的经过中，是因颅内压升高，压迫了动眼神经，引起两侧瞳孔扩大及对光反射消失；两侧瞳孔扩大，对光反射消失，手刺激眼球固定不动，表示中脑受到侵害，是病情垂危的征兆。

②瞳孔缩小：常伴有眼球凹陷、眼睑下垂、对光反射迟钝或消失，是动眼神经兴奋或交感神经麻痹，致使瞳孔括约肌收缩的结果。常见于脑膜炎、脑出血、虹膜炎、有机磷农药中毒及应用毛果芸香碱等药物。

③瞳孔大小不等：瞳孔变化不定，时而一侧稍大，时而另一侧稍大，可能

是中枢神经和虹膜的支配障碍，如脑损伤、脑肿瘤、脑膜炎等。

4. 肛门反射

用细棍轻触或用针刺肛门部皮肤，健康宠物可产生一连串的短而急的收缩。反射中枢在第 4~5 骶髓。

5. 腱反射

用叩诊槌叩击膝中直韧带，健康时后肢膝关节部强力伸展。反射中枢在第 3~4 腰髓。检查时使宠物采取横卧姿势，抬平上侧的被检肢，使肌肉保持松弛状态，然后叩击宠物的膝中直韧带。

在临床检查耳反射、肛门反射及腱反射时，一般遮住宠物的眼睛，消除宠物的视觉干扰，并且要进行两侧对比检查。

6. 反射功能的病理性改变

反射功能的病理性改变，主要有反射增强、减弱或消失：

（1）反射增强（亢进） 由于神经系统的兴奋性普遍增高所致。可见于破伤风、脊髓膜炎、有机磷中毒等。应当注意的是，当上位运动神经元损伤时，脊髓反射弧失去了高级中枢的控制，而使脊髓的反射活动增强，呈现腱反射亢进。

（2）反射减弱或消失 多见于反射弧的感觉神经纤维、反射中枢或运动神经纤维的损害。表明脊髓的背根（感觉神经）、腹根（运动神经）、脑、脊髓的灰质和白质受损害。当中枢神经系统发出的抑制性冲动加强、增多时，低级反射中枢或反射弧其他部分虽无损伤，也可以引起反射减弱或消失，如颅内压增高、昏迷的初期等。

1. 犬，突然发病，食欲不振，反复呕吐，粪便中有少量未消化食物，色黄，体温 40.2℃，在临床检查时，初步诊断为哪个系统的疾病，在检查时应用哪些检查方法？

2. 犬，3 月龄，购回 1 月余，对主人的呼唤无反应，饮、食欲正常。该犬首先需要检查哪个系统，具体应用哪些检查方法？

《2011 年执业兽医资格考试应试指南（兽医全科类）》，www.cvma.org.cn。

器官系统综合检查技术

【目的要求】

掌握宠物心脏听诊、呼吸器官、消化器官、泌尿生殖器官、神经系统临床检查技术；掌握病历填写的一般事项及填写内容。

【实训内容】

犬、猫等宠物的心脏听诊、呼吸器官检查、消化器官检查、泌尿生殖器官检查以及神经系统的临床检查方法；正确书写病历的方法。

【实训动物与设备】

动物：犬、猫。

器材：保定绳、口笼、棍套保定器、伊丽莎白圈、猫支架保定器、犬体壁支架保定器以及听诊器等诊断器械。

【实训方法】

一、 心脏听诊技术

(一) 目的要求

初步认识心杂音及重要的异常心音，掌握心脏的听诊部位、方法及正常状态，区别第一心音与第二心音。

(二) 材料用品

犬、猫，临床病例犬、猫，犬心音最佳听取点图 2 幅、消毒液。

(三) 仪器用具

听诊器、消毒盆、保定绳、诊疗台等。

(四) 方法步骤

对犬、猫进行适当的保定。听诊器应与体壁密切接触。遵循一般听诊的常规注意事项。当需要辨认各瓣膜口心音的变化时，可在最佳听诊点听取。

(1) 第一心音　二尖瓣口音，左侧第 4 肋间，胸廓下 1/3 的水平线上；三尖瓣口音，右侧第 4 肋间，肋软骨固着部上方。

(2) 第二心音　主动脉口音，左侧第 4 肋间，肩关节水平线直下方；肺动脉口音，左侧第 3 肋间，靠胸骨的边缘处。

区别第一心音和第二心音的方法。

二、　呼吸器官检查技术

（一）目的要求

结合经典病例认识主要症状并理解其临床意义；掌握胸廓和呼吸运动的检查内容和方法；掌握胸、肺的叩、听诊的检查方法，熟悉其正常状态。

（二）材料用品

犬、猫，临床病例犬，犬呼吸器官图表、模型、消毒液。

（三）仪器用具

听诊器、叩诊器、消毒盆、保定绳、诊疗台等。

（四）方法步骤

1. 呼吸运动的检查

应在患病宠物安静且无外界干扰的情况下做检查。

（1）呼吸类型的检查；

（2）呼吸节律的检查；

（3）呼吸匀称性的检查；

（4）呼吸困难的检查。

①吸气式呼吸困难；

②呼气式呼吸困难；

③混合式呼吸困难。

2. 胸、肺的叩诊

（1）宠物的肺叩诊区；

（2）叩诊的方法；

（3）正常肺区叩诊音。

3. 胸、肺听诊

肺的听诊区与叩诊区大致相同。听诊时，应先从呼吸音较强的部位即胸廓的中部开始，然后再依次听取肺区的上部、后部和下部。

三、　消化器官检查技术

（一）目的要求

结合病例认识有关症状及异常变化；掌握宠物腹部、胃肠及排粪动作和粪便的眼观检查方法。

（二）材料用品

犬、猫，临床病例犬，犬消化器官图表、模型、消毒液。

（三）仪器用具

听诊器、叩诊器、消毒盆、保定绳、诊疗台等。

（四）方法步骤

1. 腹部的视诊和触诊

（1）腹围视诊；

（2）腹部触诊。

2. 胃肠的听诊

3. 排粪动作及粪便的感官检查

四、 泌尿生殖器官检查技术

（一）目的要求

了解肾脏、膀胱、尿道及外生殖器官的临床检查方法。掌握犬、猫的尿道探诊方法，结合临床病例观察宠物的异常排尿姿势。

（二）材料用品

犬、猫，临床病例犬，犬泌尿器官图表、模型、消毒液。

（三）仪器用具

导尿管、阴道开腔器、消毒盆、保定用具、润滑剂（凡士林或液体石蜡）、诊疗台等。

（四）方法步骤

1. 肾脏的检查

（1）视诊；

（2）触诊。

2. 膀胱的检查

触诊时宜采取仰卧姿势，用一手在腹中线处由前向后触压，也可用两只手分别由腹部两侧，逐渐向体中线压迫，以感觉膀胱。当膀胱充满时，可在下腹壁耻骨前缘触到一有弹性的球形光滑体，过度充满时可达脐部。检查膀胱内有无结石时，最好用手指插入直肠，另一手的拇指与食指于腹壁外，将膀胱向后挤压，以便直肠内的食指容易触到膀胱。

3. 尿道探诊及导尿

4. 外生殖器的检查

（1）雄性外生殖器的检查；

（2）雌性外生殖器检查。

5. 乳腺的检查

6. 排尿检查

五、 神经系统检查技术

（一）目的要求

掌握头颅、脊柱及感觉、反射功能的检查方法。能够熟练地利用临床病例进行神经系统检查，并说出临床诊断意义。

（二）材料用品

犬、猫，临床病例犬，犬、猫模型，消毒液。

（三）仪器用具

胶头、叩诊锤、针头、消毒盆、保定用具、诊疗台等。

（四）方法步骤

1. 头颅、脊柱的视诊、触诊

2. 感觉功能检查

（1）痛觉检查；

（2）深部感觉检查；

（3）瞳孔检查。

3. 反射功能检查

（1）耳反射；

（2）肛门反射。

六、病历记录的填写

（一）目的要求

熟悉宠物病历记录的原则，掌握宠物病历记录的内容和程序。

（二）材料用品

临床病例犬、病历记录单。

（三）方法步骤

填写时一般应遵循如下几个原则：

1. 全面详细

2. 系统科学

3. 具体肯定

4. 通俗易懂

病历记录的一般内容、程序：

（1）患病宠物登记；

（2）主诉及问诊材料；

（3）临床检查所见；

（4）辅助检查（特殊检查）；

（5）病历日志

①每日记录体温、脉搏、呼吸数（一般可绘制曲线图）；

②记录各器官、系统的新变化（一般仅重点记录与前日不同的所见）；

③所采取的治疗措施、方法、处方及饲养管理上的改进等；

④各种辅助检查的结果；

⑤会诊的意见及决定等。

（6）病历的总结。

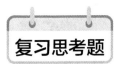
复习思考题

1. 总结心脏听诊的主要技巧，与同学们比较所听心音的特点及临床诊断意义。

2. 总结心脏听诊的注意事项，并分析实验操作的得失。

3. 总结肺听诊的主要技巧，与同学们比较所听肺音的特点及临床诊断意义。

4. 总结肺叩诊的主要技巧，与同学们比较所叩诊肺音的特点及临床诊断意义。

5. 总结肺脏叩诊的注意事项，并分析实验操作的得失。

6. 总结消化器官检查的主要技巧，与同学们比较腹部触诊的特点及临床诊断意义。

7. 总结胃肠听诊的主要技巧，与同学们比较胃肠音的特点及临床诊断意义。

8. 总结泌尿生殖器官检查的主要技巧，详细叙述其特点及临床诊断意义。

9. 结合临床病例，进行宠物泌尿生殖器官检查的方法操作。

10. 总结神经系统检查的主要技巧，详细叙述其特点及临床诊断意义。

11. 结合临床病例，进行宠物神经系统检查的方法操作。

12. 总结病历记录填写的内容及填写程序。

13. 结合临床病例，进行病历记录填写。

项目七｜临床诊断思维

【学习目标】

了解临床诊断思维方法、基本原则，掌握临床诊断中应注意的问题。

【技能目标】

通过学习与体会认识，能够运用临床诊断思维方法分析病例，避免临床诊断失误。

【课前思考题】

1. 常见临床诊断思维的方式、方法有哪些？

2. 根据所学过的疾病知识和体会，举例说明临床诊断失误。

【课前导入】

临床诊断的思维方法是宠物医生认识疾病、判断疾病和治疗疾病等临床实践活动所采用的一种逻辑推理方法。临床诊断疾病过程中的临床诊断思维，是把宠物疾病发生的一般规律应用到能判断宠物个体疾病的诊断思维过程。

一、 诊断思维的要素与方法

（一）诊断思维要素

1. 临床实践

通过各种临床诊疗活动，如病史搜集、体格检查和诊疗操作等工作，细致而周密地观察病情，发现问题、分析问题和解决问题。

2. 科学思维

临床科学思维就是对具体的临床问题有一个比较、推理、判断的过程，在此基础上建立疾病的临床诊断。即使是暂时诊断不清，也应该对各种临床问题的属性、范围做出相对正确的临床判断。这一过程是任何仪器设备都不能代替的思维活动。宠物医生通过临床检查实践获得的资料越翔实、知识越广博、经验越丰富，这一思维过程就越快捷、越切中要害、越接近实际，就越能做出正确的临床诊断。

临床思维方法在兽医学教科书中论述得较少，课堂上很少讨论，常常经过多年的临床实践后逐渐领悟其意义，感到"觉悟"恨晚。如果能使学生更早地认识到它的重要性，能够从开始接触临床的实践活动中就注重临床思维方法的基本训练，无疑将事半功倍、受益终生。

（二）临床诊断思维方法

1. 临床诊断推理

临床诊断中的推理是宠物医生在获取临床资料或诊断信息之后到形成结论

的中间思维过程。

推理分为前提和结论两个部分。推理不仅是一种思维形式，也是一种认识各种疾病的方法和表达临床诊断依据的手段。推理可帮助宠物医生明确认识疾病与诊断疾病的依据之间的关系，从而正确认识疾病、提高临床诊断的思维能力。

（1）演绎推理　演绎推理是从带有共性或普遍性的原理出发，来推论对个别事物的认识并导出新的结论的过程。临床诊断的结论是否正确，取决于所获临床资料的真实性。演绎推理所推导出的临床初步诊断结论，常常是不全面的，有其局限性。

（2）归纳推理　归纳推理是从个别和特殊的临床表现中导出一般性或普遍性临床诊断结论的一种推理方法。宠物医生所搜集的每个临床诊断依据都是个别的，根据这些个别的临床诊断依据而归纳推理并提出临床初步诊断。归纳推理就是由个别上升到一般、由特殊性上升到普遍性的临床诊断过程，最后得出临床诊断结果。

（3）类比推理　类比推理是宠物医生诊断、认识疾病的重要方法之一。类比推理是根据两个或两个以上疾病在临床上表现的某些相同或相似症状或不同症状进行类比推理而做出的临床诊断。对两个或两个以上疾病临床表现的不同之处，要经过比较、鉴别、推论，最后确定其中一个疾病。临床上常常应用鉴别诊断来认识疾病的方法就是类比推理。

2. 根据发现的临床诊断线索和信息寻找更多的临床诊断依据

对获得的临床资料中有价值的临床诊断信息，经过较短时间的分析产生一种较为可能的临床诊断印象，根据这一印象再进一步去分析、评价和搜集临床资料，可获取更多的有助于证实临床诊断的依据。

3. 根据临床表现去对照疾病的诊断标准和诊断条件

对宠物典型的、特异的临床表现逐一与疾病的临床诊断标准进行对照，这也是形成临床诊断的一种方法。

"博于问学、明于睿思、笃于务实"是临床诊断的座右铭。广博的宠物医学知识、科学灵活的思维方法、符合逻辑的分析和评价，是建立正确临床诊断的必要条件。

4. 经验再现

宠物医生在临床实践过程中积累的知识和技能称为临床经验，临床经验在临床诊断疾病的各个环节都起着重要作用。在临床诊断疾病的过程中，经验再现的例子很多，但应注意"同病异症"和"同症异病"的现象。经验再现只有与其他临床诊断疾病的思维方法结合起来，才能更好地避免临床诊断失误。

对具体的宠物病例诊断，也有人提出了以下的临床诊断思维程序：

（1）从宠物解剖学的观点，有何结构的异常？

（2）从生理学的观点，有何功能改变？

（3）从病理生理的观点，提出病理变化和发病机制的可能性。

（4）考虑几个可能的致病原因。

（5）考虑病情的轻重，切勿放过严重情况。

（6）提出 1~2 个特殊疾病的假说，并检验该假说的真伪，权衡支持与不支持的临床症状依据。

（7）寻找特殊的临床症状综合征，进行疾病的鉴别诊断。

（8）尽可能地缩小临床诊断范围，考虑确定一个或几个临床诊断的最大可能性。

（9）提出进一步检查及处理措施。

这种临床诊断思维过程看似繁琐机械，但对初学者来说，经过多次反复，可以熟能生巧、得心应手、运用自如。

（三）诊断思维中的基本原则

1. 现象与本质

宠物的任何症状都是其内在病理改变在临床表象上的反映，所有的症状都与其体内的病理改变一一对应，而体内所有的病理改变却不一定在临床症状中一一表现出来。现象是指宠物疾病时的临床表现，而本质则为疾病的症状所对应的病理改变。临床诊断的目的就是要建立症状与病理改变，即现象与本质的直接对应联系，并且要在诸多的病理改变中区分出主要的病理改变，抓住主导环节和原发的病理改变，从而认识疾病的本质以达到确诊的目的，做到透过现象看本质。因此，在临床诊断分析过程中，要求现象能反映本质，现象要与本质统一。

2. 主要与次要

临床诊断中面对诸多的临床表现，首先要区分出主要和次要症状，进而在引发同一症状的诸多病理改变中区分出主要病理改变。同时，要关注次要症状和次要病理改变的变化，因为疾病的发生发展不是静止的、一成不变的，而是动态变化着的。因此，要注意整个疾病过程中次要症状和次要病理改变的转化问题。

临床上患病宠物的表现比较复杂，获得的临床资料也较多，在分析这些资料时，要分清哪些临床资料是反映疾病本质的，反映疾病本质的是主要临床资料，缺乏这些资料则临床诊断就不能成立。次要资料虽然不能作为主要的临床诊断依据，但可为确立临床诊断提供旁证。

3. 局部与整体

宠物是由各组织、器官和系统组成的有机整体，不是各组织、器官的简单堆积。任何局部都是整体的局部，任何局部组织器官的功能和代谢都受整体的调控。同时，局部又反过来影响着整体，任何局部的病理变化都是整体疾病在局部的反映，是整体调控的结果，离开整体的疾病是不存在的。应当看到，局部疾病也会给整体带来严重的影响，甚至危及整个宠物生命。因此，在临床诊断中应当正确处理好局部与整体的关系。

宠物疾病的局部病变可引起全身改变，全身改变也可引起局部的病理变化。在临床诊断中观察局部变化的同时，也要注意全身的功能状况，切不可在诊断过程中"只见树木，不见森林"。

4. 典型与非典型

大多数宠物疾病的临床表现易于识别，所谓的典型与不典型是相对而言的。一般造成临床表现非典型的因素有：①老龄、体弱的患病宠物；②疾病晚期的患病宠物；③临床治疗的干扰；④多种疾病的相互干扰影响；⑤幼龄宠物；⑥宠物医生的临床知识、认识疾病的水平等。

二、 诊断思维中应注意的问题

在疾病的临床诊断过程中，必须注意以下几个问题：

（1）首先考虑常见病与多发病。在选择第一诊断时首先要选择常见病、多发病。疾病的发病率可受多种因素的影响，不同的年龄、不同地区的动物所患的疾病也不同。在几种临床诊断的可能性同时存在的情况下，要首先考虑常见病的诊断，这种选择原则符合概率分布的基本原理，有其数学、逻辑学的依据，在临床诊断上可以大大减少诊断失误的机会。

（2）应考虑和首选正在当地流行和发生的动物传染病与地方病。

（3）尽可能地以一种疾病去解释多种临床表现，若患病宠物的临床表现确实不能用一种疾病解释时，可再考虑有其他疾病的可能性。

（4）应考虑器质性疾病的存在。在器质性疾病与功能性疾病鉴别诊断有困难时，首先考虑器质性疾病的诊断，以免延误治疗。如表现为腹痛的肠套叠动物，早期诊断可手术根治，否则当做急性肠炎进行治疗则失去救治的良机。有时器质性疾病可存在一些功能性疾病的症状，甚至与功能性疾病并存，此时也应重点考虑器质性疾病的诊断。

（5）应考虑可治性疾病的诊断。当诊断有两种可能时，一种是可以治疗而且疗效好，而另一种是目前尚无有效治疗且预后很差。此时，在诊断上应首先考虑前者。如患病宠物的胸片显示肺阴影诊断不清时，应首先考虑肺结核的诊断，有利于对疾病的及时处理。当然，根据宠物主人的要求，对不可医治或预后不良的疾病也不能忽略。这样可最大限度地减少诊断过程中的周折，减轻宠物主人的负担。

（6）宠物医生必须实事求是地对待临床资料的客观现象，不能仅仅根据自己的知识范围和局限的临床经验任意取舍，也不应把临床现象牵强附会地纳入自己理解的框架之中，以满足不切实际的所谓临床诊断的要求。

（7）以患病宠物为整体，要抓准重点、关键的临床表现。这对急诊重症病例的诊断特别重要，只有这样才能使患病宠物得到及时恰当的临床诊断和治疗。

三、 常见诊断失误与治疗错误

由于各种临床诊断的主、客观原因，临床诊断往往与疾病的本质发生偏离而造成诊断失误，一般表现为误诊、漏诊、病因判断错误、疾病性质判断错误以及延误诊断等。

（一） 误诊

临床误诊就是错误的临床诊断，包括以下几个方面。

1. 诊断错误

诊断错误分误诊和漏诊两种：把无病宠物诊断为有病的宠物称为误诊；把有病的宠物诊断为无病的宠物称为漏诊。把一种疾病诊断为另一种疾病，对前者来说为漏诊，对后者来说为误诊。

2. 延误诊断

临床上，延误诊断就是临床诊断和治疗不及时。常见的临床诊断延误多为长时间不能确诊、治疗措施不当、丧失时机；有时也是宠物主人发现宠物的病情较晚造成的。

3. 漏误诊断

漏误诊断是指临床诊断结果不完全，在宠物并发或继发某些疾病时漏诊和误诊了主要疾病。多见于临床诊断中出现了次要疾病而忽视了对主要疾病的临床诊断；临床诊断出了并发的某一疾病而忽略了并发的其他疾病的临床诊断。

4. 病性判断失误

对疾病的病因和发生部位判断正确，但对疾病的性质临床诊断错误，可造成治疗方法或用药的错误。如对宠物后肢跛行临床诊断为关节炎，而进一步临床诊断实际是关节痛风。

5. 病因判断错误

对疾病的性质和发生部位判断正确，对病因判断错误，临床上常发生对症不对因、治标不治本的错误。

（二） 临床常见诊断失误的原因

（1） 病史资料不完整、不确切，未能反映疾病的进程和动态以及个体的特征，因而难以作为诊断的依据；也可能由于资料失实、分析取舍不当，导致误诊、漏诊的发生。

（2） 观察不细致或检查结果误差较大。临床观察和检查中遗漏关键症状，不加分析地依赖临床某一检查结果或对检查结果解释错误，都可能得出错误的结论，也是误诊的重要原因。

（3） 先入为主，主观臆断，妨碍了客观而全面地搜集、分析和评价临床资料。某些个案的经验或错误的印象占据了思维的主导地位，致使判断偏离了疾病的本质。

（4）宠物诊疗知识不足，缺乏临床经验。对一些病因复杂、临床罕见疾病的知识匮乏，经验不足，未能及时有效地学习各种知识，是构成误诊的另一种常见原因。

（5）其他原因，如病情表现不典型，诊断条件不具备以及复杂的社会原因等，均可能是导致临床诊断失误的原因。

从某种角度来讲，宠物是活的有机体，任何一种疾病的临床表现都各不相同。我们应当从实践中积累临床经验、从误诊中得到教益。只要我们遵照临床诊断疾病的基本原则，运用正确的临床思维方法就会减少临床诊断失误的发生。

（三）临床治疗错误

临床治疗失误严重影响诊治宠物的医疗质量，有时还会发生医疗事故或医疗纠纷，给宠物医疗事业造成损害和影响。实际上，临床中只要有诊断和治疗，就会有诊疗失误。目前，《临床诊疗失误学》已作为一门新的学科来研究临床中错误的诊断和错误的治疗所发生的规律和防范措施，它与宠物临床诊断学和宠物临床治疗学相对应，从另一个方面揭示不能获得正确的临床诊断和治疗的原因。

1. 治疗方案错误

临床诊断正确而治疗方案错误。如细菌性腹泻，治疗方案应为抗菌消炎、补液排毒、调理胃肠功能，如果按止泻方案就会造成细菌在肠道内产生大量毒素。

2. 药物选择错误

临床诊断和治疗方案正确，药物选择错误。

3. 用药方法错误

如用青霉素口服治疗消化道疾病，在肠道内快速降解失效；又如硫酸镁口服是泻剂，静脉注射是镇静剂。

4. 配伍禁忌

主要是物理、化学、生物学的拮抗作用。

知识测试

一、单项选择题

1. 京巴犬，8 岁，精神良好，不爱活动，多饮，多尿，尿似烂苹果味，体重明显下降。诊断该病最必要的检查项目是（　　　）。

 A. 血糖和尿糖 B. T_3/T_4 甲状腺素 C. 三酰甘油和胆固醇

 D. 白细胞计数及分类计数 E. 红细胞计数和血红蛋白含量

2. 博美犬，5 岁，雌性，多年来一直饲喂自制犬食，以肉为主，近日虽然食欲正常，但饮欲增加，排尿频繁，每次尿量减少，偶见血尿，腹部超声探查可见膀胱内有绿豆大的强回声光斑及其远场声影。该犬所患的疾病是（　　　）。

 A. 肾炎 B. 尿道炎 C. 尿崩症

 D. 膀胱结石 E. 肾功能衰竭

3. 哈士奇犬，5 周龄，雄性，购回 4d，食欲一直不好，嗜睡，四肢无力，体温 36.2℃，排粪未见异常。最有可能的病因是（　　　）。

 A. 低血脂 B. 低血钠 C. 低血镁

 D. 低血钙 E. 低血糖

4. 一极度肥胖的斗牛犬，饮食欲正常，近日发现呼吸频率加快，舌色暗红，白细胞总数为 8×10^9 个/L。应进一步检查的血液生化指标是（　　　）。

 A. 肌酐 B. 胆固醇 C. 胆红素

 D. 尿素氮 E. 丙氨酸氨基转移酶

5. 博美犬，4 岁，1 周来经常摩蹭和舔舐肛部，临诊发现肛门部肿大，肛门下方两侧破溃，流脓性分泌物，触诊敏感。根据上述症状，错误的疗法是（　　　）。

 A. 烧烙疗法 B. 手术治疗 C. 冲洗疗法

 D. 缝合破溃口 E. 用抗生素治疗

二、 问答题

1. 结合实际病例说明临床诊断思维过程应把握的基本原则。

2. 临床诊断思维中应注意哪些问题？

知识链接

《2011 年执业兽医资格考试应试指南（兽医全科类)》，www.cvma.org.cn。

症状鉴别诊断

【学习目标】

熟悉症状鉴别诊断的基本概念和基本思路。

掌握症状鉴别诊断的基本方法，并能对一些常见疾病进行准确鉴别。

【技能目标】

学会使用症状鉴别检索表对疾病进行鉴别诊断。

【案例导入】

犬，全身僵直，牙关紧闭，两耳直立，尾根翘起并弯曲。

该病例的症状均表现在外观，故直接从外貌观察检索表的序号1开始逐步检索，至序号15时找到"翘尾，尾屈曲不会甩动"，再检索至序号16时找到"牙关紧闭，口吐白沫，目瞪口呆，耳直立"，从而即可诊断为"破伤风"。

【课前思考题】

1. 比较不同小动物的解剖学特征与要点。

2. 临床诊断中常采用的基本方法有哪些?

一、 症状鉴别诊断的基本思路

（一）症状鉴别诊断

当宠物病例较复杂或不典型、缺少足够的临床资料或处于发病早期阶段而不能做出明确的诊断时，可根据某几个主要症状设定提出一组可能的、相类似的而且有待于区别的疾病。通过综合分析、比较、排除诊断等，排除可能性较小的疾病，逐步把诊断范围缩小到一个或几个疾病，这种诊断法称为症状鉴别诊断或类症鉴别。

（二）基本思路

（1）分析症状产生原因，进行症状病因分类。

（2）找出症状的临床差别，形成鉴别诊断树。

（3）抓住诊断要点，确定疾病诊断。

二、 临床常见症状的鉴别诊断

（一）外貌观察

外貌观察是指宠物医生站在宠物前外方，并保持一定距离，纵观宠物全身各部状态，区分出生理现象与病理变化。有经验的执业宠物医生，首先要熟悉各种宠物的正常外貌，才能发现异常的病态，从而为进一步诊断提供线索，然后透过现象抓住本质，为诊断找到依据。外貌观察症状鉴别诊断见表7-1。

表7-1　　　　　　　　　　　外貌观察症状鉴别诊断表

序号	症状	判断	可能原因	措施
1	精神沉郁，耳尖发凉	是		见2
		否		见3
2	体温升高，食欲减退，闭目瞌睡，毛横寒战	是	外感风寒或热性病初期	解热、消炎
		否		
3	眼睛周围不洁，流泪，有眼屎	是		见4
		否		见5
4	眼结膜充血发炎，羞明流泪，眼睛半闭	是	传染病初期或眼炎	确定病因进行治疗
		否		
5	鼻孔不洁，流鼻涕	是		见6
		否		见7
6	打喷嚏	是	鼻孔寄生虫、感冒	驱虫、清热解毒
		否		
7	鼻镜不洁，干燥	是		见8
		否		见9
8	严重者鼻镜干裂，甚至渗出血	是	急性传染病	抗菌、抗病毒
		否		
9	脖颈直伸，低头困难	是		见10
		否		见11
10	脖颈僵硬，颈部震颤	是	颈部风湿	水杨酸钠治疗
		否		
11	腰僵硬，伴有背拱起	是		见12
		否		见13
12	转弯困难，腰部不灵活，腰部痛感	是	腰风湿、肾炎、破伤风	对症治疗
		否		
13	胸、腹围增大，腹压增高	是		见14
		否		见15
14	流口水，肠胀气	是	肠便秘、闭结等	消导、制酵、通便
		否		
15	翘尾，尾屈曲不会甩动	是		见16
		否		见17

续表

序号	症状	判断	可能原因	措施
16	牙关紧闭，口吐白沫，目瞪口呆，耳直立	是	破伤风	破伤风抗毒素治疗
		否		
17	尾下、肛门、后肢被粪便污染	是		见18
		否		
18	食欲减退，消瘦吊肷，喜饮水	是	腹泻	清肠、消炎、止泻
		否		

提示：健康宠物外貌应该是机灵敏捷，听人呼唤；耳朵灵活，能随声源灵活转动耳廓；眼睛明亮、有精神，眼球灵活转动自如，眼周围洁净；被毛光润，流向一致；躯干平直，活动柔软灵活；胸腹部自然凸起，能协调呼吸自然起伏。

（二）口色

口腔黏膜的颜色变化，对疾病诊断和区分疾病的严重程度有重要参考价值。中兽医把口色作为诊断的依据，有四季口色的鉴别方法。因为口腔黏膜的毛细血管分布密集且浅表，能充分显示出血液循环、新陈代谢的状况，眼、鼻黏膜也和口腔黏膜一样，统称可视黏膜。生理的可视黏膜颜色是粉红色、洁净。一般为"春如桃花，夏如莲，秋冬色重皆安然"。口色症状鉴别诊断见表7-2。

表7-2　　　　　　　　　　口色症状鉴别诊断表

序号	症状	判断	可能原因	措施
1	食欲逐渐减少，口色苍白	是		见2
		否		见3
2	精神抑郁，有一个以下症状：慢性长期腹泻，便秘与腹泻交替出现，易疲劳，有外伤史	是	寄生虫病、失血过多、顽固性消化不良、胃溃疡	进一步确诊病因，驱虫、肠道消炎、止血
		否		
3	口腔干燥，呈充血红染	是		见4
		否		见6
4	体温超过常温，寒战，流眼泪	是	热性病，如传染病	退热、抗菌、抗病毒
		否		见5
5	伴有咳嗽和呼吸困难	是	感冒、肺炎	适当退热、消炎、止咳平喘
		否		
6	可视黏膜有带状斑或点状出血	是		见7
		否		见8
7	出现对称性水肿或整个头肿大	是	出血性紫癜	脱敏、制止渗出、补钙
		否		

续表

序号	症状	判断	可能原因	措施
8	口腔黏膜呈青紫色	是		见9
		否		见11
9	精神高度沉郁，视力减退，出冷汗，心跳快而弱	是	代谢性酸中毒，心肌炎	预后不良
		否		见10
10	突然出现口色发绀，或在采食后不久出现口吐白沫或腹泻	是	急性中毒性疾病	尽快确诊病因，特效治疗
		否		
11	口色呈黄色	是		见12
		否		见15
12	突然出现高热，心悸，亢进，贫血，血尿	是	血液原虫病	注三氮脒，输血，对症治疗
		否		见13
13	慢性消化道病，水肿，经常拉稀，腹痛	是	胆管阻塞	手术治疗
		否		见14
14	有腹水，皮肤瘙痒，食欲废绝	是	肝硬化	预后不良
		否		
15	口色呈黑色	是		见16
		否		
16	高度呼吸困难或心力衰竭	是	心绞痛	扩张血管类药治疗
		否		见17
17	伴有体温高，跛行，腹泻，双唇肿胀	是	蓝舌病，多见于绵羊	隔离消毒，尚无有效疗法
		否		

（三）脉搏

脉搏是指宠物体表动脉的搏动现象，可预知机体健康状况和疾病程度，并可判定预后。脉搏检查症状鉴别诊断见表7-3。

表7-3　　　　　　　　脉搏检查症状鉴别诊断表

序号	症状	判断	可能性诊断
1	脉搏超过正常数	是	见2
		否	见7
2	高热	是	急热性传染病、病原微生物毒素刺激
		否	见3

续表

序号	症状	判断	可能性诊断
3	剧烈疼痛	是	急腹症、肠阻塞、肠扭转、肠套叠
		否	见 4
4	中暑	是	日射病、热射病
		否	见 5
5	心力衰竭	是	心肌炎、心包炎、心内膜炎
		否	见 6
6	血管张力下降	是	大失血、血压下降
		否	
7	脉搏次数减少，低于生理常数	是	见 8
		否	见 12
8	新陈代谢障碍	是	尿毒症、肝肾病、生产瘫痪
		否	见 9
9	毒物中毒	是	食盐中毒、脑水肿、洋地黄中毒
		否	见 10
10	脑内压升高	是	脑血肿、脑水肿
		否	见 11
11	迷走神经兴奋	是	自体中毒性疾病
		否	
12	指压脉管柔软如水（软脉）	是	心力衰竭、循环虚脱、大出血
		否	见 13
13	指压脉管硬如胶管（硬脉）	是	严重胃肠炎、肠便秘
		否	见 14
14	脉搏强而充实（大脉）	是	急性热性病初期
		否	见 15
15	脉搏细小而空虚（小脉）	是	多见于心肌扩张、病危期
		否	

提示：代谢性酸、碱中毒的快速诊断：①代谢性酸中毒：因严重腹泻、高热病、长期厌食，表现为口唇呈樱桃红色，呼吸深而迅速，精神沉郁，四肢软弱，少尿。②代谢性碱中毒：因严重呕吐、急性胃炎、肠梗阻，表现为抽搐，呼吸浅而慢，肘后肌肉发抖，口唇呈青紫色。

（四）发热

体温升高称为发热，发热的主要原因是病原体感染所致，是机体同病原微生物作斗争的一种防御性反应。体温升高对病原微生物生长繁殖不利，但长时间发热会降低机体的抗病能力，及时适当地给予退热药物是十分必要的。发热症状鉴别诊断见表 7 - 4。

表 7 – 4　　　　　　　　　　　　发热症状鉴别诊断表

划分方式	热型	临床表现
按体温升高的度数划分	微热	超过生理指标 0.5℃，多见于一般内、外科普通病的发热反应
	中热	体温升高 1～2℃，多见于肺炎、子宫炎、伤风感冒
	高热	早晨升高 2℃，下午升高 3℃，多见于传染病
	过高热	体温升高 3℃以上，多见于中暑、恶性传染病
按发热持续时间的长短划分	急性发热	一般发热不超过 1 周，多见于一般传染病
	亚急性发热	能持续 2 周以上，多见于慢性传染病
	暂时热	发热只有 1～2d，多见于注射疫苗、血清反应及牛流感
按发热的特殊热型划分	稽留热	体温升高到 40℃以上，昼夜温差不超过 1℃，多见于大叶性肺炎
	弛张热	体温升高后昼夜温差超过 1℃以上，差值在 1～2℃，多见于小叶性肺炎
	间歇热	发热期和无热期有规律地交替出现，间歇时间较短，体温下限可达到正常水平或低于正常水平，并呈现每日或隔日重复出现，多见于血液原虫病等

注：发热，尤其是持续高热，直接影响机体物质代谢，神经、呼吸、消化、血液循环等系统会发生不同程度的障碍，表现为鼻镜干燥，皮温不整，全身寒战，精神沉郁，食欲不振，被毛逆立，呼吸、心跳紊乱，大便干，尿少而黄等症状变化。

（五）寒战

寒战是身体局部或全身皮肤颤抖的一种表现，是由于动物的中枢神经受到刺激后引起的一种不随意震颤。发生的原因很多，有来自本身的病理反应，如高热、内脏损伤、剧烈疼痛等，也有来自外因，如寒冷、惊恐等。猫很少见到。寒战症状鉴别诊断见表 7 – 5。

表 7 – 5　　　　　　　　　　　　寒战症状鉴别诊断表

序号	症状	判断	可能原因	措施
1	寒战，口吐白沫	是		见 2
		否		见 3
2	突然出现寒战，腹泻或呕吐，瞳孔散大，神经紊乱，流涎，牙关紧闭	是	有机磷中毒	先注射阿托品、解磷定，后对症治疗
		否		
3	寒战，口色青紫	是		见 4
		否		见 5
4	心跳快而弱，呼吸失调，全身出汗	是	心力衰竭	强心剂
		否		

续表

序号	症状	判断	可能原因	措施
5	寒战，出现剧烈疝痛	是		见6
		否		见7
6	突然停止疝痛，呆立不动	是	内脏破裂	警示：预后不良
		否		
7	鼻镜干燥，黏膜充血，便秘，尿少而黄	是	热性病、传染病	退热、消炎
		否		

（六）痉挛

局部肌肉不随意的强直性收缩、震颤称为痉挛。这种病理性症状，是大脑皮质兴奋的结果。痉挛鉴别诊断见表7-6

表7-6 痉挛症状鉴别诊断表

序号	症状	判断	可能原因	措施
1	在大脑清醒状态下，出现不随意抽搐	是		见2
		否		见3
2	神经紊乱，呆滞，阵发性痉挛	是	高热、脑贫血	对症治疗
		否		
3	抽搐呈周期性发作	是		见4
		否		见5
4	突然倒地，口吐白沫，大小便失禁，瞳孔散大	是	癫痫	对症治疗
		否		
5	痉挛呈局部且在安静时出现，兴奋时停止	是		见6
		否		见7
6	体温偏低，呕吐，腹泻	是	寒冷刺激、食盐中毒	对症治疗
		否		
7	痉挛只限于头颈和四肢，有的出现抽搐	是		见8
		否		见9
8	食欲正常，被毛粗乱无光，顽固性便秘	是	犬瘟热后遗症	警示：预后不良
		否		
9	全身强直性痉挛，对强光、声音极敏感	是		见10
		否		
10	当受到强光、声音刺激时症状加重，牙关紧闭，张口困难，体表有外伤史	是	破伤风	血清疗法
		否		

（七）休克

休克是机体在受到各种有害因素作用后所发生的急性循环障碍，特别是微循环灌流量严重不足，导致各器官组织细胞的功能发生紊乱和结构损害，严重危及生命的一种全身性综合征。其机制是心血管系统突变，血压下降，出现极度贫血，中枢神经出现暂时高度抑制的病理现象。休克症状鉴别诊断见表7-7。

表7-7　　　　　　　　　　**休克症状鉴别诊断表**

序号	症状	判断	可能原因	措施
1	内出血引起突然倒地不动	是		见2
		否		见3
2	有下列症状之一：高度贫血；口干舌燥，呼吸不畅	是	失血性休克	立即用血管收缩剂肾上腺素止血、输血、强心、对症治疗
		否		
3	当发生创伤后，突然出现贫血，倒地，安静如死	是		见4
		否		见5
4	出冷汗，皮温下降，心动过速	是	外伤性休克	止痛、保温、止血、兴奋呼吸
		否		
5	突然受惊吓，如剧烈爆炸后出现昏倒	是		见6
		否		见7
6	心跳骤停，呼吸缓慢，四肢冰凉感	是	神经性休克	强心、镇静
		否		
7	经口服药时突然发呛，倒地停止呼吸	是	异物入肺性休克	立即肌内注射肾上腺素，待解除休克后，气管注射头孢噻呋或静脉注射抗生素
		否		见8
8	在饥饿状态下进行剧烈劳役，发生突然倒地，如急死状	是		见9
		否		
9	有下列症状之一：全身出冷汗，局部肌肉震颤	是	过劳性虚脱	10%葡萄糖、安钠咖输液
		否		

（八）瘙痒

皮肤局部或全身出现痒感，在木桩、墙角摩擦，也有的用嘴啃或后肢蹭瘙痒处。引起皮肤痒感的原因很多，主要是湿疹、皮肤寄生虫、过敏性皮炎等，也可继发于肝、肾性疾病。瘙痒症状鉴别诊断见表7-8。

表 7-8   瘙痒症状鉴别诊断表

序号	症状	判断	可能原因	措施
1	发痒处成片脱毛	是		见 2
		否		见 3
2	食欲欠佳，消瘦，发痒处皮肤增厚，有皮屑	是	真菌性皮炎、疥螨，多发于冬天寒冷季节	对症治疗，如制霉菌素、伊维菌素
		否		
3	经常擦痒，很少见被毛脱落	是		见 4
		否		见 5
4	常发生部位在颈侧、耳后和四肢内侧	是	体外寄生虫等	伊维菌素治疗
		否		
5	在春季后出现擦痒	是		见 6
		否		见 7
6	发痒处皮肤充血呈暗红色，尤其在耳朵、四肢下部	是	草蜱、蜱寄生	喷撒杀虫药
		否		
7	突然发生瘙痒，伴有体温升高	是		见 8
		否		见 9
8	呈两种不同病症：一是呈慢性型，以神经紊乱为主；二是呈急性型，并且无休止地摩擦发痒处，很快死亡	是	急性死亡率很高的伪狂犬病，犬、猫易感	无有效药物治疗
		否		
9	寄生虫引起局部瘙痒	是		见 1
		否		

（九）食欲

许多疾病的最初表现可以通过食欲的变化来观察，在排除由于食物品质不良（如发霉、腐败）、饲喂方式的突然改变、环境的突然转移等因素引起宠物食欲的一时性改变外，一般多为疾病表现。食欲症状鉴别诊断见表 7-9。

表 7-9   食欲检查症状鉴别诊断表

序号	症状	判断	可能原因	措施
1	突然出现食欲不振	是		见 2
		否		
2	过度疲劳，气温过高时体温升高	是	劳役过度、中暑	休养、通风降温、退热
		否		

续表

序号	症状	判断	可能原因	措施
3	出现食欲废绝	是	热性疾病、胃肠疾病	消炎、退热、调整胃肠功能
		否		见4
4	精神高度沉郁, 贫血衰弱, 体温过高	是	病情加重, 高热病	对症治疗
		否		
5	食欲反常, 出现"异食癖", 如采食砖、石、泥土、破布等	是	消化不良	助消化、调整胃肠功能
		否		见6
6	慢性腹泻, 消瘦, 贫血, 被毛粗乱	是	寄生虫病	驱虫, 加强营养
		否		见7
7	四肢软弱, 关节肿大	是	磷、钙失衡	补充钙、磷、维生素D
		否		见8
8	出现异食癖	是	矿物质缺乏	调整食物中的矿物质含量
		否		

（十）瘫痪

瘫痪是指机体神经紊乱, 功能失调, 丧失运动能力的疾病。有轻瘫, 又称局部神经麻痹, 多见于面神经、桡神经、坐骨神经麻痹。严重的有偏瘫、截瘫和全身性瘫痪。瘫痪症状鉴别诊断见表7-10。

表7-10 　　　　　　　　　瘫痪症状鉴别诊断表

序号	症状	判断	可能原因	措施
1	由于外周神经受害, 局部神经麻痹	是		见2
		否		见3
2	患部肌肉松弛, 功能障碍, 麻木或感觉迟钝	是	伤风、风湿、神经干受压迫, 多见于局部神经麻痹, 如肩胛神经麻痹等	通经活络, 针灸疗法
		否		
3	由于大脑受害而瘫痪	是		见4
		否		见5
4	肌肉强直性痉挛, 感觉消失, 视力障碍, 大小便失禁	是	脑出血、脊髓炎, 多见于李斯特杆菌、犬瘟热后遗症	预后不良
		否		
5	因脑外伤引起瘫痪	是		见6
		否		见7

续表

序号	症状	判断	可能原因	措施
6	惊厥，昏迷，视力障碍	是	脑出血、脑血肿、脑水肿	降低颅内压，止血
		否		
7	因腰部外伤引起瘫痪	是		见8
		否		见9
8	受伤肌肉高度紧张，而下部麻痹，肌肉松弛，推动痛觉	是	腰荐、腰脊髓断裂	无治愈希望
		否		
9	由于代谢紊乱引起瘫痪	是		见10
		否		
10	体温偏低，心跳、呼吸缓慢，昏迷，尿色深黄	是	新陈代谢紊乱，多见于产后瘫痪、酮血症	对症治疗
		否		

（十一）共济失调

共济失调是指宠物在运动时，不能维持正常的身体平衡，出现不协调的运动，主要是由于中枢神经的实质器官受到侵害而引起的病理现象。共济失调症状鉴别诊断见表7－11。

表7－11　　　　　　　　　共济失调症状鉴别诊断表

序号	症状	判断	可能原因	措施
1	在安静时身体震颤，并倾向一侧	是		见2
		否		见3
2	在倾斜对侧脑部有外伤	是	脑外伤	减低颅内压、止血
		否		
3	身体异常运动受视觉变化而变化	是		见4
		否		见5
4	用布将眼盖住后会表现摇摆，甚至倒地；反之，除去眼上布时，尽管三条腿也能站立平衡	是	腰脊挫伤	激素疗法，抑制炎症
		否		
5	在安静和运动中都出现共济失调	是		见6
		否		见7
6	安静时表现如酒醉状东倒西歪，在运动时表现笨拙、不灵活	是	小脑受侵害，黄曲霉中毒	对症治疗
		否		

续表

序号	症状	判断	可能原因	措施
7	共济失调伴有眼球震荡、颈部倾斜	是		见 8
		否		
8	呈慢性进行性神经紊乱，消瘦，肌肉震颤，全身性痒感，经常跌倒	是	大脑实质病变	预后不良
		否		
9	采食正常，但运动异常，后躯摇摆，严重时后躯麻痹	是	腰椎损伤	预后不良
		否		

（十二）行为异常

宠物的行为异常，是指精神状态、反应能力、饮食活动出现反常现象，如精神高度兴奋，不可控制；或与此相反，精神高度抑制，呈昏迷状，病因主要是中枢神经实质性病变等。行为异常症状鉴别诊断见表 7 - 12。

表 7 - 12　　　　　　　　行为异常症状鉴别诊断表

序号	症状	判断	可能原因	措施
1	精神高度兴奋，伴有体温偏高	是		见 2
		否		见 3
2	不顾一切障碍向前直冲，体温超过 42℃，不听召唤	是	日射病、传染性脑膜炎	对症治疗，如降低颅内压、镇静、退热等
		否		
3	精神兴奋伴有体温偏低	是		见 4
		否		见 5
4	阵发性痉挛，大量流涎，发病突然，黏膜发绀	是	中毒性疾病	解痉、中毒抢救
		否		
5	精神兴奋伴有心跳缓慢，且有间歇	是		见 6
		否		见 7
6	局部肌肉抽搐，突然倒地，可视黏膜呈青紫色	是	心绞痛、硒缺乏症	对症治疗，强心、补硒等
		否		
7	抑郁症伴有体温偏低	是		见 8
		否		见 9
8	静卧不动，双目半闭，视力、听力减退	是	代谢性疾病或尿毒症	对症治疗
		否		
9	抑郁症，体温升高	是		见 10
		否		见 11

续表

序号	症状	判断	可能原因	措施
10	呆立，昏迷，走路摇摆	是	急性脑炎	磺胺类药物治疗
		否		
11	抑郁症，外伤史	是		见12
		否		
12	瞳孔散大，体温下降，昏睡	是	脑震荡、脑出血	预后不良
		否		

（十三）神经状态

衡量机体健康的主要标准，是看神经状态如何。健康宠物应该是精神饱满、听人呼唤、反应敏捷。反之，精神沉郁、垂头呆立、对周围事物漠不关心、反应迟钝，或精神高度兴奋、不安、意识障碍、幻觉、震颤、惊恐、鸣叫，均为病态。精神症状鉴别诊断见表7-13。

表7-13　　　　　　　　　神经状态症状鉴别诊断表

序号	症状	判断	可能原因	措施
1	局部神经麻痹，肌肉同时松弛	是		见2
		否		见3
2	皮肤敏感度降低，刺激后反应迟钝，甚至失去知觉	是	外周神经受压迫以及风湿	疏通经络，驱风活血
		否		
3	四肢和头部出现不随意痉挛	是		见4
		否		见5
4	兴奋与昏迷交替发作，呕吐，全身或局部肌群痉挛	是	脑炎或脑外伤、犬瘟热后遗症	对症治疗
		否		
5	精神兴奋、咬物伤人	是	狂犬病	捕杀
		否		
6	兴奋与沉郁交替出现，失去采食能力	是		见7
		否		见8
7	无目的地奔跑，时而昏睡，体温升高，呕吐	是	急性脑炎、黄曲霉中毒	对症治疗
		否		
8	外伤引起骨骼肌麻痹	是		见9
		否		
9	下半身瘫痪，大小便失禁，尾巴无知觉	是	腰脊髓断裂	预后不良
		否		

（十四）病态姿势

所谓病态姿势是指能显示某种疾病的异常姿态。这种能保持时间较长的反常状态和运动形式，主要是由于中枢神经受到伤害，如脑肿瘤以及脑局部病灶所引起。病态姿势症状鉴别诊断见表7-14。

表7-14　　　　　　　　　　　病态姿势症状鉴别诊断表

序号	症状	判断	可能原因	措施
1	全身僵硬呈木马样，牙关紧闭，张口困难	是		见2
		否		见3
2	鼻孔扩张，两耳直立，头颈直伸、尾竖起，低头困难	是	破伤风、风湿病	驱风活血、破伤风抗毒素治疗
		否		
3	安静呆立，全身肌肉放松，无力	是		见4
		否		见5
4	为缓解呼吸困难，使鼻孔开张，四肢叉开外展，精神抑郁，黏膜发绀	是	肺炎或肺气肿	消炎、激素、强心疗法
		否		
5	站立时保持拱背努责姿势	是		见6
		否		见7
6	站立不动，后肢叉开，尾翘起，用力努责，回头顾腹	是	便秘或生殖道炎症、直肠炎	对症治疗，如通便、消炎
		否		
7	安静时头颈直不动、呆立	是		见8
		否		见9
8	兴奋与沉郁交替出现，有时转圈，有时直奔，口内衔草而不嚼	是	脑病、霉玉米中毒	对症治疗
		否		
9	昏睡时头颈屈曲于胸壁上不动	是		见10
		否		见11
10	极度衰竭，瘫卧地上，体温偏低，呼吸、心跳缓慢	是	产后瘫痪	补钙、补钾、补糖、对症治疗
		否		
11	单侧眼失明，局部肌肉痉挛	是	大脑局部病变、大脑肿瘤或脑包虫	对症治疗，如消炎、驱虫等
		否		
12	在兴奋时，做后退动作，后躯用力后坐	是		见13
		否		见14

续表

序号	症状	判断	可能原因	措施
13	突然发病，眼睑抽搐，口吐白沫，全身出汗	是	尿素中毒	内服食醋，皮下注射阿托品
		否		
14	正常走路时，身体倾向一侧	是		见15
		否		见16
15	突然摇头，急躁不安，头和眼向一侧倾斜	是	虫子入耳	外科治疗
		否		
16	排粪困难，还会发出呻吟声	是		见17
		否		
17	消化紊乱，食欲不振，日渐消瘦	是	腹腔有脓肿	抗菌消炎、手术、腹腔冲洗等
		否		

（十五）神经紊乱

在正常状态下宠物表现为静止时比较安静，行动时较灵活、协调，经常注意外界，并对各种外界刺激反应比较敏感。在有些疾病时可发生神经紊乱现象，可根据其神经紊乱的表现来判定某些疾病。神经紊乱性疾病鉴别诊断见表7-15。

表7-15 神经紊乱性疾病症状鉴别诊断表

病名	病因	症状	措施
日射病	高温、闷热、缺乏饮水	站立不稳，呼吸困难，倒地抽搐	置阴凉处，冷水灌肠，体表淋水
脑外伤	外伤	突然昏倒，痉挛，耳鼻出血，高热，呕吐，兴奋与昏迷交替出现	安静、止血、降低颅内压
脑炎	细菌感染及传染病后遗症	高热，呕吐，兴奋与昏迷交替出现	磺胺类药物治疗
脊髓外伤	悬空落崖	全身或局部神经麻痹、瘫痪	预后不良
脊髓炎	病毒和细菌	局部或全身瘫痪	预后不良
反面神经麻痹	遗传因素，多见于马	在剧烈运动后出现呼吸困难	手术治疗
面神经麻痹	外伤或颈淋巴结炎	颜面形态改变	注射兴奋剂
三叉神经麻痹	外伤或脑部病变	眼鼻失去知觉，最后发展为眼炎	注射兴奋剂
癫痫	外伤、中毒、遗传	突然倒地，口吐白沫，间歇发作	镇静剂疗法
抽搐症	犬瘟热后遗症	不自主地、有规律地抽搐	无法医治

续表

病名	病因	症状	措施
低镁血症	青草中毒	抽搐和强直性痉挛	静脉注射硫酸镁
酮血症	营养过剩，缺乏糖类	尿有烂苹果味，咬牙、昏迷或兴奋	注射可的松、葡萄糖
尿毒症	肾脏病	昏迷或癫痫样发作	腹腔透析疗法

（十六）流涎

正常宠物口腔湿润，无过多口水，在病态时，如中毒、胃病和食管疾病时会大量流口水，尤其口腔疾病，唾液往往沿口角及下唇不停地流出口外，并且有时呈连珠状拖于地下。口唇周围被唾液污染，下唇下被毛黏结成块，局部皮肤红肿。流涎症状鉴别诊断见表 7-16。

表 7-16　　　　　　　　　流涎症状鉴别诊断表

序号	症状	判断	可能原因	措施
1	流涎影响咀嚼	是		见 2
		否		见 3
2	在采食时出现咀嚼困难，表现歪头及痛感，甚至突然停止咀嚼	是	牙齿疾病	开口进一步诊察
		否		
3	流涎与异物刺伤口腔黏膜有关	是		见 4
		否		见 5
4	在检查口腔时，口腔内壁、舌、齿龈处有刺伤的溃疡斑	是	外伤性口腔溃疡	清除异物，口腔冲洗、消炎
		否		
5	流涎，伴有头颈伸直及咳嗽	是		见 6
		否		见 7
6	咽喉部肿胀，咽部触诊敏感，吞咽困难，鼻孔流水	是	咽喉炎	消炎，清咽利喉
		否		
7	采食过程中突然发生大量流涎	是		见 8
		否		见 9
8	低头，伸颈，咳嗽，不安，呼吸困难，从鼻孔流涎	是	食管梗塞	立即排除阻塞物
		否		
9	流涎，伴有神经紊乱，甚至抽搐	是		见 10
		否		见 11
10	瞳孔缩小，全身出汗，突然发病，有接触毒物史	是	有机磷中毒	立即肌内注射阿托品，静脉注射解磷定
		否		

续表

序号	症状	判断	可能原因	措施
11	流涎，有腮腺颌下腺发炎、肿胀	是		见 12
		否		见 13
12	体温升高，头颈歪斜，食欲减退	是	腮腺炎，颌下腺炎	抗菌消炎
		否		
13	流涎，伴有高热	是		见 14
		否		见 15
14	眼充血、流泪，口腔发臭、充血色红	是	急性热性病等	对症治疗
		否		
15	突然出现大量流涎	是		见 16
		否		见 17
16	伸颈，拱腰，腹部紧缩	是	过敏性呕吐	脱敏治疗
		否		
17	饮食欲正常，唯有平时常流涎	是		见 18
		否		见 19
18	饮欲增加，日渐消瘦	是	神经性流涎症	阿托品治疗
		否		
19	下唇经常潮湿	是		见 20
		否		
20	口腔疼痛，采食小心，咀嚼缓慢	是	顽固性口腔炎	维生素 B_2 治疗
		否		

（十七）皮肤颜色

皮肤是机体的体外屏障，许多疾病，尤其是热性病，如病原微生物引起的疾病，常有皮肤出血、溢血现象；内科消耗性疾病，如营养性贫血性疾病，常有皮肤贫血苍白；机体缺氧时，常皮肤呈紫色。检查皮肤颜色，多选择在皮肤无色素处进行。皮肤颜色症状鉴别诊断见表 7－17。

表 7－17　　　　　　皮肤颜色症状鉴别诊断表

序号	症状	判断	可能原因	措施
1	皮肤呈出血性潮红，皮下组织溢血的结果呈紫红色	是		见 2
		否		见 3
2	指压褪色，有点状树枝状溢血斑或块状溢血	是	急性热性传染病	隔离消毒，防止传染，抗菌、抗病毒
		否		

续表

序号	症状	判断	可能原因	措施
3	皮肤毛细血管扩张，出现积聚性充血性潮红，外观呈玫瑰色	是		见4
		否		见5
4	指压褪色，有片状潮红	是	皮疹、中毒病	分析病因，对症治疗
		否		
5	皮肤呈苍白色	是		见6
		否		见9
6	渐进性苍白，顽固性消化不良，经常腹泻，腹围紧缩	是	慢性消耗性疾病，肝、肾病，寄生虫病	分析病因，对症治疗
		否		见7
7	皮肤突然出现苍白，突然疼痛消失，如酒醉状	是	内脏破裂，大出血	预后不良
		否		见8
8	体温下降，精神高度沉郁，心跳快，呼吸缓慢	是	心力衰竭、危重症	预后不良
		否		
9	皮肤黄染	是		见10
		否		见13
10	有腹痛感	是	胆结石、胆道阻塞	消炎、利胆、手术
		否		见11
11	呕吐	是	十二指肠炎	消炎
		否		见12
12	体温升高，淋巴结肿大	是	血液原虫病	三氮脒治疗
		否		
13	皮肤突然呈青紫色	是		见14
		否		
14	采食后不久发生	是	急性食物中毒	分析病因，对症治疗
		否		

（十八）皮肤水肿

机体组织约含70%以上的水分，这些水分在血液、淋巴液中不停地循环，以维护机体的生命活动，同时不停地进行新陈代谢，保持组织间水分分布的平衡，这种代谢一旦失去平衡，当组织间隙中有过多的液体潴留时，称为水肿。皮肤水肿症状鉴别诊断见表7-18。

表 7 - 18　　　　　　　　　　　皮肤水肿症状鉴别诊断表

序号	症状	判断	可能原因	措施
1	心力衰竭导致循环障碍性水肿	是		见 2
		否		见 3
2	心动过速，颈静脉怒张	是	心肌炎、静脉淤血症	预后不良
		否		
3	皮下水肿伴有贫血症状	是		见 4
		否		见 5
4	经常腹泻，日渐消瘦，疲倦无力，颌下水肿，被毛粗乱	是	多见于贫血性水肿等	营养治疗、驱虫
		否		
5	皮下水肿伴有少尿和高热	是		见 6
		否		见 8
6	水肿主要发生在疏松组织、皮薄毛稀处，如眼睑、腹下等	是	急性肾炎、肾病、肾盂肾炎	忌盐、强心、抗菌、利尿
		否		
7	皮下水肿发生在妊娠后期	是		见 8
		否		见 9
8	全身良好，采食正常，唯有乳房前部水肿	是	正常妊娠水肿	增加运动量，产后即消
		否		见 9
9	水肿发生在妊娠前期伴有食欲减退	是	妊娠中毒症、肾脏病	对症治疗
		否		
10	皮下水肿伴有奇痒	是		见 11
		否		见 13
11	水肿发生在头部、耳朵、会阴处，伴有下痢和呼吸困难	是	过敏性皮炎、荨麻疹	脱敏、输钙剂
		否		见 12
12	水肿只发生在局部固定点而且奇痒	是	伪狂犬病	预后不良
		否		
13	皮下气肿，触诊有捻发音	是		见 14
		否		
14	呼吸困难，叩诊呈鼓音	是	皮下气肿	输氧、兴奋呼吸
		否		

（十九）黄疸

黄疸是多种疾病的一个共同症状，引起本症的原因主要是红细胞破坏过多，以及肝细胞变性导致血中胆红素增高。症状表现是皮肤和诸黏膜呈黄色变化，同时粪便颜色也会变淡呈灰白色。黄疸症状鉴别诊断见表 7 - 19。

表 7 - 19　　　　　　　　　　　　黄疸症状鉴别诊断表

序号	症状	判断	可能原因	措施
1	黄疸，伴有顽固性消化不良	是		见 2
		否		见 3
2	阵发性腹痛不安，心跳徐缓，皮肤发痒，或呈灰白色	是	胆结石、胆管寄生虫性堵塞	消炎、利胆、驱虫
		否		
3	黄疸，伴有体温升高	是		见 4
		否		见 5
4	粪便呈黄色，淋巴结肿大，贫血，昏迷，呼吸缓慢	是	溶血性黄疸，钩端螺旋体病、烧伤	对症治疗
		否		
5	黄疸，伴有腹水，消瘦	是		见 6
		否		见 7
6	便秘与腹泻交替出现，高热，呼吸困难	是	急性肝炎，中毒、病毒和细菌感染	保肝解毒
		否		
7	黄疸，伴有高度神经紊乱	是		见 8
		否		见 9
8	表现兴奋与抑制交替出现，体温升高到 40 ~ 41℃	是	多见于黄曲霉中毒	预后不良
		否		
9	黄疸，伴有顽固性便秘	是		见 10
		否		见 11
10	严重消化紊乱，出现异食癖，消瘦，腹水	是	肝硬化	预后不良
		否		
11	黄疸，伴有体温偏低	是		见 12
		否		
12	贫血、血尿	是	慢性肝脓肿、脓毒败血症	无治愈希望
		否		

（二十）呕吐

呕吐是指机体不随意地将胃内的食物等喷出口外。呕吐症状鉴别诊断见表 7 - 20。

表 7－20 呕吐症状鉴别诊断表

序号	症状	判断	可能原因	措施
1	呕吐伴有体温升高	是		见 2
		否		见 3
2	精神高度沉郁，被毛逆立	是	急性热性传染病，脑炎、犬瘟热	隔离消毒，防止疫情扩散
		否		
3	呕吐物呈碱性反应，黄绿色	是		见 4
		否		见 5
4	可视黏膜高度充血，脉搏硬而无弹性，疝痛剧烈，连续性呕吐	是	急腹症，多见于十二指肠阻塞、肠扭转、肠套叠	手术治疗
		否		
5	呕吐物呈少量、反复多次发作	是		见 6
		否		见 7
6	钝性腹痛不安，拉稀粪呈灰白色，呕吐物有大量黏液	是	胃、十二指肠溃疡、胰腺炎	镇静止吐、抗菌消炎
		否		
7	呕吐物混有血液	是		见 8
		否		见 9
8	突然发病，痛苦呻吟，可视黏膜苍白	是	胃黏膜损伤，多见于食入异物	控制饮食、消炎止血、镇静止吐
		否		
9	呕吐物呈粪样、恶臭	是		见 10
		否		见 11
10	持续性腹痛，还伴有腹围增大，呼吸心跳加快，脉搏硬而无弹性、口色暗红、不洁	是	大肠阻塞	直肠按摩掏结、镇静止痛
		否		
11	呕吐物呈灰白色粥状	是		见 12
		否		见 13
12	食欲不振，腹部紧缩，口流黏液，被毛粗乱，大便干结	是	幼犬、猫肠炎	静脉补液、抗菌消炎
		否		
13	呕吐物呈灰白色粥状	是		见 14
		否		
14	抽搐，吐白沫，视力障碍，拉稀	是	中毒性疾病	对症解毒
		否		

（二十一）便秘

便秘是指肠内容物在肠道中停留时间过久，变干、变硬、堵塞肠管的疾病。发病机制是肠蠕动缓慢或肠管痉挛性收缩。病因主要是饮水和运动不足，急热性病（肺炎、中暑）引起的消化道紊乱等。便秘症状鉴别诊断见表7-21。

表7-21 便秘症状鉴别诊断表

序号	症状	判断	可能原因	措施
1	胃肠蠕动缓慢，腹胀	是		见2
		否		见3
2	食欲废绝，鼻镜干燥，排粪困难，回头看腹	是	便秘	通便，治疗原发病
		否		
3	排粪困难发生在高热之后	是		见4
		否		见5
4	阵发性咳嗽，呼吸加快，流脓性鼻涕，可视黏膜充血，食欲废绝	是	急性热性疾病、肺炎、传染病初期	治疗原发病
		否		
5	便秘呈周期性发作	是		见6
		否		见7
6	伴有顽固性消化不良，贫血，黏膜苍白，毛焦吊膘，经常流口水	是	胃溃疡	中和胃酸、收敛止血、消炎
		否		
7	日渐消瘦，食欲大减	是		见8
		否		见9
8	异食癖，腹部紧缩，排粪困难	是	营养不良性便秘	改变饲养管理
		否		
9	刚出生幼仔不见胎粪排出	是		见10
		否		
10	精神沉郁，不思哺乳，有时做排粪姿势但无粪排出	是	胎粪停滞	尽快灌服初乳，灌肠
		否		

（二十二）便血

便血是指排粪时随粪便带出的血液，有的混在粪便中，有的附在粪便表层，拉稀时呈番茄水样。便血症状鉴别诊断见表7-22。

表 7 - 22 便血症状鉴别诊断表

序号	症状	判断	可能原因	措施
1	便血伴有剧烈腹痛	是		见 2
		否		见 4
2	病前受寒冷刺激，表现痉挛性间歇性腹痛	是		见 3
		否		
3	长时间不见排便，仅排血水、黑色酱油样便，严重时腹痛持续	是	肠套叠	手术治疗
		否		
4	血液和粪便均匀混合，呈红褐色	是		见 5
		否		见 7
5	消瘦、便秘和腹泻交替出现，黏膜贫血或黄色	是		见 6
		否		
6	眼睑浮肿，四肢末端水肿	是	胃出血、小肠寄生虫病	抗菌驱虫、止血
		否		
7	经常排稀便，不成形，排粪时腹痛	是	慢性结肠炎	甲硝唑、谷霉素治疗
		否		
8	便血出现在排粪最后，且为鲜血	是		见 9
		否		
9	排粪不敢努责，肛门周围附着血液	是	后部肠道出血，尤其直肠、肛门有损伤	对症治疗，如消炎、止血等
		否		

（二十三）粪便颜色

宠物粪便的颜色随采食食物有所变化。粪便颜色症状鉴别诊断见表 7 - 23。

表 7 - 23 粪便颜色症状鉴别诊断表

序号	症状	判断	可能原因	措施
1	粪便干燥、呈黑褐色	是		见 2
		否		见 3
2	食欲减退，口干有舌苔、胃肠蠕动音弱	是	慢性胃炎	消炎、健胃等
		否		
3	粪呈黄色或灰白色，伴有拉稀	是		见 4
		否		见 5
4	食欲废绝，腹痛不安，呕吐物呈黄绿色，口色黄染	是	胆管堵塞	疏通胆管、消炎利胆
		否		

续表

序号	症状	判断	可能原因	措施
5	哺乳幼犬、猫拉灰白色稀便	是		见6
		否		见7
6	精神沉郁，减食，尾部被粪水污染，很快消瘦	是	大肠杆菌病	抗生素治疗
		否		
7	采食正常，粪便呈黑色	是		见8
		否		见9
8	内服某些药物，如铁铋剂、腐殖酸钠、木炭片	是	药物色素引起	正常现象
		否		
9	粪中混有血液	是		见10
		否		
10	消瘦、贫血、粪呈黑油色，食欲大减	是	胃肠出血	内服止血剂、抗菌消炎
		否		见11
11	粪中带有鲜红血液	是	肠后段出血	收敛止血
		否		见12
12	粪中混有血丝，经常腹泻	是	寄生虫病	驱虫
		否		

（二十四）腹泻

腹泻是多种消化道疾病的一个共同症状，在病因的作用下，胃肠功能紊乱，消化能力下降，胃肠黏膜充血发炎，渗出增多，肠管蠕动亢进，甚至出现痉挛、腹痛、腹泻、便血，严重时出现脱水和酸中毒。腹泻症状鉴别诊断见表7-24。

表7-24　　　　　　　　　腹泻症状鉴别诊断表

序号	症状	判断	可能原因	措施
1	突然发生腹泻，伴有呕吐	是		见2
		否		见4
2	食欲减退，水样腹泻，体温高	是	急性胃肠炎	抗菌消炎、补液，缓解酸中毒
		否		见3
3	口吐白沫、痉挛	是	中毒性疾病	对症治疗、特效解毒
		否		
4	腹泻伴有体温升高	是		见5
		否		见7

续表

序号	症状	判断	可能原因	措施
5	不是个别发生，有传染性	是		见6
		否		
6	全身症状明显，精神沉郁，眼结膜充血，粪便恶臭带血	是	传染病，犬细小病毒病等	抗菌消炎、止血、补液
		否		
7	腹泻呈慢性，经常性拉痢	是		见8
		否		见9
8	贫血，消瘦，异食癖，颌下水肿	是	寄生虫性腹泻	驱虫疗法
		否		
9	腹泻，便血和肠黏膜脱落	是		见10
		否		见11
10	精神沉郁，皮下水肿，尿少而黄	是	出血性败血症	抗生素治疗
		否		
11	慢性腹泻，混有血丝或纯血糊	是		见12
		否		见13
12	食欲基本良好，但日渐消瘦，贫血，异食癖	是	球虫病	抗球虫药治疗
		否		
13	幼小宠物奶泻	是		见14
		否		
14	白痢、黄痢，食欲大减，消瘦很快，尾下污染粪便	是	大肠杆菌病	磺胺与诺氟沙星治疗
		否		

（二十五）耳朵疾病

在临床中耳朵疾病的发病比较常见，尤其是猫耳朵疾病发病率比较高，通过耳朵的物理学症状检查，可以对一些疾病做出诊断。耳朵疾病鉴别诊断见表7-25。

表7-25　　　　　耳朵疾病症状鉴别诊断表

序号	症状	判断	可能原因	措施
1	从耳朵内流出渗出物，有恶臭	是		见2
		否		见3
2	歪头斜耳，因头不适而频频摇头，压迫耳基部有喷水音	是	外耳炎，多见于犬瘟热后遗症	双氧水冲洗后滴樟脑油
		否		

续表

序号	症状	判断	可能原因	措施
3	耳根部肿胀，仰头侧耳	是		见4
		否		见5
4	体温升高，食欲不振，精神抑郁，咽部疼痛	是	中耳炎	用西林油滴耳内
		否		
5	整个耳朵肿胀，触诊有波动感	是		见6
		否		见7
6	耳朵增厚下垂，局部皮肤呈紫红色，痛感不明显	是	耳血肿	切开引流
		否		
7	耳壳溃烂流血	是		见8
		否		见9
8	耳壳变干且卷缩，耳壳淋巴外渗，耳壳疼痛，烦躁不安	是	耳壳坏死，弓形体病、副伤寒、犬外伤性感染	手术治疗
		否		
9	突然出现摇头震耳	是	耳朵内有小虫	见10
		否		
10	耳朵内有小虫、虱、蚤等，表现焦躁不安	是	耳内有异物	清除异物，滴樟脑油
		否		

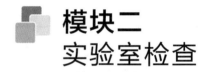

模块二
实验室检查

实验室检查是指采取宠物的血液、尿液、粪便或其他体液、分泌物及病理产物（如胃液、脑脊液、胸腹腔积液等），在实验室特定的设备与条件下，测定其物理性状，分析其化学成分或借助于显微镜观察其形态的方法、实验室检查可以补充临床检查之不足，是临床诊断技术的重要组成部分。

实验室检查是一种复杂而细致的工作，为了得到正确的结果，必须遵守严格的操作规程，熟练掌握各种检验的操作方法、试验注意事项和结果的判定，所用的药品与器材应符合要求，并定期进行检查和校正。同时要注意消毒工作，对污染的器皿应先消毒后洗涤，以防止传染病的扩散。

【学习目标】

理解实验室检验的相关专业术语；掌握实验室检验各项检查的原理、基础知识。

【技能目标】

熟练掌握各项实验室检验技术，并能利用诊断知识判定结果，能对疾病做出诊断。

【案例导入】

博美犬，分娩后第四天早晨出现震颤、瘫痪、吠叫，呼吸短促，大量流涎。体温42℃，血糖5.5mmol/L，血清钙1.2mmol/L。该病犬所患疾病时出现（　　）。

A. 酮病　　　　　　　　B. 低血糖　　　　　　　C. 子宫套叠

D. 胎衣不下　　　　　　E. 产后子痫

【课前思考题】

对宠物疾病的临床诊断中，临床实验室检验对临床诊断能带来哪些益处？

项目八 | 血液检查

【学习目标】

熟悉血液样品采集、处理、送检的基本方法及其注意事项。掌握血液常规检查的基本方法。

【技能目标】

学会血液检查的方法，对疾病进行诊断。

【案例导入】

一只患犬的血检报告单显示白细胞减少，最有可能发生的疾病是（　　　）。

A. 病毒性疾病　　　　B. 急性传染病初期　　　　C. 细菌性疾病初期

D. 白血病　　　　　　E. 大量失血

【课前思考题】

1. 血样如何采集，血液抗凝剂的选择及注意事项？

2. 临床上血常规检验基本项目有哪些？

一、 血液样品的采集、抗凝与处理

根据检验需要决定采血量，采血时可选用静脉采血和心脏采血。

（一）血液样品的采集与抗凝

1. 静脉采血

可选用部位有颈静脉、前臂头静脉、后肢隐外静脉、隐内静脉等。少量采血时可在耳、唇、足垫等处针刺取数滴，适用于需血量少而采血后立即进行稀释的项目，如制作血片、血红蛋白测定、各种血细胞计数等。采血时，将宠物侧卧保定，局部剪毛消毒，宠物主人或助手握住采血部的上方，或用血带结扎，待静脉血管怒张显露后，用5~7号针头或小儿头皮针，以与皮肤呈45°角刺入皮下，刺入血管后再沿血管推入0.5~1cm，连接干燥消毒的注射器抽出血液。

2. 心脏采血

必要时，可在胸右侧第4或第5肋间的胸骨之上，肘突水平线上，进行心穿刺。采血时用长约5cm的乳胶管连接在注射器上，手持针头，垂直进针，边刺边回抽注射器活塞，将血采出。采集的血液，置于盛有抗凝剂的瓶中，混匀后以备检查。

（二）血液的抗凝

自静脉或心脏采取的血液，可注入小试管或带胶皮塞的青霉素小瓶中，不需血清检验项目，如血常规检验及全血分析，事先应加入一定比例的抗凝剂，以防血样凝固。

几种常用抗凝剂的配方、用量及应用注意事项见表8-1。

表 8-1　　　　　　　　　常用的抗凝剂及选用注意事项

抗凝剂	配方	1mL 血样所需量	选用注意事项
草酸盐	草酸铵 1.2g、草酸钾 0.8g，加蒸馏水到 100mL	0.10mL	不能用做血小板计数和非蛋白氮、尿素、血氨等含氮物质的检测
柠檬酸钠	柠檬酸三钠 3.8g，加蒸馏水到 100mL	0.15mL	做血沉测定和凝结试验用
ACD 溶液	柠檬酸三钠 2.2g、柠檬酸 0.80g、己糖 2.45g	0.15mL	用做血小板计数、血库的血液保存和同位素研究
EDTA	EDTA 钾盐 1g，0.07% 盐溶液 100mL	0.10mL	能保持血细胞形态和特征，适宜血液有形成分的检查
肝素	肝素钠 0.5g，加蒸馏水到 100mL	0.1~0.2mL（用溶液湿润注射器壁即可）	最适用于血液电解质测定，常用血液 pH 及血液气体分压测定和红细胞脆性试验，不适用于血象检查，抗凝时间只有 10h、12h
氟化钠		2.5mg	抑制血糖分解，为血糖测定的保存剂
脱纤作用	玻璃珠（直径为 3~4mm）	25mL 血放入 20 颗	制备血清

（三）血样的处理与送检

血液采集后不能立即检验，应将血片涂好并固定。需用血清的，采血时不加抗凝剂，采血后血液置于室温或 37℃恒温箱中，血液凝固后，将析出的血清移至容器内冷藏或冷冻保存。需用血浆者，采抗凝血，将其及时离心（2000~3000r/min），5~10min，吸取血浆于密封小瓶等容器中冷冻保存。注意，进行血液电解质检测的血样，血清或血浆不应混入血细胞或溶血。血样保存最长期限，白细胞计数 2~3h，血细胞压积容量测定为 24h，血小板计数为 1h。

不能当场进行检验的样品，要装在保温瓶中，内垫泡沫塑料或棉花。送样时尽量减少震动，以免引起破损和溶血。送检样品根据需要，分别送抗凝全血、血清或血浆。如果需要进行白细胞分类计数，还应附送固定好的血液涂片。

二、红细胞沉降速率测定

红细胞沉降速率（血沉）的测定是指抗凝血加入特制的血沉管中，在一定的时间内观察红细胞下沉的刻度数。

（一）原理

正常机体内的血液具有悬浮稳定性，不易沉降。血液离体后的红细胞沉降，主要是因为它比血浆重。而沉降速度的快慢，则与红细胞是否容易形成串钱状（叠连现象）有关。红细胞形成串钱状是一个复杂的物理化学和胶体化学过程，其原理至今仍未完全阐明。

一般认为，在正常情况下，血浆中红细胞的表面带负电荷，它们互相排斥不易形成串钱状，因而沉降缓慢。当血浆中带正电荷的物质，如球蛋白、纤维蛋白原和胆固醇等增高时，可使红细胞表面的电荷受到中和，因而容易彼此黏合重叠，形成串钱状而血沉加速。因白蛋白及纤维蛋白降解产物带阴电荷，故有抑制血沉的作用。

红细胞在血浆中下沉时，低层血浆向上逆流，对红细胞表面产生一种阻逆力。正常情况下，红细胞的下沉力与血浆的阻逆力保持一定的平衡状态，因此，血沉速度可保持在一定范围内。贫血时，由于红细胞数减少，即红细胞总面积减小，因此，血浆的阻逆力相对减小，红细胞下沉力大于血浆阻逆力而加快血沉速度。

（二）测定方法

测定血沉的方法很多，临床中常用"六五型"血沉管法和魏氏法（图8-1）。

1. "六五型"血沉管法

"六五型"血沉管内径为0.9cm，全长17～20cm，管壁自上而下标有0～100个刻度，容量为10mL，适用于大宠物血沉的测定。另一侧标有20～125刻度，用于计算血红蛋白含量。测定时，先向血沉管中加入10% EDTA液4滴（或草酸钾粉末0.02～0.04g），由颈静脉采血至刻度0处，堵塞管口轻轻颠倒混合数次，使血液与抗凝剂充分混合。在室温条件下，垂直立于试管架上，经15min、30min、45min、60min各观察1次，分别记录红细胞柱高度的刻度数值。

2. 魏氏法

魏氏血沉管全长30cm、内径2.5mm，自管底向上刻有200个刻度，每刻度距离为1mm，有刻度部分的容量约为1mL。测定时，先取

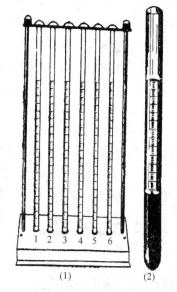

图8-1 血沉测定管

3.8%柠檬酸钠水溶液1.0mL，加入10mL刻度试管中，然后，再自颈静脉采血4.0mL，混匀。用魏氏血沉管吸取抗凝血至刻度0处，在室温条件下，垂直

放于血沉架上，经 15min、30min、45min、60min，分别观察并记录红细胞柱的高度。

记录时，常用分数形式表示，即分母代表时间、分子代表沉降数值。

（三）正常值

健康宠物的血沉正常值见表 8-2。

表 8-2 健康宠物的血沉正常值（刻度数）

畜别	血沉值					测定者
	15min	30min	45min	60min	测定方法	
禽	0.19	0.29	0.55	0.81	魏氏法	Dobsinska
犬	0.2	0.9	1.2	4.0	魏氏法	实验宠物学
猫	—	—	1.1	4.0	魏氏法	实验宠物学

（四）临床诊断价值

1. 血沉加快

可见于各种类型的贫血及重度溶血性疾病，当血孢子虫病时尤为明显，某些发热病、感染性疾病及广泛性炎症（如结核、犬瘟热等），在风湿病时血沉也加快。

2. 血沉减慢

常见于严重脱水（大量出汗、腹泻、呕吐、多尿）、某些腹痛（疝痛）病、破伤风等时，血沉极为缓慢。

（五）注意事项

测定血沉时，必须用新制备的抗凝血；采血及盛血容器均需清洁、干燥；采血过程宜迅速，血流应通畅；血液与抗凝剂应充分混合，以防凝血，振荡时应尽量防止产生气泡；用魏氏法测定时，事先应检查血沉管架是否好用，以防漏血；各种方法测得的血沉值不同，故在报告结果时应注明所采用的方法；血沉管应垂直放立，血沉管倾斜时，可使血沉加快；测定时，由于牛（奶牛和黄牛）、羊的红细胞不易形成串钱状，血沉极为缓慢，为尽快测出结果，常将血沉架作 60°~70°倾斜放置；测定室温以 13~20℃ 为宜。

三、血红蛋白测定

血红蛋白测定是用血红蛋白计测定每 100mL 血液内所含血红蛋白的质量或百分数。测定血红蛋白的方法很多，临床上常用的是沙利氏法，它具有用血量少，操作迅速、简便的优点。

（一）原理

红细胞遇酸溶解释放出血红蛋白，并酸化为褐色的酸性血红蛋白，将其稀释，与标准管比色，求得每 100mL 血液所含血红蛋白的质量或百分数。

（二）器材与试剂

国产血红蛋白计（图 8-2）规定以 100mL 血液中含血红蛋白 14.5g 为 100%，测定管的两侧均有刻度，从下向上，一侧有 2~24 的刻度，表示 100mL 血液中所含的血红蛋白质量；另一侧刻有 20~160 的刻度，表示 100mL 血液中血红蛋白浓度的百分率。其吸血管为一刻有 $10~20mm^3$ 容积的玻璃管（沙氏吸血管）。

0.1mol 盐酸或 1% 盐酸溶液。

（三）方法

在测定管内加入 0.1mol/L 的盐酸液至刻度 2 处。以吸血管吸取抗凝血，或由耳尖直接吸血至刻度 $20mm^3$ 处，用脱脂棉擦净吸血管尖端附着的血液，迅速地将血液吹入测定管的盐酸液内，然后将吸血管在盐酸液内反复

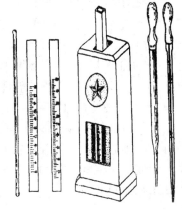

图 8-2 血红蛋白计

吸、吹、洗数次，但要防止产生气泡，轻轻摇动测定管或用玻璃棒搅拌，使血液与盐酸液混合，静置 10min。

慢慢沿测定管壁滴加蒸馏水（或 0.1mol 盐酸），随加随用，玻璃棒搅拌，直至液体的颜色与标准色柱一致时为止，然后读取测定管内液体凹面的刻度数，即为 100mL 血液中血红蛋白的质量或百分数。

（四）正常值

健康宠物的血红蛋白含量见表 8-3。

表 8-3　　　　　　　　健康宠物的血红蛋白含量　　　　　　单位：g/dL

动物	正常值	测定者
禽	9.80 ± 1.20	卢宗藩
犬	11.0~18.0	实验动物学
猫	7.0~15.5	实验动物学

（五）临床诊断价值

1. 血红蛋白增多

在临床上多为相对性增多，常因机体脱水（腹泻、呕吐、大量出汗、多尿），有大量的渗出液和漏出液而使血液浓稠所致，也可见于心脏衰弱等。

2. 血红蛋白减少

在临床上最为常见，可见于各种贫血、寄生虫病、营养不良、白血病、溶血性毒物中毒等。

（六）注意事项

吸血量应准确，血红蛋白吸管中的血柱不应混有气泡；供检血液及稀释用盐酸溶液均应沿着测定管壁加入，勿直接冲向管底而产生大量气泡；搅拌要均匀，防止血液发生凝块；稀释时蒸馏水应分次逐滴加入，勿使液体颜色淡于标准色柱而无法比色；混合完毕，应在 10min 后比色。因在室温下，1min 后约有 75% 的血红蛋白可与盐酸作用而呈褐色，5min 后有 88%、10min 有 95% 的血红蛋白才能转化为褐色的酸性血红蛋白。

（七）血色指数的计算

血色指数是被检血液中，每个红细胞内的平均血红蛋白含量与正常血液中每个红细胞内的平均血红蛋白含量之比。血红蛋白含量的减少只能反映贫血的程度，不能标示贫血的特征与性质。因此，只有同时计算红细胞数，并依此求得血色指数时，才能较全面地区别贫血的关系。血色指数可按下式求得：

血色指数 = 被检宠物血红蛋白量/健康宠物血红蛋白量：被检宠物红细胞数/健康宠物红细胞数

健康宠物的血色指数为 1 或接近 1 （0.8 ~ 1.2），其指数大于 1 为高色素性贫血，常见于某些溶血性贫血、恶性贫血等；其指数小于 1 为低色素性贫血，常见于营养不良性贫血和失血性贫血。

四、红细胞计数

计算 1mm^3 血液内所含红细胞的数目为红细胞计数。临床上为诊断有无贫血及对贫血进行分类，常需做红细胞计数。其计数方法有显微镜计数法、光电比浊法、电子计数仪计数法等。目前广泛应用的为显微镜计数法。

（一）原理

一定量的血液经一定量的等渗稀释液稀释后，充填入特制的计数池内，置显微镜下计算，然后换算出 1mm^3 血液内的红细胞数。

（二）器材及稀释液

1. 改良式血细胞计数板

临床上最常用的是改良纽巴氏计数板，它由一块特制的厚玻璃板构成，玻板中间有横沟将其分为 3 个狭窄的平台，两边的平台较中间的平台高 0.1mm。中央平台又有一纵沟相隔，其上各刻有一计数室。每个计数室划为 9 个大方格，每一大方格面积为 1mm^2，深度为 0.1mm，四角每一大方格划分为 16 个中方格，用于白细胞计数。

中央一大方格用双线划分为 25 个中方格，每个中方格又划分为 16 个小方格，共计 400 个小方格，用于红细胞计数（图 8-3、图 8-4、图 8-5）。

图 8 – 3　血细胞计数板正面图

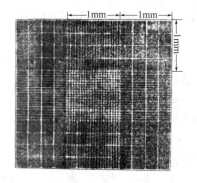

图 8 – 4　血细胞计数池的刻线

2. 红细胞吸管

红细胞吸管供稀释计数红细胞的血液用，在壶腹部前端有 0.5 和 1 刻度，壶腹内装有红玻璃珠，壶腹后端有 101 刻度，末端接橡皮管。

3. 血盖片

专用于计数板的盖玻片为长方形，厚度为 0.4mm。

沙利氏吸血管、5mL 吸管、中试管。

稀稀液常用的有两种：0.85% 氯化钠溶液和红细胞稀释液（赫姆液）。

赫姆液主要出氯化钠（使溶液成为等渗液）1.0g、氯化高汞（固定红细胞，并有防腐作用）0.5g、结晶硫酸钠（增加溶液的密度，使红细胞不成串钱状）5g、蒸馏水加至 200mL，混合溶解后滤过，加石炭酸 – 品红溶液 1 ~ 2 滴，备用。

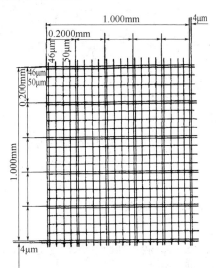

图 8 – 5　血细胞计数池中间大方格

（三）计数方法

用一吸管或细玻棒蘸取红细胞悬液 1 滴，以 45°角接触盖片边缘，血液悬液即被充填入盖片下的计数池内。充液量要适宜，不可过少，也不可过多，以致流入沟内，更不能产生气泡。否则应擦净计数板与盖片，重新充液。将计数板平放在显微镜载物台上，用低倍镜找出红细胞计数区域，静置 2min 以上，待红细胞下沉后，用高倍物镜计数中央大方格内四角的 4 个和中央的 1 个，共计 5 个中格内的全部红细胞数。即计数 $1/5mm^2$（80 个小方格）面积内的红细胞数。

计算时要注意压在左边双线上的红细胞应计数在内，压在右边双线上的红细胞则不计数在内；同样，压在上线的计入，压在下线的不计入，此即所谓

"数左不数右，数上不数下"的计数法则（图8-6）。将5个中方格内所计得的红细胞数的总和乘以10000，即为1mm³血液内的红细胞数。

设计数总和为 R，则其计算原理可以从下式看出：

$R \times 5$（变为1mm²）$\times 10$（变为1mm³）$\times 200$（稀释倍数）$= R \times 10000$

红细胞吸管稀释法：用红细胞吸管吸取全血至刻度0.5处，用棉花擦去管尖外部的血液，

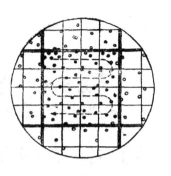

图8-6　血细胞计数

再吸取稀释液至刻度101处，食、拇二指堵住吸管上下两端，摇荡数次，混匀后先弃去数滴，再按上述方法充入计数室内，计数和计算。

健康宠物红细胞正常值如表8-4。

表8-4　　　　　　　　健康宠物红细胞正常值　　　　　　单位：万个/mm³

宠物种类	平均值	范围	测定者
禽	307	242～373	西北农学院
犬	680	550～850	实验宠物学
猫	800	650～950	实验宠物学

（四）临床诊断价值

1. 红细胞数增多

真正的红细胞增多比较少见。一般多为机体脱水造成血液浓缩使红细胞相对地增多。见于各种脱水性疾病，如急性胃肠炎、日射病与热射病、肠阻塞、肠变位、渗出性腹膜炎、某些传染病及热性病等。

2. 红细胞数减少

见于红细胞受各种因素的影响而被破坏或生成不足的疾病。如各种类型的贫血、白血病、血孢子虫病、急性钩端螺旋体病，某些中毒、败血症、溶血病及恶性肿瘤等。

五、白细胞计数

计算1mm³血液内白细胞的数目称为白细胞计数。健康宠物血液中的白细胞数比较稳定，而在炎症、感染、组织损伤和白血病等情况下，常引起白细胞数的变化。

本项检验与白细胞分类计数的检验相配合，对临床诊断有很大的价值。其计数方法有显微镜计数法和电子计数仪计数法两种，目前宠物临床检验仍以前者为主。

1. 原理

将血液用稀醋酸液稀释，使红细胞溶解而白细胞形态更加清晰之后进行计数，然后求得 $1mm^3$ 血液内的白细胞数。

2. 器材及稀释液

（1）白细胞稀释管　结构与红细胞吸管相同，其壶内装有白玻璃珠，壶腹后刻有 101 的刻度。

血细胞计数板、沙利氏吸血管、1mL 吸管、小试管等。

（2）冰醋酸溶液　为与红细胞稀释液相区别，可在每 100mL 冰醋酸溶液（1%～3%）中加入 1% 美蓝溶液或 1% 结晶紫液 1～2 滴。

3. 计数方法

（1）试管稀释法　用 1mL 吸管吸取白细胞稀释液 0.38mL（也可吸 0.4mL）置于小试管中。用沙利氏吸血管吸取被检血液至 20mm 处，擦去管外黏附的血液，吹入小试管中，反复吸吹数次，以洗净管内所黏附的白细胞，充分振荡混合，再用毛细吸管吸取被稀释的血液，充入已盖好盖玻片的计数室内，静置 1～2min 后，低倍镜检。

（2）白细胞吸管稀释法　用白细胞吸管吸血至刻度 0.5 处，再吸白细胞稀释液至刻度 101 处。用拇指、食指捏住吸血管的两端，振荡混合，然后弃去数滴，再按红细胞计数的方法充入计数室内。

将计数室四角的 4 个大方格内全部白细胞依次数完，注意"数左不数右，数上不数下"。然后将白细胞数乘以 50 即为每 $1mm^3$ 血液内的白细胞总数。如 4 个大格内的白细胞总数为 W，其计算原理如下式：

$$W/4（4 个大方格）×10（变为 1mm^3）×20（稀释倍数）＝W×50$$

各种健康宠物白细胞数正常值见表 8 - 5。

表 8 - 5　　　　　健康宠物白细胞数正常值　　　　　单位：个/mm^3

宠物种类	平均值	范围	测定者
禽	32500	17500～43200	西北农学院
犬	11500	6000～17000	实验宠物学
猫	16000	9000～24000	实验宠物学

4. 临床诊断价值

（1）白细胞增多　一般表示机体抵抗感染的反应性增强，可见于急性传染病、炎症性疾病、化脓感染、某些中毒及注射异体蛋白、急性出血、白血病等。

（2）白细胞减少　是机体抵抗力降低、造血器官功能减退或被抑制的表现，可见于某些病毒性疾病（如流行性感冒）、严重的感染、重度贫血、某些药物中毒（如长期大量使用磺胺类、氯霉素等药物）。

5. 注意事项

（1）器材原因　计数板、沙氏吸血管等未经检定而不准确；器材不清洁、未干燥，如沙利氏吸血管中有凝血块、杂质或残留有水分等。

（2）稀释液的原因　加稀释液的数量或其浓度不准确；错误地使用不适宜的细胞稀释液；稀释液中有杂质。

（3）技术不良　采血时针刺皮肤过浅、血滴太小，不够使用，局部过度挤压使组织液混入较多，致血液被稀释；吸血量不准确；操作过慢，血液已形成不同程度的凝块，使计数减低；血液与稀释液混合不均匀，致血细胞在计数室内分布不均匀；计数室内充液过多或过少或有空泡。

六、白细胞分类计数

将被检血涂片，染色，求出各种白细胞所占的百分率称为白细胞分类计数法。

外周血液中有 5 种白细胞，各有其生理功能，其中任何一种白细胞的数量发生变化，均可使白细胞数发生变化。利用白细胞数和各类白细胞的百分率，即可计算出各类白细胞的绝对值。在病理情况下，白细胞不但会发生数量上的变化，而且还会发生质量方面的变化。白细胞分类计数能反映白细胞在质量方面的变化，结合白细胞计数，对于疾病的诊断、预后判断和疗效观察等方面都有重要的价值。

（一）器材
载玻片、显微镜、染色架、染色缸、吸水纸及特种铅笔。

（二）染色液
1. 瑞氏染液

瑞氏（Wright）染料 1g、甲醇（分析纯）600mL。准确称取瑞氏染料 1g于洁净研钵中，加少许甲醇研磨，将已溶有染料的上部甲醇，通过加有滤纸的漏斗倾入棕色瓶中，再加甲醇研磨，如此继续操作，直至全部染料溶解后，以甲醇冲洗研钵数次，全部滤入瓶中。滤纸上的残渣可用剩余的甲醇将其冲洗入另一瓶中。加塞，在室温中放置 1 周，放置期间每日振荡 3 次，最后将含残渣的染液滤过，两瓶染液混合在一起，即可应用。

2. 姬姆萨染液

姬姆萨（Giemsa）染粉 0.5g、纯甘油 33.0mL、纯甲醇 33.0mL。先将染粉置于研钵中，加入少量甘油，充分研磨，然后加入其余的甘油，水浴加温（60℃）1~2h，经常用玻璃棒搅拌，使染色粉溶解，最后加入甲醇混合，装棕色瓶中保存 1 周后过滤即成原液。临用时取此原液 1mL，加 pH 为 6.8 的缓冲液或新鲜蒸馏水 9mL，即成应用液。

3. 缓冲液（pH 6.8）

1% 磷酸二氢钾 30.0mL、1% 磷酸氢二钠 30.0mL、蒸馏水加至 1000mL。所有染料对氢离子浓度均较敏感，染色时由于酸碱度的改变，蛋白质与染料所形成的化合物可重新离解，故染色时染液的 pH 能够影响染色的结果。

染色时的适当酸碱度为 pH 6.8。当染液偏于碱性时，可与缓冲液中酸基起中和作用，染液偏酸性时，可与缓冲液中碱基起中和作用，维持染色时的一定酸碱度，才能使染色结果满意。

（三）涂片

取无油脂的洁净载玻片数张，选择边缘光滑的载玻片作为推片（推片一端的两角应磨去，也可用血细胞计数板的盖片作为推片），用左手的拇指及中指夹持载片，右手持推片，先取被检血 1 小滴，放于载片的右端，将推片倾斜 30°~40°，使其一端与载片接触并放于血滴之前，向后拉动推片，与血滴接触，待血液扩散形成一条线之后，以均等的速度轻轻向前推动推片，则血液被均匀地涂于载片上而形成一薄膜（图 8-7）。迅速自然风干，待染。

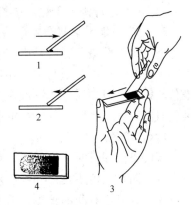

图 8-7 血液涂片

良好的血片，血液应分布均匀，厚度要适当（图 8-8）。对光观察时呈霓红色，血膜应位于玻片中央，两端留有空隙，以便注明畜别、编号及日期。

（四）固定

将干燥血片置甲醇中 3~5min，取出后自然干燥，也可用乙醚与乙醇等量混合液（10min）或纯乙醇（20min）、丙酮液（5min）固定。用瑞氏法染色时，无须固定，因瑞氏染液中含有甲醇，在染色的同时，即起固定作用。

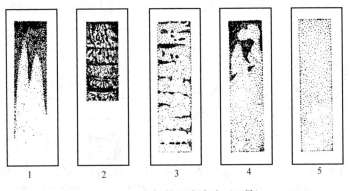

图 8-8 良好的血液涂片（5 号）

（五）染色

1. 瑞氏染色法

用蜡笔将血膜两端划线（防止染色时染液流出血膜外），然后将血片平置于染色架上，先滴加瑞氏染液 3~5 滴，使其迅速盖满整个血膜。约 1min 后，滴加缓冲液 5~10 滴，轻摇玻片或吹气，使其与染料充分混合，5~8min 后，用水冲去染料。冲洗时玻片仍须平放，使染料沉渣浮起，自然流掉，切勿先倾去染液再冲洗，以致染料残渣沉淀于血膜表面不易除去而影响分类。将染好的血片直立晾干，用滤纸吸干，可供镜检。

2. 姬姆萨染色法

将干燥后的血片放平，滴加甲醇，固定 2~3min。甩去多余的甲醇，浸入盛有现配制的应用液的染色缸内，染 20~45min（夏季时间短些，冬季时间长些）。取出用水冲洗，干燥后镜检。

3. 瑞氏与姬姆萨复合染色法

单纯姬姆萨染色，因是由多色性亚甲蓝的天青配制，在细胞核上确实增加了不少光彩，但细胞质与中性颗粒着色较淡；而瑞氏染液往往偏酸性，对胞质染色较好。若以瑞氏甲醇溶液作固定剂先染 0.5min，再用姬姆萨应用液复染，染色时间可以适当缩短（约 10min）。所染的血片比单纯的染色法好。

（六）染色时的注意事项

瑞氏染液保存时，切勿混入水滴，以免使用时影响着色；滴加染液勿过多或过少，防止染色不良；冲洗血片时应与染液一并冲洗，否则染料颗粒会沉淀于血膜上；染色时间的长短，随染料性质和室温的不同而改变，室温高时，染色时间应较短，室温低时，染色时间应适当长些，中性环境染出的血片效果最佳，因此，要特别注意缓冲液和冲洗血片用水的酸碱度。

染色过浅，可按原步骤复染，如染色太深，可重新滴加缓冲液脱色，或用甲醇脱色后，重新复染。

（七）分类计数方法

通常计数步骤为：①先用低倍镜全面观察血片上细胞分布的情况和染色的好坏。然后选择染色良好，细胞分布均匀的部分进行分类。一般来说，粒细胞和单核细胞及体积较大的细胞易集聚在涂片的边缘和尾部，而淋巴细胞易集聚在头部和中心部，血膜体部的细胞分布比例比较适当，同时血膜厚薄也比较均匀。因此，通常选定涂片体部进行分类。②选好涂片部位后，用油镜逐个查数各类白细胞数。查数时可利用显微镜推进器，按前后或左右顺序移动血片，以免视野重复。移动视野方法很多，其目的都是为了尽量减少由于细胞分布不均所引起的误差。一般采用四区计数法、三区计数法或中央计数法（图 8-9）。

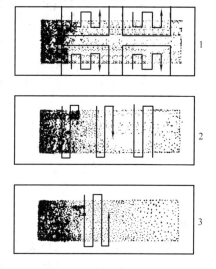

图 8-9　白细胞分类计数

③白细胞分类计数的数目，应根据白细胞总数的多少而定。白细胞总数不到 1 万者，分类计数 100 个；1 万~2 万者，分类计数 200 个；2 万~3 万者，分类计数 300 个为宜。④记录时，有条件者可用"白细胞分类计数器"，也可事先设计一表格，用画"正"字的方式记录。最后，计算出各种白细胞的百分比。

（八）各种白细胞的形态和染色特征

为准确进行分类计数，在识别各种白细胞时，应特别注意细胞的大小、形态，胞质中染色颗粒的有无，染色及形态特征，核的染色、形态等特点。

根据胞质中有无染色颗粒，可将白细胞区分为颗粒细胞和非颗粒细胞，前者又根据其胞质中染色颗粒的着色特征，分为嗜碱性、嗜酸性及嗜中性粒细胞；后者则包括淋巴细胞及单核细胞。各种白细胞的形态特征见表 8 - 6、表 8 - 7。

表 8 - 6　　　　　　　　各种白细胞的形态特征（瑞氏染色法）

白细胞种类	细胞核					细胞质			
	位置	形状	颜色	核染色质	细胞核膜	多少	颜色	透明带	颗粒
嗜中性幼年型	偏心性	椭圆	红紫色	细致	不清楚	中等	蓝粉红色	无	红或蓝、细致或粗糙
嗜中性杆状核	中心或偏心性	马蹄或腊肠形	浅紫蓝色	细致	存在	多	粉红色	无	嗜中、嗜酸或嗜碱
嗜中性分叶核	中心或偏心性	2~3 叶多	深紫蓝色	粗糙	存在	多	浅粉红色	无	粉红色或紫红色
嗜酸性粒细胞	中心或偏心性	叶状核不清楚	较淡紫蓝色	粗糙	存在	多	蓝粉红色	无	深红，分布均匀
嗜碱性粒细胞	中心性	圆形微凹	较淡紫蓝色	粗糙	存在	多	浅粉红色	无	蓝黑色，分布不均匀，大多在细胞边缘
淋巴细胞	偏心性		深紫	大中块或致密	浓密	少	天蓝或淡红色	胞质深染存在	无或有少数嗜亚尼林的蓝色颗粒
单核细胞	偏心或中心性	豆形或椭圆形	淡蓝紫色	细致网状边缘不齐	存在	很多	灰蓝或云蓝色	无	很多，非常细小，淡紫色

表 8 - 7   鸟类血细胞染色的特征

细胞	细胞形状	胞质	胞核形状	核染色质
异嗜性粒细胞	略呈圆形	黄色至红褐色	2~5节段	淡紫色
淋巴细胞	略呈圆形	蓝色颗粒	圆形或豆形	紫红色
单核细胞	略呈圆形	淡蓝色颗粒	常偏于一侧	紫色
嗜酸性粒细胞	略呈圆形	黄色至粉红色	核大	
嗜碱性粒细胞	略呈圆形	深紫色颗粒	圆	
红细胞	略呈圆形	黄色至粉红色	大而圆	紫色
凝血细胞	椭圆形	灰蓝色	圆形,位于中央	紫色

（九）正常值

健康宠物白细胞分类计数正常值见表 8 - 8。

表 8 - 8   健康宠物白细胞分类计数正常值   单位:%

宠物种类	嗜碱性粒细胞	嗜酸性粒细胞	嗜中（异嗜）性粒细胞			淋巴细胞	单核细胞	测定单位
			幼年型	杆状型	分叶型			
禽	1.0	4.2		3.8	28.0	57.0	6.0	西北农学院
犬	0.2	4.0	3.0	0.8	67.0	20.0	5.0	南方医学院
猫	0.1	5.4	0.0	0.0	59.5	31.0	4.0	血液研究所

（十）白细胞绝对值及核指数的计算

1. 白细胞绝对值

各种白细胞的百分比，只反映其相对比值，不能说明其绝对值。例如，在白细胞总数增加的情况下，若中性粒细胞百分比增加，淋巴细胞的百分比可相对减少，但这不等于淋巴细胞的绝对值减少。为了准确地分析各种白细胞的增减，应计算其绝对值，方法如下：

某种白细胞绝对值 = 白细胞总数 × 该种白细胞的百分数

例如：白细胞总数为 8000 个/mm^3，淋巴细胞占 50%，则：淋巴细胞绝对值 = 8000 × 50% = 4000 个/mm^3。

2. 核指数

未完全成熟的嗜中性粒细胞与完全成熟的嗜中性粒细胞之比。根据核指数可以判断核的左移和右移，以及白细胞的再生性和变质性变化。核指数可用下式表示：

核指数 = 髓细胞 + 幼年型白细胞 + 杆状型白细胞/分叶型中性粒细胞

血液中年轻的或衰老的白细胞增加时，核指数即发生变化。核指数增大，表示未成熟的嗜中性粒细胞比例增多，称为核左移。反之，核指数减小，则表示成熟的嗜中性粒细胞比例增多，称为核右移。核指数一般约为 0.1。

（十一）临床诊断价值

1. 嗜中性粒细胞的增减及核象变化

嗜中性粒细胞增多，可见于某些急性传染病（肺炎等）、某些化脓性疾病

（化脓性胸膜炎、腹膜炎、肺脓肿等）、某些急性炎症（胃肠炎、肺炎、子宫炎、乳房炎等）、某些慢性传染病（结核）、大手术后（1 周之内）、外伤、烫伤、酸中毒的前期等。嗜中性粒细胞减少，通常表示机体反应性降低，常见于疾病的垂危期及某些病毒性疾病、严重全身感染及再生障碍性贫血等。

在分析中性粒细胞数量变化的同时，应注意其核象的变化。如白细胞总数增多的同时核左移，表示骨髓造血功能加强，机体处于积极防御阶段；白细胞总数减少时见有核左移，则标志着骨髓造血功能减退，机体的抗病力降低。分叶核的百分比增大或核的分叶增多（细胞核分为 4～5 叶甚至多叶者）称为核右移，可见于重度贫血或严重的化脓性疾病。

2. 嗜酸性粒细胞的增减变化

嗜酸性粒细胞增多，可见于某些内寄生虫病（如吸虫、球虫、旋毛虫等）、某些过敏性疾病（荨麻疹、注射血清之后）、湿疹、疥癣等皮肤病。嗜酸性粒细胞减少，可见于毒血症、尿毒症、严重创伤、中毒、饥饿及过劳等。大手术后 5～8h，嗜酸性粒细胞常常消失，2～4d 后，又常常急剧增多，临床症状也见好转。

3. 嗜碱性粒细胞的增减变化

嗜碱性粒细胞的颗粒中含有肝素和组胺，当抗原与 IgE 在其表面产生复合物时，可使其释放颗粒。肝素可抗血凝和使血脂分散，组胺则可以改变毛细血管通透性。嗜碱性粒细胞增多，常与高脂血症同时发生。在伴有 IgE 长期刺激的疾病，如慢性恶丝虫病时，嗜碱性粒细胞增多常与嗜酸性粒细胞增多同时存在。

4. 淋巴细胞的增减变化

淋巴细胞增多，可见于某些慢性传染病（如结核、布氏杆菌病等）、急性传染病的恢复期、某些病毒性疾病（如流行性感冒等）及淋巴细胞性白血病等。淋巴细胞减少，多为相对性，常见于急性感染或炎性疾病的初期，以及淋巴组织受损害和严重营养不良等。

5. 单核细胞的增减变化

单核细胞具有强大的吞噬能力，其数量的明显增多通常表示单核－吞噬细胞系统功能活跃，常见于某些急性传染病、血孢子虫病、败血性疾病、单核细胞性白血病。单核细胞减少可见于急性传染病的初期及各种疾病的垂危期。

白细胞分类计数对观察疾病的发展过程和判定预后也有重要的临床价值。

白细胞象出现下列情况时，表示预后不良：①白细胞总数与嗜中性粒细胞的百分比显著升高者。②白细胞总数未能随着病情的发展而适时增加者，嗜中性幼年型及杆状型显著增多者。③嗜酸性粒细胞完全消失者。

白细胞象出现下列情况者表示病情好转：①白细胞总数与嗜中性粒细胞百分比随着病情的好转而逐渐下降者。②嗜中性幼年型与杆状型渐次减少而分叶型渐次相应恢复者。③单核细胞暂时增多者，嗜酸性粒细胞重新出现或暂时增多者。④淋巴细胞百分比渐次恢复者。

七、血细胞比容的测定

将抗凝血装入有100刻度的细玻管中，经离心后，使红细胞沉压于玻璃管下端，读取红细胞所占的百分率即为血细胞比容（红细胞压积）。

（一）器材

1. 温氏血细胞比容测定管

温氏（Wintrobe）管长11cm，内径2.5mm，管壁有100个刻度，左侧读数自上而下为0~10，供血沉测定用，右侧读数自下而上为0~100，供血细胞比容测定用（图8-10）。

2. 长毛细滴管

操作前必须试验其能否插至温氏管底部，合格者方能使用。也可用长封闭针头代替。

3. 水平电动离心机

电动离心机转速达3000r/min。

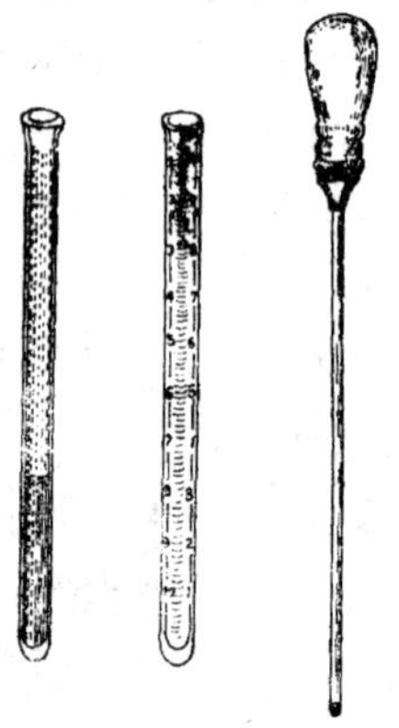

（二）方法

用长毛细滴管吸满抗凝血，插入温氏管底部，然后轻捏胶皮乳头，自下而上挤入血液至刻度10处，切不可有气泡。以3000r/min的速度离心30~45min，此时血液分3层，上层为血浆，下层为红细胞，红细胞层之上有一薄层灰白色的白细胞层。

图8-10　血细胞比容测定

为提高准确性，一般应再离心沉淀5min后读结果，如与第一次读数相同，即可读取红细胞柱层的刻度数，此数为血细胞比容数，常以%表示。如无离心机可静置24h后，读取其值。

（三）正常值

正常健康宠物血细胞比容见表8-9。

表8-9　　　　　　　　　　健康宠物血细胞比容　　　　　　　　　　单位：%

宠物种类	血细胞比容	测定者
禽	23.0~55.0	家畜及实验宠物生化参数（卢宗藩主编）
犬	38.0~58.0	宠物世界网
猫	39.0~55.0	宠物世界网

（四）临床诊断价值

1. 血细胞比容增高

常见于各种原因所致的脱水，如急性胃肠炎、继发性胃扩张、渗出性胸膜炎等。通过血细胞比容的测定可估计脱水的程度，如牛的血细胞比容达40%

者为轻度脱水，血细胞比容达41%~50%者为中度脱水，血细胞比容达51%以上者为严重脱水，按照脱水的程度又可估计出输液量的多少。

2. 血细胞比容减少

可见于各种原因引起的贫血，最常见的是营养不良性贫血、溶血性贫血。新生宠物的溶血性贫血，严重者血细胞比容可下降到2%左右。

（五）注意事项

所用的抗凝剂以EDTA二钠常用，因它对红细胞的大小无影响；充液时，注意防止在玻璃管中充入气泡，如有气泡，可将血液吸出，另行充液。

八、血浆二氧化碳结合力测定

血浆二氧化碳结合力的测定方法很多，常用的有硫酸滴定法。

（一）原理

用已知当量浓度的硫酸滴定血浆中的碳酸氢盐（$NaHCO_3$）时，硫酸与碳酸氢盐作用，生成硫酸盐和碳酸。碳酸是一种弱酸，pH 4.0~6.2，当$NaHCO_3$完全与H_2SO_4作用后，所产生的碳酸可使被测血浆的酸碱度下降至pH 5.5，而致甲基红指示剂变色。所以，选定pH 5.5为滴定终点。血浆中$NaHCO_3$的含量与滴定时所消耗的硫酸量成正比。

可根据硫酸的用量换算出血浆二氧化碳结合力。

（二）试剂

（1）甲基红溶液　甲基红50mg，加入50%乙醇100mL即成，储于棕色瓶中备用。

（2）稀硫酸溶液　取10mmol/L硫酸溶液89.85mL，加入100mL容量瓶中，用0.85%氯化钠溶液稀释到100mL即可。

（3）pH 5.5缓冲溶液　取0.067mol/L磷酸二氢钾溶液96mL，加入0.067mol/L磷酸氢二钠4mL混合，调至pH 5.5即可。

（4）0.85%氯化钠溶液。

（三）方法

取两支小试管，按表8-10进行。

表8-10　　　　　　　血浆二氧化碳结合力的测定操作表

名称	对照管	测定管
pH 5.5缓冲液/mL	1.0	—
0.85%氯化钠溶液/mL	—	0.5
甲基红溶液/滴	2	2
血浆/mL	—	0.1

充分混匀后，用1mL刻度管吸取上述稀硫酸溶液，滴定至测定管色泽与

对照管相同，记录硫酸用量。

计算：滴定用去 0.008985mol/L 硫酸量 × 0.0044925 × 100/0.1 × 22.26 = 滴定用去的 0.008985mol/L 硫酸量 × 100 = 血浆二氧化碳结合力

式中　0.0044925——每毫升 0.008985mol/L 硫酸所含的浓度，mol/mg；

22.26——二氧化碳物质的量。

（四）临床诊断价值

宠物机体内的二氧化碳，以碳酸氢盐和碳酸的形式存在于血浆等体液中。血液主要通过碳酸氢盐和碳酸缓冲体系来维持 pH 的相对恒定。血液中 HCO_3^- 与 H_2CO_3 的正常比值为 20:1，酸碱度为 pH 7.35 ~ 7.45。HCO_3^- 浓度增高或 H_2CO_3 浓度降低，血液中 pH 就增高，发生碱中毒，相反，血液 pH 降低，发生酸中毒。

血浆二氧化碳结合力的测定，就是测定与钠结合的碳酸氢根所含的二氧化碳容量。通过测定了解机体内碱储备量，推断酸碱平衡的情况，从而为治疗提供依据。

血浆二氧化碳结合力降低，可见于急性胃肠炎，特别是中毒性胃肠炎、严重的腹泻、肠臌胀、肠变位、肠便秘、瘤胃膨胀、瘤胃积食、牛的酮血病、肾炎、烧伤和创伤性休克等。

血浆二氧化碳结合力增高，偶见于大量注射碳酸氢钠液引起的碱中毒。

（五）注意事项

配制 0.008985mol 硫酸所用的蒸馏水要煮沸后使用，溶解氯化钠后，应将 pH 调整至 6.8 ~ 7.0；血浆应新鲜，采取标本后最好立即测定，加入血浆时不得用嘴吹。

九、出血时间和凝血时间的检查

（一）出血时间

出血时间（BT）是刺破皮肤毛细血管后，血液自然流出到自然停止所需时间。健康宠物的参考值为 1 ~ 5min。

（1）出血时间延长　见于血小板明显减少；血小板数正常，其功能异常的血小板病（见遗传性血小板病，如血小板功能不全；血小板第Ⅲ因子缺乏，见于奥达猎犬、巴塞特猎犬和苏格兰犬）；获得性血小板病，如长期大量应用阿司匹林和尿毒症以及严重肝脏病、尿毒症、血管损伤、微血管脆性增加、遗传性假血友病（又称冯·维勒布兰德氏病）。

（2）严重凝血因子缺乏　12 个凝血因子包括：Ⅰ血纤维蛋白原；Ⅱ凝血酶原；Ⅲ组织促凝血酶原激酶；Ⅳ钙离子；Ⅴ前加速因子（因子Ⅵ是因子Ⅴ的活化形式，不是单独因子）；Ⅵ稳当因子；Ⅶ抗血友病因子 A；Ⅷ抗血友病因子 B；Ⅸ因子；Ⅹ抗血友病因子 C；Ⅺ接触因子；Ⅻ纤维蛋白稳定因子。

（二）凝血时间

凝血时间（CT）是指检验全血中纤维蛋白凝块形成的时间。

（1）健康宠物的参考值（毛细血管法）　犬为 3～13min；猫为 3～8min；牛为 13～11min；羊为 6～11min。

（2）凝血时间延长　维生素 K_1 依赖性凝血因子 Ⅱ、Ⅶ、Ⅸ、Ⅹ 减少（必须减少正常的 5%）；血液中纤维蛋白原减少（低于 0.5g/L）；血小板减少，凝血时间稍微延长。多见于弥散性血管内凝血、双香豆素类及杀鼠药中毒，及尿毒症、肝脏疾病、维生素 K 缺乏等。

（三）凝血酶原时间

（1）凝血酶原时间（PT）　是指在血浆中加入组织凝血激酶和钙离子后，纤维蛋白凝块形成所需时间。健康宠物参考值为 9～14s。

（2）凝血酶原时间延长　凝血因子 Ⅱ、Ⅴ、Ⅶ（毕哥犬）和 Ⅸ 缺乏，多见于严重肝病（犬传染性肝炎、泛发性肝纤维化）、胆管阻塞、维生素 K 缺乏或不吸收、食入含有双香豆素植物、弥散性血管内凝血、长期或大剂量应用阿司匹林。

（四）凝血酶时间

（1）凝血酶时间（TT）　是指在新鲜血浆中加入凝血酶和钙离子后，纤维蛋白丝形成所需时间。健康宠物参考值为 15～20s。

（2）时间延长　低血纤维蛋白原（低于 1.0g/L）或损伤了血纤维蛋白原功能；有抑制凝血酶诱导血凝的抑制物存在，如纤维蛋白降解产物（弥散性血管内凝血）和肝素。

知识
测试

一、问答题

1. 出血时间长短与哪些因素有关？
2. 红细胞、白细胞的计数方法是什么？
3. 决定红细胞沉降率的因素是什么？
4. 血浆二氧化碳结合力测定的临床意义是什么？

二、论述题

1. 论述白细胞分类计数的临床诊断意义。
2. 论述血红蛋白测定的临床诊断意义。

技能训练

血液常规检验技术

【目的要求】

通过实训掌握血液常规检验方法。

【实训内容】

（1）血样的采集、抗凝与处理。

（2）红细胞沉降速率（ESR）的检测。

（3）血细胞比容的测定。

（4）血液凝固时间的测定。

（5）血细胞计数。

（6）血红蛋白的测定。

【实训器材】

详见实验室检验技术等有关内容。

【实训方法】

一、血样的采集、 抗凝与处理

（1）血样的采集；

（2）血液的抗凝；

血检项目不需要血液凝固的，都应加入一定量的抗凝剂。

（3）血样的处理　不能立即检验的血样，首先应把血片涂好并予以固定，其余血液放入冰箱冷藏。需要血清的，应将凝固血液放入室温或37℃恒温箱内，待血块收缩后，分离出血清，并将血清冷藏。需要血浆的，将抗凝的全血及时电动离心，分离出血浆冷藏。

二、红细胞沉降速率的检测

熟练掌握实验器材的准备、试剂的配制及实验方法，掌握实验操作的注意事项。最后得出所测定的数据。

三、血细胞比容的测定

熟练掌握实验器材的准备、试剂的配制及实验方法，掌握实验操作的注意事项。最后得出所测定的数据。

四、血液凝固时间的测定

（一）器材
载玻片、注射针头、刻度小试管（内径 8mm）、秒表、恒温水浴箱。

（二）方法

1. 玻片法

正常值为 10min，但不及试管法准确。颈静脉采血，见到出血后立即用秒表记录时间。取血 1 滴，滴在载玻片的一端，随即载玻片稍稍倾斜，滴血的一端向上。此时未凝固的血液自上而下流动，形成一条血线，放在室温下的平皿内（防止血液中水分蒸发）静置 2min，以后每隔 30s 用针尖挑动血线 1 次，待针头挑起纤维丝时，即停止秒表，记录时间，这段时间就是血凝时间。

2. 试管法

适用于出血性疾病的诊断和研究。采血前准备刻度小试管 3 支，并预先放在 25～37℃恒温水浴箱内。颈静脉采血，见到出血后立即用秒表开始计时。随之将血液分别加入 3 支小试管内，每支试管各加 1mL，再将试管放回水浴箱。从采血经放置 3min 后，先从第一管做起，每隔 30s 逐次倾斜试管 1 次，直到翻转试管血液不能流出为止，并记录时间。3 个管的平均时间即为血凝时间。

（三）注意事项
采血针头的针锋要锐利，要一针见血，以免钝针头损伤组织，使组织液混入血液而影响结果的真实性；血液注入试管时，让血液沿管壁流下，以免产生气泡。

五、血细胞计数

（一）红细胞计数
熟练掌握实验器材的准备、试剂的配制及实验方法，掌握实验操作的注意事项。最后得出所测定的数据。红细胞记数的技能考核标准见表 8－11。

表 8－11　　　　　　　　红细胞记数的技能考核标准表

考核内容及分数分配	操作环节与要求	评分标准		考核方法	熟练程度	时限
		分值	扣分依据			
试管稀释计数法（100 分）	加入红细胞稀释液	10	加入量不准确扣 5 分	单人操作考核	熟练掌握	10min
	稀释血液	20	稀释不准确扣 5 分			
	找计数室	5	找不到或错误扣 5 分			
	充液	5	出现气泡扣 5 分			
	静置 1～2min	10	静置时间不足扣 5 分			
	计数	10	计数不准确扣 5 分			

续表

考核内容及分数分配	操作环节与要求	评分标准		考核方法	熟练程度	时限
		分值	扣分依据			
试管稀释计数法（100分）	计算	10	计算错误扣10分	单人操作考核	熟练掌握	10min
	规范程度	10	欠规范者酌情扣2～5分			
	熟练程度	10	欠熟练者酌情扣2～5分			
	完成时间	10	每超1min扣2分，直至10分			

（二）白细胞计数

有自动血球计数仪法及试管法两种，主要进行试管法。熟练掌握实验器材的准备、试剂的配制及实验方法，掌握实验操作的注意事项。最后得出所测定的数据。白细胞计数的技能考核标准见表8-12。

表8-12　　　　　　　　白细胞记数的技能考核标准表

考核内容及分数分配	操作环节与要求	评分标准		考核方法	熟练程度	时限
		分值	扣分依据			
试管稀释计数法（100分）	加入白细胞稀释液	10	加入量不准确扣5分	单人操作考核	熟练掌握	12min
	稀释血液	20	稀释不准确扣5分			
	充液	10	出现气泡扣5分			
	静置1～2min	10	静置时间不足扣5分			
	计数	10	计数不准确扣5分			
	计算	10	计算错误扣10分			
	规范程度	10	欠规范者，酌情扣2～5分			
	熟练程度	10	欠熟练者，酌情扣2～5分			
	完成时间	10	每超1min扣2分，直至10分			

（三）血小板计数

1. 器材

同白细胞计数（试管法）。

2. 稀释液

血小板计数所用的稀释液种类很多，其中复方尿素稀释液为：尿素10g，柠檬酸钠0.5g，40%甲醛溶液0.1mL，蒸馏水加至100mL。待上述试剂完全溶解后，过滤，置冰箱可保存1～2周，在22～32℃条件下可保存10d左右。当稀释液变质时，溶解红细胞的能力就会降低。

3. 方法

①吸稀释液 0.4mL 置于小试管中。②用沙利氏吸血管吸取末梢血液或用加有 EDTA Na2 抗凝剂的新鲜静脉血液至 20mm³ 刻度处，擦去管外黏附的血液，插入试管，吹吸数次，轻轻振摇，充分混匀。静置 20min 以上，使红细胞溶解。③充分混匀后，用毛细吸管吸取一小滴，充入计数室内，静置 10min，用高倍镜观察。④任选计数室的 1 个大方格（面积为 1mm²），按细胞计数法则计数。在高倍镜下，血小板为椭圆形、圆形或不规则的折光小体。

4. 计算

$$X \times 200 = 血小板个数/mm^3$$

式中　X 为 1 个大方格中的血小板总数。在填写检验单时，用血小板数 × 10^9 个/L 作为血小板的单位，例如 50 万个/mm³，换算后应为 500×10^9 个/L。

5. 注意事项

稀释液必须新鲜无沉淀；采血要迅速，以防血小板离体后破裂、聚集；滴入计数室前要充分振荡，使红细胞充分溶解，但不能过久或过剧烈，以免血小板破坏；血小板体积小、质量较轻，不易下沉，常不在同一焦距的平面上，计数时要利用显微镜的细调节器调节焦距，才能看清楚。

（四）红细胞形态学的检查

血片制作完成后有瑞氏染色、姬姆萨染色和瑞－姬复合染色法 3 种，可任选一种。熟练掌握实验器材的准备、试剂的配制及实验方法，掌握实验操作的注意事项。最后得出所测定的数据。白细胞分类记数的技能考核标准见表 8－13。

表 8－13　　　　　　　　白细胞分类记数的技能考核标准表

考核内容及分数分配	操作环节与要求	评分标准		考核方法	熟练程度	时限
		分值	扣分依据			
白细胞分类计数（100 分）	血片制作	20	涂片薄厚不匀扣 5 分；重复涂片扣 10 分	单人操作考核	掌握	15min
	血片染色	30	染色时间有误扣 5 分；水洗不当扣 5 分；染色过深或过浅扣 5 分			
	计数	20	计数时未划区计算扣 10 分			
	规范程度	10	欠规范者，酌情扣 2～5 分			
	熟练程度	10	欠熟练者，酌情扣 2～5 分			
	完成时间	10	每超时 1min 扣 2 分，直至 10 分			

六、血红蛋白含量测定

血红蛋白含量测定，常规方法为沙利氏目视比色法、光电比色法、测铁法、相对体积质量（密度）法、血氧法及试纸法。国际推荐氰化高铁血红蛋白法。本实验采用沙利氏目视比色法。

熟练掌握实验器材的准备、试剂的配制及实验方法，掌握实验操作的注意事项，最后得出所测定的数据。

复习思考题

1. 试述进行血液常规检验的体会。
2. 试述血液常规检验的注意事项。
3. 试述血液常规检验的临床诊断价值。

一、全自动血液细胞分析技术

兽用全自动血液细胞分析仪是用于宠物医院等定量计数血液细胞，进行白细胞三分类并测量血红蛋白的诊断仪器。主要采用阻抗法和比色法对血液参数进行检验，提供白细胞、红细胞、血小板的直方图信息。

随着近几年计算机技术日新月异的发展，血细胞分析的技术也从三分群转向五分群，从二维空间转向三维空间。现代血细胞分析仪的五分类技术采用了与先进的流式细胞仪相同的技术，如散射光检测技术、鞘流技术、激光技术等。

（一）检测方法

1. 体积、电导、激光散射法（VCS）

VCS 是 Beckman – Coulter 公司生产的血细胞分析仪所采用的经典分析方法，它集 3 种物理学检测技术于一体，在细胞处于自然原始的状态下对其进行多参数分析。该方法又称体积、电导、激光散射血细胞分析法。此技术采用在标本中首先加入红细胞溶血剂溶解掉红细胞，然后加入稳定剂来中和红细胞溶解剂的作用，使白细胞表面、胞质和细胞体积保持稳定不变。然后应用鞘流技术将细胞推进到流动细胞计数池（Flowcell）中，接受仪器 VCS 3 种技术的检测。

V 代表体积（Volume）测量法，采用经典的库尔特专利技术，用低频电流准确分析细胞体积。体积是区分白细胞亚群的一个重要参数，它可有效区分体积、大小差异显著的淋巴细胞和单核细胞。

C 代表高频电导性（Conductivity），采用高频电磁探针原理测量细胞内部结构间的差异，也是该公司的专利技术。细胞膜对高频电流具有传导性，当电流通过细胞时，细胞核的化学组分可使电流的传导性产生变化，其变化量可以反映细胞内含物的信息。该参数可用来区分体积相近而内部性质不同的细胞群体，如淋巴细胞和嗜碱性粒细胞，因为它们的细胞核特性不同而在传导性参数上有所区别。

S 代表激光散射（Scatter）测量技术，采用氦氖激光源发出的单色激光扫描每个细胞，收集细胞在 10°～70°角度内出现的散射光（MALS）信号。该激光束可穿透细胞，探测细胞内核分叶状况和胞质中的颗粒情况，提供有关细胞颗粒性的信息，可以区分出颗粒特性不同的细胞群体。例如，细胞内颗粒粗的要比颗粒细的散射光更强，因此可以用于区分粒细胞中的嗜中性、嗜酸性和嗜碱性 3 种细胞。

2. 电阻抗、射频与细胞化学联合检测技术

典型机型有 SysmexSE－9000/SE－9500/XE－2100 等。这类仪器共有 4 个不同的检测系统，将标本用特殊细胞染色技术处理后再应用 RF 和 DC 技术对白细胞进行分类和计数。共采用以下 4 个检测系统：

（1）嗜酸性粒细胞检测系统　该系统是利用电阻抗方式计数。血液经分血器分血后部分与嗜酸性粒细胞计数溶血剂混合，特异的溶血剂使嗜酸性粒细胞以外的所有细胞均溶解或萎缩，这种含完整嗜酸性粒细胞的液体经阻抗电路计数。

（2）嗜碱性粒细胞系统　该系检测原理与嗜酸性粒细胞相同，不同的是其溶血剂只能保留血液中的嗜碱性粒细胞。

（3）淋巴、单核、粒细胞（中性粒细胞、嗜酸性粒细胞、嗜碱性粒细胞）检测系统　该系采用电阻抗与射频联合检测方式，使用作用较温和的溶血剂，对核及细胞形态影响不大。在内外电极上存在直流和高频两个发射器。由于直流电不能达到细胞质及核质，而射频电能透入胞内测量核大小和颗粒多少，因此这两种不同的脉冲信号的个数及高低综合反映了细胞数量、大小（DC）和核及颗粒密度（RF）。由于淋巴细胞、单核细胞及粒细胞的大小、细胞质含量、核形态与密度均有较大差异，故可通过扫描得出其比例。

（4）幼稚细胞检测系统　该系统也是利用电阻抗方式计数。其原理是由于幼稚细胞上的脂质较成熟细胞少，在细胞悬液中加入硫化氨基酸后，由于脂质占位不同，结合在幼稚细胞上的硫化氨基酸较成熟细胞多，且对溶血剂有抵抗作用，故能保持幼稚细胞的形态完整而溶解成熟细胞，即可通过阻抗法检测。

3. 激光散射和细胞化学染色技术

在白细胞分类上，仪器采用两个通道进行，一个为过氧化酶检测通道，另一个为嗜碱细胞检测通道。

过氧化酶反应（peroxidase，POX）是血涂片染色的一种常用细胞化学染色方法，用于鉴别原始细胞与成熟的粒细胞，鉴别粒细胞与非粒细胞。染色后的细胞内无蓝黑色颗粒出现为阴性反应，出现细小颗粒或稀疏样分布的黑色颗粒为弱阳性反应，出现黑色粗大而密集的颗粒为强阳性反应。过氧化酶主要存在于粒细胞系和单核细胞系中，各类白细胞对过氧化酶的反应是这样的：早期的原始粒细胞为阴性，早幼粒以后的各阶段都含有过氧化物酶，且随着细胞的成熟过氧化酶含量逐渐增强，中性分叶核粒细胞会出现强阳性反应，嗜酸性粒细胞具有最强的过氧化酶反应，嗜碱性粒细胞不含此酶呈阴性反应。在单核细胞系统，除早期原始阶段外，幼稚单核和单核细胞会出现较弱的过氧化酶反应。淋巴细胞、幼稚红细胞、巨核细胞等都为过氧化酶阴性反应。过氧化酶检测通道就是根据这个原理设计的，它检测每一个通过流动计数池中的白细胞，

经过激光照射所产生的过氧化酶散射光吸收率。

（1）过氧化酶最强阳性的嗜酸性粒细胞。

（2）过氧化酶强阳性的嗜中性分叶核粒细胞。

（3）体积较大、过氧化酶弱阳性的单核细胞。

（4）体积较小、过氧化酶阴性的淋巴细胞。

（5）可能出现体积大于淋巴细胞且过氧化酶阴性的未染色大细胞，此类细胞增加提示幼稚或原始的各类细胞。

在嗜碱细胞通道中采用的检测原理是：专用的嗜碱细胞试剂将除了嗜碱细胞以外的白细胞除去细胞膜，使其裸核化且体积变小，仅将嗜碱性粒细胞保持原有状态，体积明显大于其他类的白细胞。

4. 多角度偏振光激光散射技术

美国雅培公司（ABBOTT）推出的血细胞分析仪，在白细胞分类中采用独特的多角度偏振光散射（MAPSS）技术，其所生产的血细胞计数仪包括 CELL - DYN 3000、3200、3500、3700、4000，以及 Sapphire（蓝宝石），在白细胞分类上均采用了 MAPSS 技术。该技术的基本原理是细胞在激光束的照射下，在多个角度都产生散射光，仪器在 4 个角度的 4 个检测器将接收到相应的散射光信号，然后经过微处理器分析处理，将各类细胞安置在散点图上的相应位置，并计算出白细胞分类结果。

多角度偏振光散射白细胞分类技术（MAPSS）的原理是一定体积的全血标本用鞘流液按适当比例稀释。其白细胞内部结构近似于自然状态，因嗜碱性粒细胞颗粒具有吸湿的特性，所以嗜碱性粒细胞的结构有轻微改变。红细胞内部的渗透压高于鞘流液渗透压而发生改变，红细胞内的血红蛋白从细胞内游离出来，而鞘流液内的水分进入红细胞中，细胞膜的结构仍然完整，但此时的红细胞折光指数与鞘流液的相同，故红细胞不干扰白细胞检测。在鞘流系统的作用下，样本被集中为一个直径 $30\mu m$ 的小股液流，该液流将稀释的血细胞单个排列，然后通过激光束照射于细胞上，在各个方向都有其散射光出现。

（1）0°为前向角散射光，可粗略地测定细胞大小。

（2）10°为狭角散射光，可测细胞结构及其复杂性的相对特征。

（3）90°垂直光散射，主要对细胞内部颗粒和细胞成分进行测量。

（4）90°为消偏振光散射，基于颗粒可以将垂直角度的偏振激光消偏振的特性，将嗜酸性粒细胞从中性粒细胞和其他细胞中分离出来。

（5）这 4 个角度同时对单个白细胞进行测量和分析后，即可将白细胞划分为嗜酸性粒细胞、中性粒细胞、嗜碱性粒细胞、淋巴细胞和单核细胞 5 种。ABBOTT 的五分类法定量很有意思，不用传统的体积定量，而是采用数量定量，每次计数时完成 10000 个细胞测定即停止。

（二）血红蛋白检测原理

血红蛋白含量的测定是在被稀释的血液中加入溶血剂后，使红细胞释放出血红蛋白，后者与溶血剂中有关成分结合形成血红蛋白衍生物，进入血红蛋白测试系统，在特定波长（一般在530～550nm）下比色，吸光度的变化与液体中Hb含量成比例，仪器便可显示Hb浓度。

不同系列的血液分析仪配套溶血剂配方不同，形成的血红蛋白衍生物也不同，但大多数的最大吸收光谱接近540nm。因为国际ICSH推荐的氰化高铁（HiCN）法，其最大吸收峰在540nm，仪器的校准必须以HiCN值为准。近年来，许多高档的分析仪上采用了激光散射法进行单个血红细胞血红蛋白的分析，以尽量减少高WBC、乳糜血、高胆红素等对HBG比色的影响。

（三）血液分析仪的分类与基本结构

1. 血细胞分析仪分类

（1）按自动化程度　分为半自动血细胞分析仪、全自动血细胞分析仪和血细胞分析工作站、血细胞分析流水线。

（2）按检测原理　分为电容型、电阻抗型、激光型、光电型、联合检测型、干式离心分层型和无创型。

（3）按仪器分类白细胞的水平　分为二分群、三分群、五分群、五分群＋网织红血细胞分析仪。

目前使用最广泛的为三分类电阻抗型。

2. 血细胞分析仪的基本结构

各类型血细胞分析仪结构各不相同。但大都由机械系统、电学系统、血细胞检测系统、血红蛋白测定系统、计算机和键盘控制系统等，以不同的形式组成。

（1）机械系统　各类型的血细胞分析仪虽结构各有差异，但均有机械装置（如全自动进样针、分血器、稀释器、混匀器、定量装置等）和真空泵，以完成样品的吸取、稀释、传送、混匀，以及将样品移入各种参数的检测区。此外，机械系统还发挥清洗管道和排除废液的功能。

（2）电学系统　电路中主电源、电压元器件、控温装置、自动真空泵电子控制系统以及仪器的自动监控、故障报警和排除等。

（3）血细胞检测系统　国内常用的血细胞分析仪，使用的检测技术可分为电阻抗检测和光散射检测两大类。

①电阻抗检测技术：由信号发生器、放大器、甄别器、阈值调节器、检测计数系统和自动补偿装置组成。这类主要用在二分类或三分类仪器中。

②光散射检测技术：主要由激光光源、检测区域装置和检测器组成。

a. 激光源：多采用氩离子激光器，以提供单色光。

b. 监测区域装置：主要由鞘流形式的装置构成，以保证细胞混悬液在检测液流中形成单个排列的细胞流。

c. 检测器：散射光检测器系光电二极管，用以收集激光照射细胞后产生的散射光信号；荧光检测器系光电倍增管，用以接受激光照射荧光染色后细胞产生的荧光信号。

这类检测技术主要应用于"五分类、五分类 + 网织红"的仪器中。

（4）血红蛋白测定系统　由光源（一般为 546nm 波长）、透镜、滤光片、流动比色池和光电传感器组成。

（5）计算机和键盘控制系统。

二、全自动生化仪分析技术

全自动生化分析仪是根据光电比色原理来测量体液中某种特定化学成分的仪器。由于其测量速度快、准确性高、消耗试剂量小，现已得到广泛使用。与临床检查配合使用可大大提高常规生化检验的效率及收益。

生化分析仪是指用于检测、分析生命化学物质的仪器，能给疾病的诊断、治疗和预后及健康状态提供信息依据。

（一）仪器系统结构

1. 光学系统

光学系统是仪器的关键部分。老式仪器系统采用卤钨灯、透镜、滤色片、光电池组件。新式仪器系统光学部分有很大的改进，仪器的分光系统因其光位置不同有前分光和后分光之分。目前，先进的光学组件在光源与比色杯之间使用了一组透镜，将原始光源灯投射出的光通过比色杯将光束变成光速（与传统的契型光束不同），这样，即使比色杯再小，点光束也能通过。与传统方法相比，能节约试剂消耗 40%～60%。点光束通过比色杯后，再经这一组还原透镜（广差纠正系统），将点光束还原成原始光束，再经光栅分成固定的若干种波长（10 种以上波长）。采用光/数码信号直接转换技术即将光路中的光信号直接变成数码信号。将电磁波对信号的干扰及信号传递过程中的衰减完全消除。同时，在信号传输过程中采用光导纤维，使信号达到无衰减，测试精度提高近 100 倍。光路系统的封闭组合，又使得光路无需任何保养，且分光准确、寿命长。

2. 恒温系统

由于生物化学反应时温度对反应结果影响很大，故恒温系统的灵敏度、准确度直接影响测量结果。早期的生化仪器采用空气浴的方法，后来发展到集干式空气浴与水浴优点于一身的恒温液循环间接加温干式浴。其原理是在比色杯周围设计一恒温槽，在槽内加入一种无味、无污染、不蒸发、不变质的稳定恒温液，恒温液的容量大、热稳定性好、均匀。比色杯不直接接触恒温液，克服了水浴式恒温易受污染和空气浴不均匀、不稳定的特点。

（1）样品反应搅拌技术和探针技术　传统的反应搅拌技术采用磁珠式和涡旋搅拌式两种。现在流行的搅拌技术是模仿手工清洗过程的多组搅拌棒组成的搅拌单元，当第一组搅拌棒在搅拌样品/试剂或混合溶液时，第二组搅拌棒同时进行高速高效的清洗，第三组搅拌棒也同时进行温水清洗和风干过程。在单个搅拌棒的设计上，采用新型螺旋型高速旋转搅拌，旋转方向与螺旋方向相反，从而增加了搅拌的力度，被搅拌液不起泡，减少微泡对光的散射。试剂及样品探针依照早期电容式传感的原理，但略加改进，增加了血凝块和蛋白质凝块的报警，依照报警级别的重测结果，减少吸样误差，提高测试结果的可靠性。大型生化仪器每小时检测数多在1000个以上，因此自动重测相当重要，测试结果的主观评价和手工重测已不能满足临床的需要。

（2）其他方面　试剂、样品的条形码识别和计算机登录。早期生化仪器由于缺乏条码识别功能，出现错误机会较多。近几年，无论进口、国产生化仪器均采用条码检测，这项技术在生化仪器上的使用给高速仪器的研制提供了技术支持。软件的开发简单易行，因此，条码检测是仪器智能化的基础。开放式试剂，作为宠物医院选择机型的一项重要因素，仪器是否支持开放式试剂非常重要。试剂开放后，宠物医院可自主选择试剂供应商，在衡量价格、低度器结果的可靠性、试剂有效期等方面有了较大的自由度。离子选择电极分析附件（ISE）、血清和尿液电解质指标相当重要，仪器系统附带 ISE 后，宠物医院可节省费用。

（二）原理

目前，临床生化检验基本上都实现了自动化分析。自动化分析仪就是将原始手工操作过程中的取样、混匀、温育（37℃）检测、结果计算、判断、显示和打印结果及清洗等步骤全部或者部分自动运行。

无论是当今运行速度最快（9600Test/h）的模块式全自动生化分析仪，还是原始手工操作用于比色的光电比色计，其原理都是运用了光谱技术中的吸收光谱法，是生化仪最基本的核心。其特点有：技术领先的光路反应系统；高效无忧的自动冲洗系统；智能灵敏的液位探测系统；简易快捷的软件操作系统；及时周到的全国服务网络。

（1）样品　血清、尿液、脑脊液等。

（2）试剂　单试剂、双试剂。

（3）双波长　由主波长和副波长构成的两个波长。可以消除在检测过程中的干扰。

（4）校准品（标准）　比对未知样品的浓度。

（5）质控品　用于生化仪在日常工作中对仪器、试剂等方面状态的监控。

（三）测定方法

1. 终点法（endessay）

完全被转化成产物，不再进行反应达到终点，取反应终点的吸光度来计算被测物质的浓度。生化检验中除酶和 BUN、CRE 外几乎都用终点法来进行检测。

（1）一点终点法　取反应达终点时的一个点的吸光度来计算结果。

（2）二点终点法　反应尚未开始时读取一个点的吸光度，待反应达终点时再取第二点的吸光度，用第二点吸光度减去第一点吸光度的差值来计算结果。主要用于扣除试剂和样品空白，保证结果的准确性。一般用双试剂。

2. 固定时间法（两点法）

固定时间法是取尚在反应中的两点间的差值来计算结果。此两点既不是反应起始点也不是终点。主要用于检测一些非特异性的项目，如肌酐。

3. 连续监测法（动力学法、速率法）

连续监测法是在测定酶的活力或酶代谢产物时，连续取反应曲线中呈线性变化吸光度值（Δ，A/min）来计算结果。因在反应线性时间内各点间的吸光度差值为零，故又称零级反应。

（四）检测项目

1. 肝功类

GPT/ALT（谷丙转氨酶）、ALP（碱性磷酸酶）、Alb（白蛋白）

GOT/AST（谷草转氨酶）、T – Bil（总胆红素）、CHE（胆碱酯酶）

TTT（麝香草酚浊度）、D – Bil（结合胆红素）、FB（纤维蛋白原）

NH_3（血氨）、TP（总蛋白）

2. 肾功离子

BUN（尿素氮）、K（血清钾）、Na（血清钠）

Cr（肌酐）、Fe（血清铁）、Ca（血清钙）

UA（尿酸）、Mg（血清镁）、Cl（血清氯）

$CO_2 – Cp$（二氧化碳结合力）、Zn（血清锌）P（血清磷）

血糖血脂 T – CHO（总胆固醇）、HDL – C（高密度脂蛋白胆固醇）

TG（三酰甘油）、LDL – C（低密度脂蛋白胆固醇）

GLU（血糖）

3. 心肌酶谱

CK（肌酸激酶）、LDH（乳酸脱氢酶）、GOT（谷草转氨酶）

4. 其他

α – Amy（α – 淀粉酶）、Hb（血红蛋白）、免疫球蛋白、毒物、类风湿因子等用光学比浊法的都可以用在全自动生化上进行检测。

（五）全自动生化分析仪主要部件

1. 加样针、试剂针

（1）加样针表面一般都经特氟龙材料处理过，防止在加样品或试剂的过程中表面挂溶液而造成交叉污染。

（2）具有液位探测功能，可自动检测试剂瓶内试剂余量。

（3）目前，加样针试剂针都具有上下防撞功能，防止在误操作或机器出现故障的情况下，造成打针现象。

2. 试剂盘、样品盘

（1）试剂盘都具有试剂冷藏功能，是因为试剂在使用过程中需要保持在低温状态。可防止因为温度过高造成试剂失效影响测试结果。

（2）现在国产、进口生化中速度在 400 速度以上的一般样品和试剂盘都是分开的，这样可提高机器的测试速度，如奥林巴斯 400、日立 7060。

3. 反应盘

反应盘是试剂和样品混匀后反应检测结果的位置。反应杯材质目前有两种，一是有机玻璃，二是石英玻璃。石英玻璃使用寿命较长但造价比较高。冲洗功能，目前国内外生化都采用 8 段自动清洗，清洗后都有自动烘干的功能。

4. 灯泡

全自动生化分析仪的光源一般是卤素灯泡，使用寿命大约是 2000h。

5. 滤光片与光栅的比较

（1）光的纯度比较　光电检测以采用纯度高的光为佳，但不管采用哪种分光器，都不可能得到绝对纯的光。

①光栅：就光栅分光后的一点而言，光是纯的，但由于透光孔具有一定宽度，比色皿所接受的光，是一个在指定波长附近波段上的等强的光。

②滤光片：经滤光片分光后，通过透光孔被比色皿所接受的光也是一个波段，但在指定波长上光的强度最高，呈正态分布。

（2）光的稳定性比较

①光栅：棱镜或光栅片的绕轴旋转，由于不可避免的机械误差，并且小角度的偏差经过 2 ~ 3 次反射，会造成很大的偏差，导致波长的不稳定。另外，光栅是窄缝，其能量也会很弱，小的检测电压信号为了获得大的电压值，必须以大倍数放大，这样误差也会被放大，可造成检测的不稳定。

②滤光片：由于从同一滤光片上每一点透过的光的波长都是相同的，每个位置是通过光偶准确定位，不受仪器本身机械误差的影响，所以，光强经汇聚后，能量很高，电压信号也会相对强，主流光很强，其他杂光的影响就会很弱，可以忽略不计，误差也会很小，光是稳定的，检测相对很稳定。

（六）生化指标临床诊断价值

1. 总蛋白（TP）

增高：呕吐、腹泻、休克、多发性骨髓瘤。

降低：营养不良、消耗增加、肝功能障碍、大出血、肾病。

2. 白蛋白（ALB）

增高：严重失水、血浆浓缩。

降低：急性大出血、严重烫伤、慢性合成白蛋白功能障碍、妊娠。

3. 谷草转氨酶（AST/GOT）

增高：心肌梗死、肺栓塞、心肌炎、心动过速、肝胆疾病、感染、胰腺炎、脾肾或肠系膜梗死。

4. 谷丙转氨酶（ALT/GPT）

增高：急性药物中毒性肝炎、病毒性肝炎、肝癌、肝硬化、慢性肝炎、阻塞性黄疸、胆管炎。

5. 碱性磷酸酶（AKP/ALP）

增高：骨折愈合期、转移性骨瘤、阻塞性黄疸、急性肝炎或肝癌、甲亢、佝偻病。

降低：重症慢性肾炎、甲状腺功能不全、贫血。

6. 肌酸激酶（CK - NAC）

参考值：犬 8~60，猫 50~100。

增高：心肌梗死、皮肌炎、营养不良、肌肉损伤、甲状腺功能减弱。

7. 乳酸脱氢酶（LDH）

增高：心肌梗死、白血病、癌肿、肌营养不良、胰腺炎、肺梗死、巨幼细胞性贫血、肝细胞损伤、肝癌。

8. 淀粉酶（AMY）

增高：急性胰腺炎、急性胆囊炎、胆道感染、糖尿病酮症酸中毒。

9. γ - 谷氨酰转移酶（γ - GT）

增高：肝癌、阻塞性黄疸、胰腺疾病、肝损害。

10. 葡萄糖（GLU - 0X）

增高：生理性高血糖，餐后；病理性高血糖，糖尿病、颅外伤、颅内出血、脑膜炎。

降低：生理性低血糖，饥饿；病理性高血糖，胰岛 B 细胞增生或瘤，腺垂体功能减退、肾上腺功能减退、严重肝病。

11. 总胆红素（TB）

增高：溶血性黄疸、肝细胞性黄疸、阻塞性黄疸。

12. 结合胆红素（DB）

临床诊断价值同上。

13. 尿素氮（BUN）

增高：急性肾小球肾炎、肾病晚期、肾衰、慢性肾炎、中毒性肾炎、前列腺肿大、尿路结石、尿路狭窄、膀胱肿瘤。

降低：严重的肝病。

14. 肌酐（Cr）

增高：晚期肾脏病。

15. 胆固醇（CHOL）

增高：甲状腺功能减退症、糖尿病。

降低：甲亢、营养不良、慢性消耗性疾病。

16. 甲状腺素

增高：甲亢、高 TBG 血症、急性甲状腺炎、急性肝炎、肥胖症。

降低：甲减、低 TBG 血症、全垂体功能减退症、下丘脑垂体病变。

17. 钙（Ca）

增高：甲亢、维生素 D 过多症、多发性骨髓瘤。

降低：甲状腺功能减退、假性甲状腺功能减退、慢性肾炎、尿毒症、佝偻病、软骨病。

18. 磷（IP）

增高：肾功能不全、甲状旁腺功能低下、淋巴细胞白血病、骨质疏松症、骨折愈合期。

降低：呼吸性碱中毒、甲状腺功能亢进、溶血性贫血、糖尿病酮症酸中毒、肾衰、长期腹泻、吸收不良。

19. 氯（CL）

增高：高钠血症、高钠血性代谢酸中毒。

降低：呕吐、腹泻。

20. 钠（NA）

增高：高渗性脱水、中枢性尿崩症、库欣综合征。

降低：呕吐、腹泻、幽门梗阻、肾盂肾炎、肾小管损伤、大面积烧伤、体液从创口大量流失、肾病综合征的低蛋白血症、肝硬化腹水。

21. 钾（K）

增高：肾上腺皮质减退症、急慢性肾衰、休克、补钾过多。

降低：腹泻、呕吐、肾上腺皮质功能亢进，利尿剂、应用胰岛素。

22. 镁（MG）

增高：急慢性肾衰、甲状腺功能减退症、甲状旁腺功能减退症、多发性骨髓瘤、严重脱水症。

降低：长期禁食、吸收不良、长期丢失胃肠液、慢性肾炎多尿期或长期利尿剂治疗。

项目九 | 尿液检查

【学习目标】

掌握尿液化学检验方法及尿沉渣的检查方法。

【技能目标】

学会认识某些尿沉渣及管型。

【案例导入】

健康犬尿的颜色是（　　　）。

A. 鲜黄色　 B. 暗黄色　 C. 黄褐色　 D. 红色　 E. 蓝绿色

【课前思考题】

1. 各种动物尿色是否一致？尿色改变的原因有哪些？

2. 尿糖的检查方法是什么？

一、尿液物理学检查

尿液物理学检查包括尿量、尿色、透明度和密度等的检查。

（一）尿量

各种动物每昼夜的排尿量变化很大，影响尿量的因素包括动物品种、体重、年龄、食物中含水量和含盐量、饮水量、运动量、出汗、大肠水分吸收情况和外界环境温度等。动物的尿量一般较为恒定，但当尿量增高到一定程度时，便会出现多尿。多尿又可分为生理性和病理性多尿。生理性多尿见于大量饮水及使用利尿药物，病理性多尿见于糖尿病、慢性肾炎、渗出性胸膜炎的吸收期及尿崩症等。病理性少尿见于急性肾小球肾炎、急性肾衰竭少尿期、心力衰竭、高热、各种原因引起的脱水等。

（二）尿色

正常动物尿的颜色（尿色）是由尿中的尿黄素浓度决定的，而尿黄素的排出相对稳定。健康动物尿色因动物种类、摄取饲料、饮水和使役等条件不同而有差异。通常，犬尿呈鲜黄色。当尿量增加时，尿色变淡，尿量减少时，则尿色变深。尿色的改变如下：

（1）暗黄色　 见于浓缩尿。

（2）黄白色　 见于尿色素、尿胆素含量正常的尿液。

（3）橘黄色　 尿中含有胆红素、荧光素、非那吡啶（尿路抗菌药）。

（4）蓝绿色　 尿中含有台盼蓝、亚甲蓝、二噻宁（抗蠕虫药）和胆绿素。

（5）褐色　 尿中含有胆色素肌红蛋白、高铁血红蛋白。

（6）黄褐色　 尿中含有胆色素。

（7）红色　尿中含有血红蛋白、红细胞、肌红蛋白、非那吡啶和酚红。

（8）乳白色　见于脓尿、脂尿及尿中含有磷酸盐结晶。

（9）无色尿　见于稀释尿。

即使在疾病症状很明显时，尿色和透明度也可能正常。尿色改变时，应仔细询问病史和用药史，进行尿沉渣检查。血尿、血红蛋白尿和胆红素尿是尿色改变最常见的原因。

（三）透明度

检查透明度，应将尿盛于洁净的试管中进行观察。牛羊及肉食性宠物的尿，澄清透明无沉淀物，若变混浊，常是病理现象。脓尿、血尿、结晶尿和脂尿是尿液混浊最常见的原因。在肾和尿路疾病时，尿中常因混入黏液、白细胞、上皮细胞、坏死组织片或细菌、管型等而变混浊。

尿的透明度一般用清亮、微混、混浊等词语来描述和报告。

（四）尿比重

检验尿比重（即相对密度）可用尿比重计、折射仪或试条。正常宠物尿比重参考值为：犬 1.015 ~ 1.045，猫 1.020 ~ 1.040，兔 1.010 ~ 1.015。

1. 尿比重减小

（1）暂时性非病理性尿比重减小

①饮用大量的水、利尿、输液。幼年宠物因肾脏尿浓缩能力差，尿比重低。

②注射皮质类固醇和促肾上腺皮质激素。

③发情以后或注射雌激素。

（2）病理性尿比重减小　肾病后期，肾脏实质损伤超过 2/3，肾无力浓缩尿，一般尿的比重减少到 1.003 ~ 1.015。

①尿比重固定在 1.010 ~ 1.012，与血浆透析液有相同的分子浓度，是由于肾完全丧失稀释或浓缩尿的功能的原因。浓缩实验能区别比重降低是由于增加了饮水量还是尿崩症。

②见于急性肾炎（严重的或后期的）、严重肾淀粉样变性、肾皮质萎缩、慢性泛发性肾盂肾炎。

③尿崩症，比重 1.002 ~ 1.006，是由于从神经垂体得不到抗利尿激素的原因。实验证明，给予 0.5 ~ 1.0mL 神经垂体注射液，立即制止住了渴和多尿。限制饮水 12h，尿量减少，比重上升，但达不到尿比重的参考值范围。如果宠物有尿崩症，输给林格氏液后，将出现血浆高渗而尿低渗。给健康宠物输林格氏液后，血浆和尿都等渗。

④肾性尿崩症，肾小管先天性再吸收能力差引起，抗利尿激素治疗无效。

⑤子宫蓄脓（过量饮水所致）、肾上腺皮质功能亢进、水肿液的迅速吸收、泛发性肝病、心理性烦渴、血钙过多或血钾过低。

2. 尿比重增加　犬的尿比重大于 1.030 为高渗尿，表明肾小管浓缩尿液功能正常。但也可见于能引起多尿-烦渴的疾病，如肾上腺皮质功能亢进、甲状腺功能亢进、肝功能障碍以及肾小球疾病。

二、尿液化学检验

（一）尿的酸碱度测定

尿液的酸碱度（pH）主要取决于宠物所食食物的性质和运动的强度。

肉食性宠物由于食物中的硫和磷被氧化为硫酸和磷，形成酸性盐类，因此，尿呈酸性；杂食宠物由于饲料内含有酸性及碱性磷酸盐类而呈两性反应。检查尿酸的酸碱度常用广泛 pH 试纸法：将试纸浸入被检尿内后立即取出，根据试纸的颜色改变与标准色板比色，判定尿的 pH。肉食性宠物尿变为碱性，或杂食宠物的尿呈强碱性，见于剧烈呕吐、膀胱炎或膀胱尿道组织崩解。

一般健康犬、猫尿液的酸碱度为 pH 6.0～7.0，猪 6.5～7.8。尿 pH 变化与食物成分有关。

1. 酸性尿

酸性尿液一般见于：①肉食宠物的正常尿、吃奶的仔犬猫、饲喂过量的蛋白质、热症、饥饿（分解代谢体蛋白）、延长肌肉活动。②酸中毒（代谢性的和呼吸性的），见于严重腹泻、糖尿病（酮酸）、任何原因所致原发性肾衰竭和尿毒症。严重呕吐有时也可引起酸性尿。③给以酸性盐类，如酸性磷酸钠、氯化铵、氯化钠和氯化钙以及口服蛋氨酸和胱氨酸，口服利尿药呋塞米（速尿）。④大肠杆菌感染出现的酸性尿。

2. 碱性尿

碱性尿一般见于：①碱中毒（代谢性的或呼吸性的）、呕吐、膀胱炎、尿道感染（产生尿素酶）。②给以碱性药物治疗，如碳酸氢钠、柠檬酸钠和柠檬酸钾、乳酸钠、硝酸钾、乙酰唑胺和氯噻嗪（利尿药物）。③尿保存在室温时间过久，由于尿素分解成氨变成碱性。④变性杆菌和假单胞菌感染为碱性尿。

（二）尿蛋白质的检查

健康宠物尿中仅有微量蛋白质，一般方法不能检出。如尿中检出蛋白质，称为蛋白尿。尿中蛋白质的检查方法有定性实验和定量实验。

临床意义：尿路感染和出血均可引起蛋白尿，其中尿路感染最常见，其特征是炎性蛋白尿，尿液检查有炎性反应。暂时性蛋白尿可见于剧烈运动后、发热、癫痫、肾静脉充血，但少见。明显的蛋白尿（如尿蛋白与尿肌酐比大于3、正常犬为 0.3、猫为 0.6）尿沉渣改变不明显，血清球蛋白正常，通常见于肾小球疾病，如肾小球炎和淀粉样变。但猫淀粉样变常影响肾髓质，不出现蛋白尿。肾小球肾病的原因：心丝虫病、系统性红斑狼疮等免疫性疾病，猫白血病、猫免疫缺陷病毒感染、埃里希体病等慢性传染病，及其他慢性炎性疾病、肿瘤和肾上腺皮质功能亢进。

（三）潜血检查

健康宠物尿中不含红细胞或血红蛋白。尿液中含有红细胞或血红蛋白，不能用肉眼观察出来称为潜血（隐血），可用化学方法加以检查。

尿中出现红细胞，多见于泌尿系统各部位出血，如急性肾小球肾炎、肾盂肾炎、肾肿瘤、肾脓肿、膀胱炎、尿结石、尿道损伤、严重烧伤、钩端螺旋体以及某些地方性血尿病等。

（四）尿糖的检验

健康宠物尿中仅含微量的葡萄糖，用一般化学试剂无法检出。若用一般方法能检出尿中含葡萄糖，称为尿糖。糖尿包括生理性糖尿和病理性糖尿两种。宠物采含糖量高的饲料或因恐惧而高度兴奋，当血糖水平超出肾阈值时，尿中就可能出现葡萄糖，属于生理性糖尿，是暂时性的。病理性糖尿见于糖尿病、狂犬病、神经型犬瘟热、长期痉挛、脑膜脑炎出血及肝脏疾病等。犬发生糖尿病由于胰岛素不足可引起真性尿糖。

尿糖的定性反应：

（1）Nylander 氏法（尼兰德氏检糖法）

判定：（＋）褐色 – 暗褐色；　（＋＋）浓褐色。

（2）Benedict 氏法

试剂：无水硫酸铜 17.3g 加 100mL 水。

判定：（－）：无变化弱青白色；（＋）：绿色混浊，少量的沉淀；（＋＋）：黄色 – 橙黄色沉淀；（＋＋＋）：橙色 – 褐色沉淀。

（五）尿中胆红素的检验

健康宠物的尿中不含胆红素，当尿中含有胆红素时，则为病态。黄疸、胆色素的检查用 Rosenbach 法。药品：10 倍稀释的碘酊（浓碘酊 1mL ＋9mL 生理盐水）。方法：取一试管，加用乙酸酸化的尿液 3mL，将试管倾斜加入 10 倍稀释的浓碘酊 2mL，在两液面交界处出现绿色的环，则为阳性。

（六）尿中胆色素原的检验

健康宠物的尿中含少量的尿胆原。尿胆原随尿排出后，很容易被氧化为尿胆素，定性检查用 Ehrilich 法，定量检查可用光电比色法。

三、尿液显微镜检验

尿沉渣检验一般在采尿后 30min 内完成，在 1000～3000r/min 的离心机内，离心 3～5min，去上清液，取沉渣进行显微镜检验（可用盖玻片）。暂时不能检验时，尿液放入冰箱保存或加防腐剂。

（一）上皮细胞

1. 类型

（1）鳞状上皮细胞（扁平上皮细胞）　①个体最大的细胞。②轮廓不规则，像薄盘，单独或几个连在一起出现。③含有 1 个圆而小的核。④它们是尿道前段和阴道上皮细胞，发情时尿中数量增多。⑤有时可以看到成堆类似移行上皮细胞样的癌细胞和横纹肌肉瘤细胞，注意鉴别。

（2）移行上皮细胞（尿路上皮细胞）　①由于来源不同，它们有圆形、卵圆形、纺锤形和带尾形细胞。②细胞大小介于鳞状上皮细胞和肾小管上皮细胞之间。③胞质常有颗粒结构，有 1 个小的核。④它们是尿道、膀胱、输尿管和肾盂的上皮细胞。

（3）肾小管上皮细胞（小圆上皮细胞）　①小而圆，具有 1 个较大圆形核的细胞，胞质内有颗粒。②比白细胞稍大。③在新鲜尿中，也常因细胞变性，细胞结构不够清楚。④在上皮管型里，也可以辨认它们。它们是肾小管上皮细胞。

（4）泌尿系上皮细胞瘤细胞。

2. 临床诊断价值

尿中有一定数量的上皮细胞是正常现象。①鳞状上皮细胞可能大量在尿中出现，尤其是雌性宠物的导尿样品。②有时移行上皮细胞在尿中也正常存在。

在病理情况下，上皮细胞在尿中大量存在见于：①急性肾间质肾炎时，尿中存在大量肾小管上皮细胞，但是常常难以辨认。②膀胱炎、肾盂肾炎、导尿损伤和尿石症时，移行上皮细胞在尿中大量存在。③阴道炎和膀胱炎时，鳞状上皮细胞可能在尿中大量存在。④泌尿系有肿瘤时，尿沉渣中有大量泌尿系上皮肿瘤细胞存在。

（二）红细胞

1. 红细胞的形态

尿中红细胞呈淡黄色到橘黄色，一般是圆形。在浓稠高渗尿中可能皱缩，表面带刺，颜色较深。在稀释低渗尿中，可能只剩下 1 个无色环，称为影细胞或红细胞淡影。在碱性尿中，红细胞和管型，甚至白细胞容易溶解。

正常尿中红细胞不超过 4 个/HPF（每个高倍视野）。

2. 临床诊断价值

如果尿中有红细胞存在，表示泌尿生殖道某处出血，但必须注意区别导尿时引起的出血，可进行血尿、血红蛋白和肌红蛋白尿的检验。

（三）白细胞或脓细胞

尿中白细胞多是中性粒细胞，也可见到少数淋巴细胞和单核细胞。

1. 形态

白细胞比红细胞大，比上皮细胞小。白细胞核为多分叶核，但常常由于变性而不清楚。

2. 临床诊断价值

正常尿中存在一些白细胞，一般不超过 5 个/HPF（每个高倍视野）。

脓尿说明泌尿生殖道某处有感染或龟头炎、子宫炎；生殖道的污染，见于阴门炎、阴道炎、化脓灶、尿道炎、膀胱炎、肾盂肾炎、肾炎。尿沉渣中各种细胞形态见图 9 - 1。

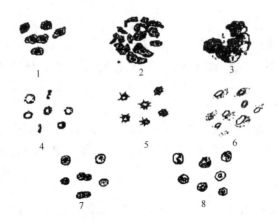

图 9-1 尿沉渣中细胞

1—肾小管上皮细胞 2—移行上皮细胞 3—鳞状上皮细胞 4—红细胞正常形态
5—皱缩红细胞 6—红细胞淡影 7—白细胞（加酸后） 8—白细胞

（四）管型

管型一般形成在肾的髓袢、远曲肾小管和集合管。通常为圆柱状，有时为圆形、方形、无规则形或逐渐变细形。管型根据其形状外貌分为透明管型、上皮细胞管型、颗粒管型（分粗颗粒管型和细颗粒管型）、红细胞管型、血红蛋白管型（见于严重血管内溶血和血红蛋白尿）、白细胞管型、脂肪管型、蜡样管型、胆色素管型（管型里含有胆色素）、粗大管型（肾衰竭管型）和混合管型。现将主要管型介绍如下：

1. 透明管型

由血浆蛋白和（或）肾小管黏蛋白组成；无色、均质、半透明、两边平行和两端圆形的柱样结构；在碱性或相对密度小于 1.003 的中性尿中易溶解，所以不常见；高速离心尿液，有时也能破坏管型；在显微镜暗视野才能看到。

临床诊断价值：①肾受到中等程度刺激便可看到。②犬、猫正常尿中也有一些存在。③较严重的肾损伤，也常看到其他类型管型。④任何热症、麻醉后、强行训练以后、循环紊乱等，也可检验看到。

2. 颗粒管型

透明管型表面含有细的或粗大的颗粒，这些颗粒是白细胞或肾小管上皮细胞破碎后的产物，是宠物常见的管型。

临床诊断价值：①它们含有破碎的肾小管上皮细胞，所以它们出现在比透明管型更严重的肾疾病尿中。②大量的颗粒管型出现，表示更严重的肾脏疾病，甚至有肾小管坏死，常见于任何原因的慢性肾炎、肾盂肾炎、细菌性心内膜炎。③因为有大量的尿液，能抑制管型的形成，所以在慢性间质性肾炎时，很少看到颗粒管型。

3. 肾小管上皮细胞管型

透明管型表面含有肾小管脱落的上皮细胞而形成；常常呈两列上皮细胞

出现。

临床诊断价值：①由脱落的尚未破碎的肾小管上皮细胞形成。②急性或慢性肾炎、急性肾小管上皮细胞坏死、间质性肾炎、肾淀粉样变性、肾病综合征、肾盂肾炎、金属（汞、镉、铋等）及其他化学物质中毒。

4. 蜡样管型

黄色或灰色，比透明管型宽，高度折光，常发现折断端呈方形。

临床诊断价值：见于慢性肾脏疾病，如进行性严重的肾炎和肾变性、肾淀粉样变性。

5. 脂肪管型

透明管型表面含有无数反光的脂肪球；无色，用苏丹Ⅲ可染成橘黄色到红色。

临床诊断价值：①变性肾小管病、中毒性肾病和肾病综合征，有脂类物质在肾小管沉淀。②猫常有脂尿，所以当猫的肾脏疾病时，有时可看到脂肪管型。③犬糖尿病时，偶尔可看到此管型。

6. 血液和红细胞管型

血液管型是柱状均质管型，呈深黄色或橘色；红细胞透明管型呈深黄色到橘色，可以看到在管型中的红细胞。

临床诊断价值：①血液管型，见于肾小球疾病，如急性肾小球肾炎、急性进行性肾炎、慢性肾炎急性发作。②红细胞透明管型，见于肾单位出血。

7. 白细胞管型

白细胞粘在透明管型上。

临床诊断价值：肾小管炎、肾化脓、间质性肾炎、肾盂肾炎、肾脓肿。

（五）类圆柱体

类似于透明管型，但从一端逐渐变细，一直到呈丝状。

（六）黏液和黏液线

黏液线是长而细、弯曲而缠绕的细线；在暗视野才能看到它们，尤其黏液线粘到其他物体上时，比较容易看到。

临床诊断价值：马尿中含有大量均质黏液是正常的，因为马的肾盂和近肾端输尿管有黏液分泌腺。其他宠物尿中含有黏液线，说明尿道被刺激，或是生殖道分泌物污染尿样品的原因。尿沉渣中各种管型和类管型物体的形态见图 9-2。

（七）微生物

1. 细菌

用高倍镜才能看到。注意区别细菌表现的真运动或其他碎物表现的布朗运动；可以看到细菌的形态，通过染色可以看得更清楚。

临床诊断价值：①正常尿中无细菌。②导的尿、接的中期尿或穿刺得的尿，如果含有大量杆状或球状细菌，说明泌尿道有细菌感染，尤其是尿中含有

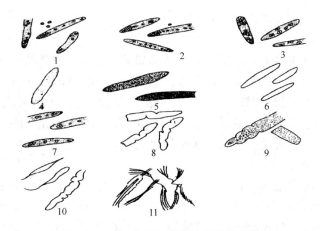

图 9-2　尿沉渣中各种管型和类管型物体

1—白细胞管型　2—红细胞管型　3—上皮细胞管型　4—细颗粒管型　5—粗颗粒管型
6—透明管型　7—脂肪管型　8—蜡样管型　9—肾衰竭管型　10—类圆柱体　11—黏液丝

异常白细胞和红细胞时，多见膀胱炎和肾盂肾炎。

非离心的尿样品，在显微镜下可以看到细菌，说明每毫升尿中含有 100 多万个细菌；生殖道感染时，也可以看到尿沉渣中的细菌，如子宫炎、阴道炎和前列腺炎等。

2. 酵母菌

无色，圆形到椭圆形，呈布丁样，大小不一。对犬、猫有危害的，有白色念珠菌和马拉色菌；比细菌大，比白细胞小，与红细胞大小类似。

临床诊断价值：因污染引起的，酵母菌尿道感染很少见，但有时可见白色念珠菌尿道感染。

3. 真菌

最大特点是有菌丝、分节，可能有色。

临床诊断价值：有时可见芽生菌和组织胞质菌的全身多系统（包括尿道）感染。

（八）寄生虫

1. 寄生虫

犬和猫的肾膨结线虫卵（犬和狼的大型肾脏寄生虫），卵为椭圆形，壁厚，表面有乳头状凸起；犬、猫和狐狸膀胱的皱襞毛细线虫卵，椭圆形，两端似塞盖；犬恶心丝虫的微丝蚴（罕见）；尿被粪便污染，可能包含各种寄生虫卵。

2. 原生动物

由于粪便或生殖道分泌物的污染，可看到阴道毛滴虫和狐毛尾线虫卵。

（九）结晶体

尿中结晶体的形成与尿 pH、晶质的溶解性和浓度、温度、胶质和用药等有关。应在采尿后立即进行检验。

1. 正常尿

正常酸性尿中含有无定型的尿酸盐和尿酸，有时可看到草酸钙和马尿酸；正常碱性尿含有三价磷酸盐（磷酸铵镁）、无定型磷酸盐和碳酸钙（多见于赛马尿中），有时可看到尿酸铵结晶。尿中发现大量结晶体时，可能有尿结石存在。但有时发现宠物有尿结石，尿中却无结晶体。尿酸盐结晶形成结石后，用 X 射线拍片，因可透过 X 射线，很难显示出来。

2. 临床诊断价值

亮氨酸和酪氨酸结晶，见于肝坏死、肝硬化、急性磷中毒；胱氨酸结晶，见于先天性胱氨酸病，另外有结石可能；胆固醇结晶，见于肾盂肾炎、膀胱炎、肾淀粉样变性、脓尿等；胆红素结晶，见于阻塞性黄疸、急性肝坏死、肝硬化、肝癌、急性磷中毒，但有时公犬尿中出现胆红素结晶时，也可能是正常的；尿酸铵结晶，见于门腔静脉分流、其他肝脏疾病、尿石症，此结晶多见于大麦町犬和英国斗牛犬；磷酸氨镁结晶，见于正常碱性尿和伴有尿结石的尿中；草酸盐结晶，见于乙二醇和某些植物中毒，在酸性尿中存在多量时，可能是尿结石；马尿酸结石，见于乙二醇中毒；磺胺结晶，见于应用磺胺药物治疗时。尿沉渣中各种微生物、寄生虫和结晶体的形态见图 9 - 3。

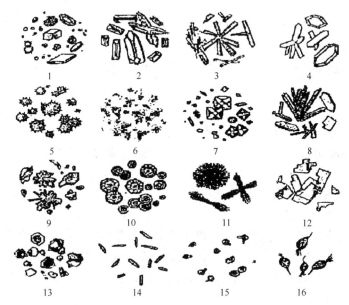

图 9 - 3　尿沉渣中结晶体、微生物和寄生虫

1—碳酸钙　2—磷酸铵镁　3—磷酸钙　4—马尿酸　5—尿酸铵　6—尿酸盐　7—草酸钙
8—硫酸钙　9—尿酸结晶　10—亮氨酸　11—酪氨酸　12—胆固醇　13—胱氨酸　14—细菌
15—酵母菌　16—真菌

（十）脂肪滴

尿液中脂肪滴呈圆形，高度折光，大小不一，应注意与红细胞的区别；用苏丹Ⅲ或Ⅳ染色脂肪呈橘黄色至红色。

临床诊断价值：①外源性的脂肪滴，如润滑导尿管等。②大多数猫有脂尿，可能是肾小管上皮细胞异常变性的原因。③肥胖和高脂肪饮食、甲状腺功能降低、糖尿病。

1. 如何测定尿潜血？其临床意义是什么？
2. 如何区别尿中的有机沉渣和无机沉渣？

技能训练

尿液常规检验技术

【目的要求】

通过尿液常规检验，掌握犬、猫等宠物尿常规检验技术。

【实训内容】

1. 尿液的采集方法。

2. 尿液的物理学检验。

3. 尿液的化学检验。

【实训器材】

烧杯、导尿管、试管等，详见本实训等相关内容。

【实训方法】

一、尿液的采集

可用清洁容器，在犬、猫排尿时直接接取；也可用塑料或胶皮制成接尿袋，固定在公犬、公猫阴茎的下方或母犬、母猫的外阴部，接取尿液；必要时也可人工导尿。

二、尿液的物理学检验

熟练掌握实验器材的准备、试剂的配制及实验方法，掌握实验操作的注意事项，最后得出所测定的数据。掌握检查尿的混浊度即透明度、尿色、气味、相对密度等方法。

三、尿液的化学检验

熟练掌握实验器材的准备、试剂的配制及实验方法，掌握实验操作的注意事项。最后得出所测定的数据。

熟练掌握尿的 pH 测定、蛋白质定性试验、尿液中血液及血红蛋白检查、尿中胆红素的检查、葡萄糖检查、尿胆原检查、尿沉渣的显微镜检查方法。

（一）尿蛋白质检测

健康宠物尿中仅有微量蛋白质，一般方法不能检出。检验尿中蛋白质时，被检尿必须澄清透明，对碱性尿和不透明尿，需经滤过或离心沉淀，或加酸使之透明。尿中检出蛋白质，要区分是肾外性蛋白尿还是肾内性蛋白尿。

肾性蛋白尿见于肾炎、肾病变，肾外性蛋白尿见于膀胱炎。同时，结合临床症状和尿沉渣检查，判定患病部位。此外，发生某些急性热性传染病、急性中毒、慢性细菌性传染病和血孢子虫病，均可出现蛋白尿。

1. 尿蛋白质定性试验

（1）试纸法 蛋白质遇溴酚蓝后变色，并可根据颜色的深浅大致判定蛋白质含量。

①操作方法：取试纸浸入被检尿中，立刻取出，约30s后与标准比色板比色，按表9-1判定结果：

表9-1　　　　　　　　　　　尿蛋白质定性试验判定结果表

颜色	结果判定	蛋白质含量/（mg/dL）	颜色	结果判定	蛋白质含量/（mg/dL）
淡黄色	-	<0.01	绿色	++	0.1~0.3
浅黄色	+（微量）	0.01~0.03	绿灰色	+++	0.3~0.8
黄绿色	++	0.03~0.1	蓝灰色	++++	>0.8

②注意事项：试纸的淡黄色部分不可用手触摸，干燥密封保存；被检尿应新鲜；胆红素尿、血尿及浓缩尿可影响测定结果；尿液超过 pH 8 时可呈假阳性，应加入稀醋酸校正 pH 5~7 后测定。

（2）煮沸加酸法 蛋白质加热后凝固变性而呈白色混浊。加酸可使蛋白质接近其等电点，促进其凝固，并溶解磷酸盐或碳酸盐所形成的白色混浊，以免干扰结果的判定。

①操作方法：取澄清尿液约半试管（如混浊则静置过滤或离心沉淀使之透明），将尿液的上部用酒精灯缓慢加热至沸。如煮沸部分的尿液变混浊而下部未煮沸的尿液不变，则待冷却后，原为碱性尿液加10%硝酸1~2滴，原为酸性或中性尿液加10%醋酸1~2滴。滴加后如混浊物不消失，证明尿中含有蛋白质；如混浊物消失，证明含磷酸盐类、碳酸盐类。

②结果判定：-：不见混浊，阴性；+：白色混浊，不见颗粒状沉淀；++：明显白色颗粒混浊，但不见絮状物沉淀；+++：大量絮状混浊，不见凝块；++++：可见到凝块，有大量絮状沉淀。

（3）磺基水杨酸法 蛋白质与磺基水杨酸离子结合，生成不溶解的蛋白质盐沉淀析出。

①操作方法：取尿液5mL置试管中，加5%磺基水杨酸液数滴或加磺基水杨酸甲醇液（磺基水杨酸20g，加水至100mL，再与等量甲醇混合）2~3滴。3~5min后，显白色混浊、有沉淀为阳性反应，不混浊为阴性反应。

②注意事项：本法灵敏度高，但不易出现假阳性，最好与煮沸法对照观察。当尿中有尿酸、酮体或蛋白质存在时，出现轻度混浊而呈假阳性反应，但加热后混浊即消失，而蛋白质所产生的混浊加热后不消失。

2. 蛋白质定量试验

尿蛋白定量试验常采用双缩脲比色法，即用钨酸沉淀尿中蛋白质，双缩脲法定量测定。

（1）试剂 0.075mol/L 硫酸，1.5% 钨酸钠溶液，双缩脲试剂（将 1.5g 硫酸铜和 6.0g 酒石酸钠分别溶于 50mL 和 100mL 蒸馏水中，两种溶液混合，加蒸馏水至 700mL，加 10% 氢氧化钠 300mL 混匀，静置，使用其上清液），50g/L 蛋白标准液。

（2）操作方法 取 24h 留存尿液，记录总量，取其中 10mL，经 2500r/min 离心 5min 或用滤纸过滤；用上层尿液做蛋白定性试验：①若尿蛋白定性为 + ~ ++，在 10mL 离心管中加尿液 5mL，若尿蛋白定性为 +++ ~ ++++，则在管中加尿液 1mL 及蒸馏水 4mL；②加 0.075mol/L 硫酸 2.5mL、1.5% 钨酸钠 2.5mL，充分混合，静置 10min；③离心沉淀 5min，倾去上清液，将试管倒置于滤纸上沥干液体，保留沉淀；④加生理盐水至 1mL，混合，使沉淀蛋白溶解，即为测定管。混合后，37℃ 水浴 30min，540nm 波长比色。空白管调零，读取各管吸光度。

24h 尿中蛋白总量（mg/L）＝测定管光密度÷标准管光密度×50×0.05÷测定管尿量×24h 尿总量÷1000

犬、猫的正常参考值为 0 ~ 120mg/L。

（3）注意事项 碱性尿不易不生沉淀，且有时产生二氧化碳使沉淀物上浮，因此尿液必须酸化；室温应在 18℃ 以上，否则盐在尿中不溶解，也发生沉淀；尿中的肌酐、树脂类等也可形成沉淀，影响结果。

（二）尿中血液及血红蛋白检查

血尿是伴有肾功能障碍性疾病以及肾盂、输尿管、膀胱和尿道损伤的重要症候，常见于肾破裂、肾恶性肿瘤、肾炎、肾盂结石及肾盂肾炎、膀胱结石及膀胱炎、尿道黏膜损伤、尿道结石、尿道溃疡和尿道炎。此外，许多传染病，如炭疽、犬瘟热，也可能发生肾性血尿。血尿静置或离心沉淀后，有红色沉淀，显微镜检查有红细胞。

血红蛋白尿是因红细胞崩解后，血红蛋白游离在血浆中随尿排出所致，见于新生幼龄宠物溶血、焦虫病、锥虫病、大面积烧伤及氟化物中毒、四氯化碳中毒。血红蛋白尿呈红褐色，静置后无红色沉淀，显微镜检查无红细胞。

检测尿中血液和血红蛋白有以下两种方法。

1. 邻联甲苯胺法

血红蛋白中的铁质有类似过氧化酶的作用，可分解过氧化氢，释放生态氧，使邻联甲苯胺氧化为联苯胺蓝而呈绿色或蓝色。

（1）试剂 1% 邻联甲苯胺甲醛溶液（0.5g 邻联甲苯胺溶于 50mL 甲醛中，储于棕色磨口瓶中），过氧化氢乙酸溶液（冰乙酸 1 份，3% 过氧化氢 2

份，混合后储于棕色磨口瓶中）。

（2）操作方法　在10mL试管内各加入1%邻联甲苯胺甲醛溶液和过氧化氢乙酸溶液2mL，混合振荡均匀后，加入被检尿液重置之上，观察两液面的颜色变化予以判定。

（3）结果判定　++++：立刻显黑色；+++：立刻显深蓝色；++：1min内出现蓝绿色；+：1min以后出现绿色；-：3min后仍不显色。

（4）注意事项　试验用器材必须清洁，否则易出现假阳性反应，过氧化氢乙酸溶液要现配制。尿中盐类过多时，会妨碍反应的出现，可加冰醋酸酸化后再做实验。必要时用尿酸醚提取液进行实验。尿酸醚提取液配制方法：取尿液10mL，加冰醋酸2mL、醚5mL，充分混合，吸取上层液即可用于实验。

2. 匹拉米洞法（氨基比林法）

在血红蛋白触酶的作用下，匹拉米洞可被氧化为一种紫色复合物。

（1）操作方法　取尿液3~5mL，置于试管内，加入5%匹拉米洞乙醇溶液与50%冰醋酸等量混合液1~2滴，再加入3%过氧化氢溶液1mL，混合。

（2）结果判定　尿中含多量血红蛋白时溶液立刻呈紫色；含量少时，经2~3min呈淡紫色。

（三）尿糖的检测

尿糖一般指尿中含有的葡萄糖。宠物正常尿中含葡萄糖极微量，一般方法不能检出。糖尿有生理性糖尿和病理性糖尿两种。宠物采含糖量高的饲料或因恐惧而高度兴奋，血糖水平超出肾阈值时，尿中就可能出现葡萄糖，属于生理性糖尿，是暂时性的。病理性糖尿可见于糖尿病、狂犬病、神经型犬瘟热、长期痉挛、脑膜脑炎出血等。

1. 试纸法

尿糖单项试纸附有标准色板（0~2.0g/dL，分为5种色度），可供尿糖定性及半定量用。试纸为桃红色，应保存在棕色瓶中。

（1）操作方法　取试纸条，浸入被检尿内，5s后取出，1min后在自然光或日光灯下，将所呈现的颜色与标准板比较，判定结果。

（2）注意事项　尿样应新鲜；服用大量抗坏血酸和汞利尿剂等药物后，可呈假阴性反应，因本试纸起主要作用的是葡萄糖氧化酶和过氧化酶，而抗坏血酸和汞利尿剂可抑制这些酶的作用；试纸在阴暗干燥处保存，不能暴露在阳光下，试纸变黄表示失效，应弃之不用。

2. 碱性法

葡萄糖含有醛基，在热碱溶液中能将硫酸铜还原为氧化亚铜，从而出现棕红色的沉淀。

（1）碱性铜试剂　先将分析纯柠檬酸钠173g、无水硫酸铜100g加入700mL蒸馏水中加热溶解，再将分析纯硫酸铜17.3g溶解于100mL蒸馏水中，然后将其慢慢倒入已经冷却的前液中，不断搅拌并加蒸馏水，使总量致

1000mL,过滤后储于棕色瓶内备用。

（2）操作方法　取碱性铜试剂 5mL 于试管内，加热煮沸（颜色不改变且冷却后无沉淀方可应用，否则试剂失效，应重新配制）；加入尿液 0.5mL（切不可过多），在火焰上煮沸 2 ~ 3min，边煮边摇动，保持沸腾状态，但应防止液体喷出试管；冷却后观察结果，判定标准见表 9 - 2。

表 9 - 2　　　　　　　　　　　碱性法判定糖尿的标准表

试液变化情况	糖含量/（mg/dL）	符号
试剂仍清晰呈蓝色（如有大量尿酸存在，则有少许蓝灰色沉淀）	无糖	-
仅冷却后有少量浅绿色沉淀	微量，0.5 以下	+
煮沸约 1min 后，出现少量黄绿色沉淀	少量，0.5 ~ 1	+ +
煮沸 15s，即出现土黄色沉淀	中等量，1 ~ 2	+ + +
开始煮沸时，即出现多量红棕色沉淀	多量，2 以上	+ + + +

（3）注意事项　如尿内蛋白质含量高，应先加醋酸使尿酸化，煮沸过滤，除去蛋白质进行试验；有非糖还原性的物质，如水杨酸、氨基比林（匹拉米洞）、水合氯醛、大量抗坏血酸及链霉素可使本试验呈阳性反应；尿内含多量尿酸盐时也有还原作用，可干扰结果的判定，应将尿置冰箱内使尿酸盐沉淀，滤去后再做实验。

（四）尿胆素原检测

肠道细菌还原胆红素成尿胆素原。尿胆素原部分随粪便排出，部分吸收入血液。吸收入血液部分，有的又重新入肝脏进胆汁，另一些循环进入肾脏，少量被排入尿中，所以正常宠物尿中含有少量尿胆素原，但用试条法检验为阴性。尿胆素原在酸性尿中和在光照情况下易发生变化，所以采尿后应立刻检验。

尿胆原在酸性条件下与对二甲氨基苯甲醛反应生成红色化合物。

（1）试剂　对二甲氨基苯甲醛试剂（80mL 蒸馏水中加对二甲氨基苯甲醛 2g，混合后缓缓加入 20mL 浓盐酸，混合后试剂由混浊变透明，储于棕色瓶中备用）；10% 氯化钡试剂。

（2）操作方法　被检尿中若有胆红素，则取氯化钡试剂 1 份加被检尿 4 份混合后离心，胆红素被氯化钡吸附，上清液为不含胆红素的尿液；取不含胆红素的新鲜尿液 2mL，加对二甲氨基苯甲醛试剂 0.2mL 混合，静置 10min 后观察结果。

（3）结果判定　+ + +：强阳性，立即呈深红色；+ +：阳性，静置 10min 后呈樱红色；+：弱阳性，静置 10min 后呈微红色；-：阴性，静置 10min 后，在白色背景下，从管口直观管底，不呈红色，经加温后仍不显红色。

　　尿沉渣的显微镜检查报告书。

　　注意：细胞成分按各个高倍视野内最少至最多的数值报告，管型及其他结晶成分按偶见、少量、中等量及大量报告。偶见为整个标本中仅见几个，少量为每个视野见到几个，中等量为每个视野数十个，大量为占据每个视野的大部，甚至布满视野。

现代尿液分析技术

尿液分析仪的应用比较早，20世纪50年代就有人采用单一干化学试带法测定尿中蛋白质和葡萄糖，用肉眼观察试带颜色的变化与标准板进行比较，得出相应的数值。80年代，由于计算机技术的高度发展和广泛使用，尿液自动化分析仪也得到迅速发展，逐步由原来的半自动化发展到全自动化。

尿液分析仪是测定尿中某些化学成分的自动化仪器，是实验室尿液自动化检查的重要工具，此种仪器具有操作简单、快速等优点。但是，尿液分析仪使用不当和许多中间环节及影响因素都可直接影响自动化分析结果的准确性，不仅会引起实验结果的误差，甚至可延误诊断。因此，要求操作者对自动化仪器的原理、性能、注意事项及影响因素等方面的知识有充分的了解，正确地使用自动化仪器，这样才能使尿液分析仪得出的结果更可靠、准确。

（一）尿液分析仪的分类

1. 初诊检查

使用的 8~11 项筛选组合尿试带。其中，8 项检测项目，蛋白、葡萄糖、pH、酮体、胆红素、尿胆原、红细胞（潜血）和亚硝酸盐；9 项检测项目，除上述 8 项检查外增加了尿白细胞检查；10 项尿液分析仪检测项目，在 9 项基础上增加了尿比重检查；11 项检测项目增加了维生素 C 检查。

2. 已确诊疾病的疗效观察

如肾疾病可用 pH、蛋白、隐血（红细胞）组合试带；糖尿病可用 pH、糖、酮体组合试带；肝病可用胆红素、尿胆原组合试带。

（二）尿液分析仪的原理

尿液分析仪一般用微电脑控制，采用球面积分仪接受双波长反射光的方式测定试带上的颜色变化进行半定量测定。试剂带上有数个含各种试剂的试剂垫，各自与尿中相应成分进行独立反应，而显示不同颜色，颜色的深浅与尿液中某种成分成正比例关系，试剂带中还有另一个"补偿垫"，作为尿液本底颜色，可对有色尿及仪器变化所产生的误差进行补偿。

将吸附有尿液的试剂带放在仪器比色槽内，试剂带上已产生化学反应的各种试剂垫被光源照射，其反射光被球面积分仪接收，球面积分仪的光电管被反射的双波长光（通过滤片的测定光和一束参考光）照射，各波长的选择由检测项目决定。

尿液分析仪按下列公式自动化计算出反射率，然后与标准曲线比较，即可找出各种成分的相应结果，尿液中某种成分含量高，其相应试剂垫的反射光较暗，否则较强。

$$反射率公式：R(\%) = T_m \times C_s / T_s \times C_m \times 100\%$$

式中　$R(\%)$——反射率

　　　T_m——试剂垫对测定波长的反射强度

　　　T_s——试剂垫对参考波长的反射强度

　　　C_m——校准垫对测定波长的反射强度

　　　C_s——校准对参考波长的反射强度

（三）尿液分析仪检测方法

1. 尿 pH 检查

一是反映体内酸碱代谢状态；二是由于尿蛋白、尿相对密度的测定原理是基于膜块上最后 pH 试剂的颜色变化，因此，监控尿 pH 变化应分析对其他膜块区反应的干扰作用。

2. 尿比重检查

尿比重测定曾采用悬浮法和折射仪法，主要测定尿内固体物浓度，随着 10 项尿液分析仪的问世，试带法测定尿比重得到广泛使用，主要含有多聚电解质（甲乙烯酸酰马不酐）、酸碱指示剂及缓冲物，是采用酸碱指示剂法，其原理是根据经过多聚电解质的 pK_a 改变与尿液离子浓度相关原理。试剂条中的多聚电解质含有随尿标本中离子浓度则解离的酸性基团，离子越多，酸性基团解离子越多，而使膜块中的 pH 改变，这种改变可由膜块中的酸碱性指示剂颜色的变化显示出来，进而换算成尿液的相对密度值。

3. 尿蛋白检查

尿液分析仪尿蛋白测定是根据指示剂蛋白误差原理，膜块中主要含有酸碱性指示剂枣溴酚蓝、柠檬酸缓冲系统和表面的活性剂。在 pH 3.2 时，溴酚产生的阴离子与带阳离子的蛋白质（白蛋白）结合后发生颜色变化。

干化学法测定尿蛋白操作简单快速，但在使用时应注意：

（1）服用奎宁和磺胺嘧啶等药物引起强碱性尿会使干化学法出现假阳性结果，而磺基水杨酸法出现假阴性结果，可用稀乙酸将尿液 pH 调 5~7 再行实验，借以区别是否由于强碱性尿而导致假阳性。

（2）研究证明几十种药物可使尿蛋白检查出现假阳性。有学者对用大剂量青霉素者给药前后进行了尿蛋白的检测，结果表明：滴注 250 万 U 组 2h/320 万 U 组 3h，480 万 U 组 5h 可能对磺基水杨酸法产生假阳性，对干化学法产生假阴性。

（3）不同测定方法对尿液内不同种类蛋白质检测的敏感度不同，双缩脲定量可以对白蛋白、球蛋白显示强的敏感性，而干化学测量球蛋白的敏感性仅是白蛋白的 1/100~1/50。因此，对于肾病者特别是在疾病发展过程中需系统观察尿蛋白含量的病例应使用磺基水杨酸法（或加热乙酸法）定性和双缩脲法进行定量试验。标本内含有其他分泌物（如生殖系统分泌物）或含有较多细胞成分时，可引起假阳性。NCCLS 建议以磺基水杨酸法作为干化学检测尿蛋白的参比方法。

4. 尿葡萄糖测定

尿试带法测定尿葡萄糖采用酶法。其膜块中含有葡萄糖氧化酶、过氧化物酶和色原。不同厂家采用的色源也不同，主要有两类：

（1）采用碘化钾作色原，阳性反应呈红色。

（2）采用邻甲联苯胺作色原，阳性反应呈蓝色。其测定原理是葡萄糖氧化酶把葡萄糖氧化成葡萄糖醛酸和过氧化氢，后者再由过氧化物酶催化释放出，而使色原显示颜色，以此类方法最常用。

尿试带法在使用中应注意：①尿试带法与班氏定性法的特异性不同，前者的特异性强，易与葡萄糖反应；而后者与尿内还原性糖和所有还原性物质都反应，故在尿试带法呈阴性的标本有可能在班氏法呈阳性结果。②干化学法与班氏法的灵敏度不同，干化学法的灵敏度高，葡萄糖含量为 $1.67 \sim 2.78 mmol/L$ 时即可出现弱阳性；而班氏法 $8.33 mmol/L$ 才呈弱阳性表现。③干扰物质对两法的影响不同：尿液内含有对氧亲和力较强的还原物质，可与班氏法中的铜离子作用产生假阳性，但却可使干化学法试带产生的 H_2O_2 还原显色而使其呈假阴性。排除的方法是先将尿液煮沸几分钟破坏维生素 C 再进行实验。现已有含维生素 C 氧化酶的试带可以排除这一干扰。④干化学法测定尿葡萄糖只是一般的半定量试验，它所设计的浓度水平与传统的班氏存在着差异，二者可相互比较，因此，对于糖尿病的动态观察，在干化学法出现阳性结果时，最好用湿化学定量方法，以确立准确的尿葡萄糖范围或收集昼夜尿标本做尿糖定量。

5. 尿酮体检查

检测尿酮体的膜块中主要含有亚硝基铁氰化钠，或与尿液中的乙酰乙酸、丙酮生成紫色反应。其对乙酰乙酸的敏感性为 $50 \sim 100 mg/L$，对丙酮则为 $400 \sim 700 mg/L$，不与 β – 羟丁酸起反应。

在使用中要注意：①由于尿酮体中的丙酮和乙酰乙酸都具有挥发性，乙酰乙酸更易受热分解成丙酮；尿液被细菌污染后，酮体消失，因此尿液必须新鲜，及时送检，以免因酮体的挥发或分解出现假阴性结果或结果偏低。②干化学法与酮体粉法灵敏度存在差异：酮体粉法对乙酰乙酸与丙酮的敏感性分别为 $80 mg/L$ 和 $100 mg/L$，不如试带法敏感，故同一病理标本两种方法可能出现结果的差异，分析结果时应特别注意。③不同病因引起的酮症，酮体的成分不同，即使同一宠物不同病程也可有差异，例如在糖尿病酮症酸中毒早期，主要酮体成分 β – 羟丁酸很少或缺乏乙酰乙酸，此时测得结果可导致对总酮体量估计不足。在糖尿病酮症酸中毒症状缓解之后，β – 羟丁酸转变为乙酰乙酸，反而使乙酰乙酸含量比初始急性期高，易对病情估计过重。因此，检验人员必须注意病程发展，与临床医生共同分析实验结果。

6. 尿胆红素、尿胆原检查

尿胆红素测定原理是结合胆红质在强酸性介质中，与2，4－二氯苯胺重氮盐起偶联反应呈紫红色；测定尿胆原的原理与改良 Ehrlich 法相同。

两个方法主要注意点：①标本必须新鲜，以免胆红素在阳光照射下成为胆绿素；尿胆原氧化成尿胆素。②尿液中含高浓度维生素 C 和亚硝酸盐时，抑制偶氮反应使尿胆红素呈假阴性。当患者接受大量的氯丙嗪治疗或尿中含有盐酸苯偶氮吡啶的代谢产生时，可呈假阳性。③尿液中一些内源物质如胆色素原、吲哚、胆红素等可使尿胆原检查结果出现阳性，一些药物也可产色干扰实验。④正常人尿胆原排出量每天波动很大，夜间和上午量少，午后则迅速增加，在午后 2~4 时达最高峰；同时尿胆原的清除率与尿 pH 相关，pH 5.0 时，清除率为 2mL/min；pH 8.0 时增加至 25mL/min，因此有学者提倡用预先给患者服用碳酸氢钠，以碱化尿液，并收集午后 2~4 时尿（2h 排出量）进行测定，以提高检出率。

7. 尿亚硝酸盐检查

主要检测尿液中的对氨基苯砷酸和 1，2，3，4－四羟基对苯喹啉－3 酚。大多数尿路感染是由大肠埃希菌引起，正常尿液中含有来自食物或蛋白质代谢产生的硝酸盐，当尿液中有大肠杆菌感染增殖时，将硝酸盐还原为亚硝酸盐，可将膜块中对氨基苯砷酸重氮化成重氮盐，后者与 1，2，3，4－四羟基对苯喹啉－3 酚偶联使膜块产生红色，借以诊断被检者是否被大肠杆菌感染，其检出敏感度为 0.03~0.06g/L。尿液中亚硝酸盐检出率受感染细菌是否含有硝酸盐还原酶、食物中是否含有硝酸盐、尿液标本是否在膀胱停留 4h 以上三者影响，符合上述 3 个条件，此实验的检出率为 80%，反之可呈现阴性结果。因此，本实验阴性不能排除细菌尿的可能，亚硝酸盐试验阳性也不能完全肯定泌尿系统感染，标本放置过久或污染可呈假阳性，应结合其他尿液分析结果，综合分析得出正确的判断。

8. 尿白细胞检查

尿试带法检查尿内白细胞的原理是基于中性粒细胞胞质内含有特异性酯酶，可作用于膜块中的吲哚酚酯，再与重氮盐反应形成紫色缩合物，其颜色深浅与中性粒细胞的多少呈正比例关系。

操作时应注意：①尿液标本必须新鲜，留尿后应立即测定，以免白细胞破坏，导致干化学法与镜检法人为的实验误差；②此法只能测中性粒细胞，不与单核细胞、淋巴细胞反应，在肾移植者发生排异反应时，尿中的以淋巴细胞为主的或其他病因引起单核细胞尿时会产生阴性结果；③尿液中污染甲醛或含有高浓度胆红素或使用某些药物时，会产生假阳性；尿蛋白 >5g/L 或尿液中含有大剂量先锋霉素等药物时，可使结果偏低或出现假性结果。由于尿液分析仪白细胞检测与显微镜下计数实验原理截然不同，其报告方式也是两种不同的概念，很难找出两者的对应关系，迄今还没有一种直接的换算方式，因此仪器法白细胞检查只是一个筛选实验，决不可代替显微镜检查。

9. 尿血红蛋白、尿红细胞检查

膜块中主要含有过氧化氢茄香素或过氧化氢烯钴和色原（如邻甲联苯胺）两种物质。其原理为尿液中红细胞内的血红蛋白或其破坏释放出的血红蛋白均具有过氧化氢酶样活性，可使过氧化氢茄香素或过氧化氢烯钴分解出，后者能氧化有关色原（如邻甲联苯胺）使之呈色。

尿试带法检查操作时应注意：①因为不同厂家或不同型号的试剂带敏感度不同，使用时必须注意批间差。②干化学法既可与完整的红细胞反应又能与游离的血红蛋白反应，因此报告时要了解临床诊断，综合分析。由于肾病者终尿中的红细胞可因各种因素变形裂解使血红蛋白逸出，可导致仪器法与水测法的差异。③尿中含有的易热酶、肌红蛋白或菌尿可引起假阳性。④大量维生素 C 可干扰实验结果，使某些试带产生假阴性，应予以警惕。

（四）结果分析

不同的干扰因素对上述 3 种方法测量的相对密度结果影响也不同：第一是尿液中的非离子化合物增多时，可使悬浮法和折射仪法测得的比密结果偏高，而试带法只与离子浓度有关，不受其影响；第二是尿液中蛋白增多时，3 种方法都具有不同程度的增高，以试带法最为明显，折射仪法次之；第三是试带法易受 pH 的影响，当尿液的 pH >7 时应在测定结果的基础上增加 0.005 作为由于尿液 pH 损失的补偿。

项目十 | 粪便检查

【学习目标】

了解粪便检验的内容。

【技能目标】

学会酸碱度及粪便潜血检查的方法。

【案例导入】

一犬排泡沫状粪便，最可能的病因是（ ）。

A. 小肠细菌性感染　　　　B. 有胆红素排入肠道　　　　C. 肛裂

D. 牙齿疾病　　　　　　　E. 服用活性炭

【课前思考题】

1. 粪样的采集方法有哪些?

2. 临床上常见的病理性粪便有哪些?

一、粪便一般检查

(一) 粪便的采集和保存

粪便检查是兽医临床上判断消化系统的功能状态、诊断消化系统疾病的重要辅助方法，其内容包括粪便的采集、粪便的物理检查、粪便的化学检查和粪便的显微镜检查。

被检粪样应该新鲜且未被污染，最好从直肠采取。大动物按直肠检查的方法采集；小动物可将食指套上塑料指套，伸入直肠直接钩取粪便。自然排出的粪便，要采取粪堆上部未被污染的部分。采集的粪便应盛放于洁净容器内，采集用品最好一次性使用，如多次使用则每次都要清洗，相互不能污染，以免受其他因素的干扰而影响检查结果的准确性，最好立即送检，也可置阴凉处或冰箱冷藏箱内保存待检，但不宜加防腐剂。

(二) 粪便的物理学检查

粪便的物理学检查，是利用肉眼和嗅闻来检查粪便标本，应着重检查排粪量及粪便的硬度、颜色、气味及混杂物。

1. 粪量

动物因食物种类、采食量和消化器官功能状态不同，每天排粪次数和排粪量也不相同，即使是同一种动物，也有差别，平时应多注意观察。犬1d之内的排粪量为0.4~0.5kg。

当胃肠道或胰腺发生炎症或功能紊乱时，因有不同量的炎性渗出、分泌增多、肠道蠕动亢进，以及消化吸收不良，使排粪量或次数增加；便秘和饥饿时，排粪量减少。

2. 粪便硬度

粪便的硬度与饲料种类及饲料内含水分、脂肪和粗纤维的多少有密切关系。正常粪便含60%～70%的水分。病理状态下，当肠管受刺激而蠕动增强时，肠内容物通过迅速，水分吸收减少，因而粪便稀软，甚至呈水样，常见于肠炎等。反之，当肠管运动功能减退或肠肌弛缓时，肠内容物移动缓慢，水分大量被吸收，因而粪便硬固、粪球干小，常见于便秘初期等。

3. 粪便颜色和性状

粪便颜色因饲料种类及有无异常混杂物而有所不同。如喂青绿饲料时，粪便一般为暗绿色；前部肠管出血，血液混在粪便中，由于血红蛋白变性，粪便呈褐色或黑色；后部肠管出血，粪便表面附有鲜红色血液。阻塞性黄疸时，由于粪便胆色素减少，粪呈灰白色。内服铁剂、铜剂、铋剂或木炭末时，粪便呈黑色。绿色粪便多见于家禽某些病毒性疾病、肠道细菌感染。正常动物粪便的颜色和性状，因宠物种类不同和采食不同而异，粪便久放后，由于粪便胆色素氧化，其颜色将变深。临床上病理性粪便有以下变化：

（1）变稀或水样便　由于肠道黏膜分泌物过多，使粪便水分增加10%以上或肠道蠕动亢进引起。多见于肠道各种感染性或非感染性腹泻，尤其多见于急性肠炎、服用导泻药后等。幼年动物肠炎，因肠蠕动加快，多排绿色稀便。出血坏死性肠炎时，多排出污红色样稀便。

（2）胶状或黏液粪便　宠物正常粪便中只含有少量黏液，因和粪便混合均匀而难以看到。如果肉眼看到粪便中的黏液，说明黏液增多。小肠炎时，分泌的黏液与粪便呈均匀混合。大肠炎时，因粪便已基本成形，黏液不易与粪便均匀混合。直肠炎时，黏膜附着于粪便表面。单纯的黏液便，稀、黏稠且无色透明。粪便中含有膜状或管状物时，见于假膜性肠炎或黏液性肠炎。脓性液便呈不透明的黄白色。黏液便多见于各种肠炎、细菌性痢疾、应激综合征等。

（3）鲜血便　宠物患有肛裂、直肠息肉、直肠癌时，有时可见鲜血便，鲜血常附在粪便表面。

（4）黑便　黑便多见于上消化道出血，粪便潜血检验阳性。服用活性炭或次硝酸铋等铋剂后，也可排黑便，但潜血检验阴性。宠物采食肉类、肝脏、血液或口服铁制剂后，也能使粪便变黑，潜血检验也呈阳性，临床上应注意鉴别。

（5）白陶土样粪便　多见于各种原因引起的胆道阻塞。因无胆红素排入肠道所致。消化道钡剂造影后，因粪便中含有钡剂，也可呈白色或黄白色。

（6）凝乳块　以乳为食物的幼年宠物，粪便中见有黄白色凝乳块，或见鸡蛋清样粪便，表示乳中酪蛋白或脂肪消化不全，多见于幼年宠物消化不良和腹泻。

（7）假膜粪便　随粪便排出的假膜由纤维蛋白、上皮细胞和白细胞所组成，常为圆柱状，多见于纤维素性或假膜性肠炎。

（8）脓汁便　直肠内脓肿破溃时，粪便中混有脓汁。

（9）粗纤维及食物碎片　患消化不良及牙齿疾病时，粪便内含有多量粗纤维及未消化的食物碎片。

（10）泡沫状便　多因小肠细菌性感染引起。

（11）油状便　可能因小肠或胰腺病变，造成吸收不良引起，或口服或灌服油类后发生。

（12）灰色恶臭便　见于消化或吸收不良，常由小肠疾病引起。

4. 粪便气味

动物正常粪便中因含有蛋白质分解产物吲哚、粪臭素、硫醇、硫化氢等而有臭味，草食动物因食糖类多而味轻，肉食动物因食蛋白质多而味重。食草动物患消化不良、胃肠炎及粪便长期停滞时，由于肠内容物剧烈发酵和腐败，粪便有难闻的酸臭味或腐败臭味。

5. 混杂物

正常粪便表面有微薄的黏液层。黏液量增多，表示肠管有炎症或排粪迟滞，在肠炎或肠阻塞时，黏液被覆整个粪球，并可形成胶冻样厚层，类似脱落的肠黏膜。粪便中混有脓汁，可见于直肠内脓肿破溃。粪便含有多量粗纤维及未消化的谷粒，多因咀嚼不全、消化不良所致。粪便中混有血液，则为肠道出血的特征，粪便颜色根据出血部位和血液新鲜度而不同。有时粪便中含有沙石和寄生虫等，如蛔虫、绦虫等较大虫体或虫体节片（复孔绦虫节片似麦粒样），肉眼可以分辨。口服、涂布机体上或注射驱虫药后，注意检查粪便中有无虫体、绦虫头节等，应予以注意。

二、粪便的化学检查

1. 酸碱度测定

一般是用广泛 pH 试纸测定粪便的酸碱度。即将试纸用蒸馏水浸湿，贴于粪便表面，0.5s 后取出，与标准比色板对照，即可测出其 pH。

健康宠物的粪便呈碱性。粪便的酸碱度与日粮成分及肠内容物的发酵或腐败过程有关，酸度增加，见于肠卡他引起的肠内糖类异常发酵；碱性增加，见于胃肠炎引起的蛋白质腐败分解增加。

2. 潜血检查

粪便中混有不能用肉眼直接观察出来，而用化学方法能检查出来的少量血细胞或血红蛋白称为粪便潜血。整个消化系统不论哪一部分出血，都可导致粪便潜血。所以粪便潜血检验对消化道少量出血的诊断有重要意义。

（1）检查方法　常用的是联苯胺法。

（2）临床诊断价值　粪便潜血阳性结果，可见于出血性胃肠炎或出血、犬钩虫病、犬细小病毒病以及其他能引起胃肠道出血的疾病。30kg 体重犬肠道出血 2mL，便可检验阳性。

此外，如果被检样品混合不均匀，补充维生素 C，可出现假阴性；如食物中含有新鲜肉类（血红蛋白）或未煮熟的绿色植物或蔬菜（过氧化物酶），可呈现假阳性。因此，采食血液和肉类动物（犬、猫），应素食 3d 后再检验；采食植物或蔬菜的动物，其粪便应加入蒸馏水，经煮沸破坏植物中过氧化氢酶后，再进行检验。

3. 蛋白质检查

粪便中的蛋白质主要来自于肠道内炎性渗出。利用不同的蛋白质沉淀剂，测定粪便中黏蛋白、血清蛋白或核蛋白，以判断肠道内炎性渗出的程度。

（1）检查方法　采用蛋白沉淀法。

（2）临床诊断价值　正常宠物粪便中蛋白质含量较少，只含极少量的黏蛋白，对一般蛋白沉淀剂不呈现明显反应。在消化不良时，含有多量黏蛋白；当胃肠有炎症时，粪便中有血清蛋白和核蛋白渗出，上述蛋白实验可呈现阳性反应。

4. 粪便的胰蛋白酶检查

正常犬、猫粪便中都含有胰蛋白酶，所以用胶片法或明胶试管法检验粪便中胰蛋白酶都是阳性。当检验粪便中胰蛋白酶缺少或没有，即阴性时，表示胰腺外分泌功能不足、胰管堵塞、肠激酶缺乏或肠道疾病等。

三、粪便的显微镜检查

犬、猫发生腹泻时，需用显微镜检验粪便中细胞、寄生虫卵、卵囊、包囊、细菌、真菌、原虫，以及食物残渣，以了解消化道的消化吸收功能。一般多用生理盐水和粪便混匀后直接涂片检查。

（一）标本的制备

取宠物不同层的粪便，混合后，取少许置于洁净载玻片上或以竹签直接取粪便中可疑部分置于载玻片上，加少量生理盐水或蒸馏水，涂成均匀薄层，以能透过书报字迹为宜，必要时可滴加醋酸液或选用 0.01% 伊红氯化钠染液、稀碘液或苏丹Ⅲ染色。涂片制好后，加盖片，先用低倍镜观察全片，后用高倍镜观察。

（二）细胞的检查

1. 白细胞

正常粪便中没有或偶尔看到白细胞。肠道炎症时，常见中性粒细胞增多，但细胞因部分被消化，难以辨认。细菌性大肠炎时，可见大量中性粒细胞。成堆分布、细胞结构被破坏、核不完整的，称为脓细胞。过敏性肠炎或肠道寄生虫病时，粪便中多见嗜酸性粒细胞。

2. 红细胞

正常粪便中无红细胞。肠道下段炎症或出血时，粪便中可见红细胞。细菌性肠炎时，白细胞多于红细胞。

3. 吞噬细胞

粪便中的中性粒细胞，有的胞体变的膨大，并吞有异物，称为小吞噬细胞。细菌性痢疾和直肠炎时，单核细胞吞噬较大异物，细胞体变得较中性粒细胞大，核多不规则，核仁大小不等，胞质常有伪足样突出，称为大吞噬细胞。

4. 肠黏膜上皮细胞

为柱状上皮细胞，呈椭圆形或短柱状，两端稍钝圆，正常粪便中没有。结肠炎时，上皮细胞增多。假膜性肠炎时，黏膜中有较多存在。

5. 肿瘤细胞

大肠患有癌症时，粪便中可见肿瘤细胞。

（三）饲料及食物残渣的检查

草食宠物的粪便中含有多种多样的植物细胞和植物纤维，肉食宠物中极少看到。

1. 淀粉颗粒

正常犬、猫粪便中基本不含淀粉颗粒。粪便中含有大小不等的圆形或椭圆形颗粒，加含碘液后变成蓝色，即为淀粉颗粒。可见于慢性胰腺炎、胰腺功能不全和各种原因所致腹泻。

2. 脂肪小滴

正常犬、猫粪便中极少看到脂肪小滴，粪便中出现大小不等、圆形、折光性强的脂肪小滴，经苏丹Ⅲ染色后呈橘红色或淡黄色，称为"脂肪痢"，见于急性或慢性胰腺炎及胰腺癌等。

3. 肌肉纤维

犬、猫粪便中极少看到肌肉纤维。如果在载玻片上看到两端不齐、片状、带有纤维横纹或有核肌纤维时，称为"肉质下泄"，多见于肠蠕动亢进、腹泻、胰腺外分泌功能降低及胰蛋白酶分泌减少等。

粪便中微生物、各种细胞和食物残渣的形态见图 10 – 1。

（四）细菌学检验

粪便中细菌极多。一般大肠杆菌、厌氧菌和肠球菌为成年宠物粪便中主要菌群，其他还有沙门菌、产气杆菌、变形杆菌、铜绿色假单胞菌，以及少量芽孢菌和酵母菌等，以上细菌在粪便中多无临床诊断价值。在多次口服广谱抗生素后，常可引起葡萄球菌和念珠菌过量生长。疑为细菌引起的肠炎时，除检验粪便细菌外，还应检验粪便的一般性状和粪便中的细胞等。能引起犬、猫肠道病的病原菌有产气梭状芽孢杆菌、沙门菌、产细胞毒素的大肠杆菌等。

（五）粪便中寄生虫卵和寄生虫

肠道寄生虫病的诊断，主要靠显微镜检查粪便中虫卵、幼虫（类丝虫）、

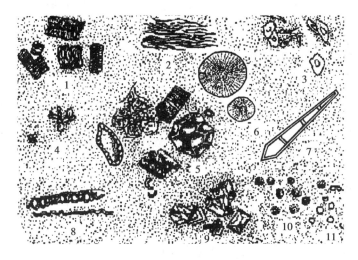

图 10 – 1　粪便内微生物、细胞及食物残渣

1—肌纤维　2—结缔组织　3—上皮细胞　4—酵母菌　5—植物细胞　6—脂肪球
7—植物毛　8—植物的螺旋形管　9—三联磷酸盐结晶　10—白细胞　11—红细胞

原虫（三毛滴虫）、卵囊、包囊和滋养体（腹泻时多见）。粪便中常见寄生虫
卵有蛔虫卵或虫体、钩虫卵、球虫卵囊、绦虫节片或卵、华枝睾吸虫卵、贾第
虫和阿米巴包囊及小滋养体等。

1. 如何测定粪潜血？其临床意义是什么？
2. 如何制备粪便涂片？

粪便检查技术

【目的要求】

通过实训掌握粪便常规检验方法。

【实训内容】

1. 粪样的采集。

2. 粪便的物理学检查。

3. 粪便的化学检查。

4. 粪便内寄生虫及虫卵检查。

【实训器材】

烧杯、试管等，详见本实训等相关内容。

【实训方法】

一、粪便的采集

要采集新排出且未接触地面的部分，放入清洁的器皿。粪上附着的血块、脓汁及假膜等，均应一一采集。

二、粪便的物理学检验

熟练掌握实验器材的准备、试剂的配制及实验方法，掌握实验操作的注意事项。最后得出所测定的数据。

掌握检查粪便的硬度、颜色、气味、粪内混杂物等的方法。

三、粪便的化学检验

熟练掌握实验器材的准备、试剂的配制及实验方法，掌握实验操作的注意事项。最后得出所测定的数据。

熟练掌握粪便的 pH 测定、粪便的潜血检验方法。

四、粪便内寄生虫及虫卵检查

（一）直接涂片法

取 5% 的甘油水溶液 3~5 滴滴于载玻片中央处，用牙签挑取少量被检粪便加入上述溶液中，充分搅拌，除去大的粪渣。在载玻片上涂布均匀，盖上盖玻片，置于低倍镜下检查。因本法检查率不高，需反复操作。要求每个粪样至少做 3 次检查。

（二）饱和盐水漂浮法

本法利用密度比虫卵大的溶液稀释粪便，可以把粪便中密度小的虫卵（线虫和绦虫）浮集于液体表面。饱和盐水由 1000mL 沸水中加入 380g 食盐，溶解后用纱布滤过备用。

用天平称取被检粪便 3~5g，放置于小玻璃杯中加入少量饱和盐水，用玻璃棒将粪便捣碎混匀，加入适量饱和盐水（100~150mL）；用 4~60 目的铜纱网过滤于另一个玻璃杯中，静置 20~30min，待虫卵上浮。用虫卵吊环（直径 5~10mm 的金属吊圈）接触蘸取表面液膜，将膜置于载玻片上，加上盖玻片，低倍镜下检查。

（三）沉淀法

为了检查吸虫卵，通常应用水洗沉淀法，因为吸虫卵一般体积和密度较大，不易漂浮，反复洗涤静置沉淀后，检查虫卵。

（四）粪便中虫体和幼虫检查法

1. 虫体检查操作法

将粪便收集于盒中，加入 5~10 倍清水，搅拌均匀，静置沉淀 10min，倒出上层液体，再沉淀，反复多次，直至上层液清晰透明为止。检查沉渣，发现虫体挑出，由显微镜进行鉴定。

2. 幼虫检查法

应用漏斗幼虫分离法，从直肠中或刚排出的粪便取 15~20g 放入铜砂网上，在中型漏斗下端接一个 10~20cm 的胶管，胶管下端连接一个小试管。把放置粪便的铜纱网小心地放在漏斗上，使水面浸没粪便。在室温下放置 1~3h，幼虫游离出粪水中，沉于试管底部。取下试管，弃去上层液，吸取沉淀物在载玻片上镜检。

复习思考题

1. 试述进行粪便检验的体会。
2. 试述粪便检验的注意事项。
3. 试述粪便检验的临床诊断价值。

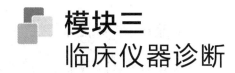

模块三
临床仪器诊断

项目十一 │ 宠物的超声波检查

【学习目标】

理解超声波检查的相关专业术语；掌握超声波、X射线机的原理、基础知识。

【技能目标】

熟悉超声波、X射线机的操作使用要领；掌握阅读、评价超声波和X射线机图像、照片的要点；根据图像的结果，能对疾病做出诊断。

【案例导入】

宠物心内膜炎时，可能出现下面一些症状，其中哪一项是主要症状（　　）。

A. 心搏动增强　　　　B. 脉搏加快　　　　C. 静脉淤血

D. 呼吸困难　　　　　E. 心内性杂音

【课前思考题】

对宠物疾病的临床诊断中，超声波和X射线机诊断仪器对临床诊断能带来哪些益处？

超声波检查是宠物医学影像学诊断的重要内容之一，具有无组织损伤、无放射性危害、能及时获得结论、可多次重复、操作简便等优点。目前，超声波检查技术已在多种动物的疾病诊断、妊娠检查、背膘测定等方面得到应用，并取得了可喜的进展。而在宠物临床上，超声波检查，尤其是B型超声检查适宜用于犬、猫疾病诊断及其妊娠诊断。

一、超声波的物理学特性

声波是物体的机械振动产生的，振动的次数（频率）超过 20000 次/s 称为超声波（简称超声）。超声波在机体内传播的物理特性是超声影像诊断的基础，其中主要有以下特性。

（一）超声的定向

超声的定向又称方向性或束性。当探头的声源晶片振动发生超声时，声波在介质中以直线的方向传播，声能随频率的提高而集中，当频率达到兆赫的程度时，便形成了一股声束，犹如手电筒的圆柱形光束，以一定的方向传播。临床诊断上利用这一特性做器官的定向探查，以发现体内脏器或组织的位置和形态上的变化。

（二）超声的反射性

超声在介质中传播，遇到声阻抗不同的界面时就出现反射。入射超声的一部分声能引起回声反射，所余的声能继续传播。如介质中有多个不同的声阻界面，则可顺序产生多次的回声反射。超声界面的大小要大于超声的半波长，才能产生反射。若界面小于半波长，则无反射而产生绕射。超声入射到直径小于半波长的大量微小粒子（如红细胞等）中则可引起散射。

超声能检出的物体界面最短的直径称为超声的分辨力，超声的分辨力与其频率成正比，超声理论上的最大分辨力为其 1/2 波长。频率越高，分辨力越高，所观察到的组织结构越细致。

超声的波长与频率和声速的关系如下式：

$$R(波长) = C(声速)/f(频率)$$

式中　R——波长，mm

　　　C——声速，m/s

　　　f——频率（每秒振动次数），Hz

超声垂直入射界面时，反射的回声可被接收返回探头而在示波屏显示。入射超声与界面成角而不垂直时，入射角与反射角相等，探头接收不到反射的回声。若介质间阻抗相差不大而声速差别大时，除成角反射外，还可引起折射。

（三）超声的吸收和衰减性

超声在介质中传播时，会产生吸收和衰减。由于与介质中的摩擦产生黏滞性和热传播而吸收，又由于声速本身的扩散、反射、散射、折射与传播距离的增加而衰减。

吸收和衰减除与介质的不同有关外，也与超声的频率有关。但频率又与超声的穿透力有关，频率越高，衰减越大，穿透力越弱。故若要求穿透较深的组织或易于衰减的组织，就要用 0.8 ~ 2.5MHz 较低频的超声，若要求穿透不深的组织但要分辨细小结构，则要用 5 ~ 10MHz 较高频的超声。在超声传播的介质中，当有声阻抗差别大于 0.1% 的界面存在时，就会产生反射。超声诊断主要是利用这种界面反射的物理特性。

二、组织与器官的声学特征

（一）不同组织结构的反射规律

超声在动物体内传播时，具有反射、折射、绕射、干涉、速度、声压、吸收等物理特性。由于动物体的各种器官、组织（液性、实质性、含气性）对超声的吸收（衰减）、声阻抗、反射界面的状态以及血流速度和脉管搏动振幅的不同，超声在其中传播时会产生不同的反射规律。分析、研究反射规律的变化特点，是超声影像诊断的重要理论基础。

1. 实质性组织中

如肝脏、脾脏、肾脏等，由于其内部存在多个声学界面，故示波屏上出现多个高低不等的反射波或实质性暗区。

2. 液性组织中

如血液、胆汁、尿液、胸或腹腔积液、羊水等，由于它们为均质介质，声阻抗率差别很小，故超声经过时不呈现反射，在示波屏上显示出"平段"或液性暗区。

3. 含气性组织中

如肺脏、胃、肠等，由于空气和机体组织的声阻抗相差近4000倍，超声几乎不能穿过，故在示波屏上出现强烈的饱和回波（递次衰减）或逐次衰减变化光团。

（二）脏器运动的变化规律

如心脏、动脉、横膈、胎心等运动器官。一方面，由于它们与超声发射源的距离不断地变化，其反射信号出现有规律的位移，因而可在 A、B、M 型仪器的示波屏上显示；另一方面，又由于其反射信号在频率上出现频移，可用多普勒诊断仪监听或显示。

（三）脏器功能的变化规律

利用动物体内各种脏器生理功能的变化规律及对比探测的方法，判定其功能状态。如采食前、后测定胆囊的大小，以估计胆囊的收缩功能；排尿前、后测定膀胱内的尿量，以判定有无尿液的潴留等。

（四）吸收衰减规律

动物体内各种生理和病理的实质性组织，对超声的吸收系数不同。肿大的病变会增加声路的长度，充血、纤维化的病变增加了反射界面，从而使超声能量分散和吸收，由此出现了病变组织与正常组织间对超声吸收程度的差异。利用这一规律可判断病变组织的性质和范围。

组织对超声的吸收衰减一般是癌性组织＞脂肪组织＞正常组织。因此，在正常灵敏度时，病变的组织可出现波的衰减，癌性组织可表现为"衰减平段"，在 B 型仪表现为衰减暗区。

超声诊断是依据上述反射规律的改变原理，检查各种脏器和组织中有无占位病变、器质性的或某些功能性的病理过程。

三、不同组织结构反射波形的特征

各种类型脉冲超声诊断仪，主要是依据反射波型的特征判断被探查组织、器官的病理状态。按反射吸收衰减的原理，一般可把反射波型分为如下4种。

（一）液性平段（暗区）型

液体是体内最均匀的介质，超声在其中通过时，由于无声阻抗率的差别，其反射系数为0，因而无反射波。在A型仪示波屏上表示为平段，B型仪显示为暗区。如正常的尿液、羊水；病理状态下的心包积液，胸、腹腔积液，各种良性囊肿内黏液性或浆液性液体。

体内尚有一些均质性较差的液体，如血液、浓缩的胆汁等，由于其中含有固体成分，混悬状态或黏滞性较大时，在反射波型的平段或暗区内可出现少数的微小波或光点。

液性平段或暗区有较强的声学特点，与其他回波截然不同。因此，其检出率和准确性高，是其他物理检查方法无法比拟的。依据检查时液性平段或暗区出现的深度及探头的角度，可作为定位穿刺抽液的指示。

（二）均质的实质性平段（暗区）型

均质的实质性平段（暗区）型，又称少反射波型。反射波型表现为平段或暗区。如正常生理状态下的肝脏、肾脏、颅脑、脾脏及病理状态下的胸腔肥厚、黑肉瘤等。

均质的实质平段或暗区与液性平段或暗区的区别，是当仪器的灵敏度（增益）加大时，实质性的平段可出现少数回波，如用最大灵敏度时，就会有多数回波出现；而液性平段则仍无回波出现，只是平段范围有所缩小。从超声物理声阻抗率的原理不难理解，由于正常肝脏的基本结构是肝小叶、胆小管、肝动静脉、门脉等分支，在正常灵敏度时，其声阻抗率值差别很小，故表现为平段，随着灵敏度加大，平段内回波就会相应地增多。

（三）非均质实质性少或多反射（光点）型

非均质实质性少或多反射（光点）型，又称多反射型，如正常的乳腺、眼球、厚层肌组织等，病理状态下的各实质器官炎症或占位性病变（囊性例外）。由于其内部存在着声抗率的差别，形成多个声学界面。因此，随着非均质的程度不同，反射波或多或少。

（四）全反射（光点）型

全反射（光点）型又称强反射型。如正常生理下的肺脏，由于肺泡内充满空气，胸壁软组织及泡膜的空气间声阻抗率差别很大，因此，在正常灵敏度下就可表现为全反射波（光），反射能量很大，在肺表面与探头之间来回反射，形成多次反射。其特征是反射波的波幅（A 型）逐次衰减，故又称递减波，在 B 型仪器上表现为逐次递减多层明亮光带。

四、超声波检查的类型

（一）超声波检查的类型

超声检查的类型较多，目前最常用的是按显示回声的方式进行分类。主要有 A、B、M、D 和 C 型 5 种。

1. A 型探查法

A 型即幅度调制型，此法以波幅的高低，代表界面反射讯号的强弱，可探知界面距离。测量脏器径线及鉴别病变的物理特性，可用于对组织结构的定位。该型检查法由于其结果粗略，目前在医学上已被淘汰，但国内兽医仍多处于 A 型阶段。

2. B 型探查法

B 型即辉度调制型，此法是以不同的辉度光点表示界面讯号的强弱，反射强则亮，反射弱则暗，称为灰阶成像。因此，采用多声束连续扫描，故可显示脏器的二维图像。当扫描速度超过 24 帧/s 时，则能显示脏器的活动状态，称为实时像。根据探头和扫描方式的不同，又可分为线形扫描、扇形扫描及凸弧扫描等。高灰阶的实时 B 超扫描仪，可清晰显示脏器的外形与毗邻关系，以及软组织的内部回声、内部结构、血管与其他管道的分布情况等。因此，本法是目前临床使用最为广泛的超声诊断法。

3. M 型探查法

此法是在单声束 B 型扫描中加入慢扫描锯齿波，使反射光点自左向右移动显示。纵坐标为扫描空间位置线，代表被探测结构所在位置的深度变化；横坐标为光点慢扫描时间。探查时以连续方式进行扫描，从光点移动可观察被测物在不同时相的深度和移动情况，所显示出的扫描线称为时间的运动曲线。此法主要用于探查心脏，临床称为 M 型超声心动图描记术。本法与 B 型扫描心脏实时成像结合，诊断效果更佳。

4. D 型探查法

D 型探查法是利用超声波的多普勒效应，以多种方式显示多普勒频移，从而对疾病做出诊断。本法多与 B 型探查法结合，在 B 型图像上进行多普勒彩样。临床多用于检查心脏及血管的血液动力学状态，尤其是先天性心脏病和瓣膜病的分流及反流情况，有较大诊断价值。

目前，医学上也广泛用于其他脏器病变诊断与鉴别诊断，有较好的应用前景。多普勒彩色血液显像系在多普勒三维显像的基础上，以实时彩色编码显示血液的方法，即在显示屏上以不同的彩色显示不同的血液方向和速度，从而增强对血液的直观感。

（二）B 型超声诊断仪的构造

B 型超声诊断仪一般由探头、主机、信号显示、编辑及记录系统几部分组成。随着电厂技术的发展，现代超声诊断仪基本采用了数字化技术，具有自控、预置、测量、图像编辑和自动识别等多种功能。

1. 探头

探头是用来发射和接收超声，进行电声信号转换的部件，与超声诊断仪的灵敏度、分辨力等密切相关。目前广泛使用脉冲式多晶探头，通过电子脉冲激发多个压电晶片发射超声，包括电子线阵探头和电子相控阵扇扫探头两种（图11－1），前者发射的声束为矩形（图11－2），后者发射的声束为扇形（图11－3）。因每个探头发射频率基本固定，临床还须根据探查目标深度进行选择，一般探查浅表部位选用高频探头，探查较深部位选用低频探头。如用

图11－1　B超仪线阵探头与扇扫探头

于小型犬或猫的探头可为 7.5MHz 或 10.0MHz，用于中型犬的探头可为 5.0MHz，用于大型犬的探头可为 3.0MHz 或以下。

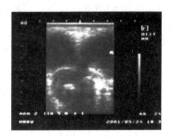

图11－2　线阵探头扫描声像图

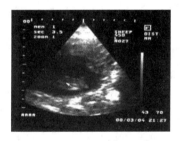

图11－3　扇扫探头扫描声像图

2. 主机

主机主要为电路系统，由主控电路、高频发射电路、高频信号放大电路、视频信号放大器和扫描发生器等组成。在主机面板上，有可供选择的技术参数旋钮，如输出强度、增益、延时、深度、冻结等。

3. 显示与记录系统

超声回声信号通过显示器显示出图像，也可由记录器记录并以存储、打印、录像或拍照等方式保存，还可根据需要对图像进行测量和编辑。目前，国内外有许多厂家生产的宠物医疗专用 B 超诊断仪，如加拿大产 AMI－900（图11－4）、辽宁汉德公司等。

图11－4　加拿大 AMI－900 B 超仪

五、正常内脏器官的超声波图

（一）常用超声诊断切面

每一探头都有其超声发射面（图11-5、图11-6），探查时以发射面紧贴皮肤，在探查滑行扫查或探头位置不变而改变探头方向做扇形扫查，也可做横切面（图11-7）、纵切面（图11-8）或矢状切面（图11-9）扫查，从而构建出脏器的扫查立体图像。

图11-5 扇扫探头超声发射面图

图11-6 线阵探头超声发射面图

图11-7 横切面扫查

图11-8 纵切面扫查

图11-9 矢状切面扫查

（二）各脏器探查及声像图

1. 肝脏与胆道系统

肝脏是一个均质性很强的实质器官，可用B型超声诊断仪探测其大小、厚度及内部病变。胆囊是含液器官，在声像图中呈液性暗区，B超对其部位、形状及大小等的判定有较高的准确性。

进行超声探查时，除注意识别肝叶和胆囊之外，门脉、胆管和腹腔大血管也是探查并定位的重要指标，还应确定相邻器官的位置关系和回声特点。犬肝脏前后扁平，前表面隆凸，形态与膈的凹面相适应，后表面凹凸不平，形成几个压迹。肝脏分为6叶，即左外侧叶（呈卵圆形）、左内侧叶（呈梭形）、右内侧叶、右外侧叶（呈卵圆形）、方叶和尾叶。尾叶覆于右肾前端，形成一个深窝（肾压迹）。肝左外侧叶覆盖于胃体之上，形成大而深的胃压迹，容纳胃底和胃体。胆囊位于右内侧叶脏面，隐藏于右内侧叶、方叶和左内侧叶之间。犬肝胆超声探查主要在以下三个部位：

①仰卧保定下，于剑突后方探查（图 11-10）；②俯卧在下方有开口的树脂玻璃台上，于剑突后方探查（图 11-11）；③仰卧或侧卧保定下，于右侧第 11 或 12 肋间做横切面探查（图 11-12）。犬肝脏参考声像图，见图 11-13。

图 11-10　犬肝胆超声探查部位 1

图 11-11　犬肝胆超声探查部位 2

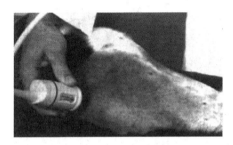

图 11-12　犬肝胆超声探查部位 3

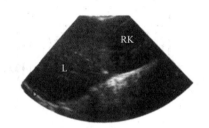

图 11-13　犬肝胆第 1 矢状切面声像图示
右肝叶（L），右肾（RK）及膈肌（D），肝实质
回声与肾皮质回声相当或稍强

2. 脾脏

脾脏的均质程度较高，可用 B 型超声诊断仪对脾脏体表投影面积及体积进行探测。犬脾脏长而狭窄，下端稍宽，上端尖而稍弯，位于左侧最后肋骨及右侧肷部。犬脾脏超声探查部位可在左侧第 11～12 肋间（图 11-14），由于胃内积气而在腹部纵切面和横切面难以显示脾头时可用此位置探查，也可在前下腹壁探查脾脏的纵切面，位置可显示脾头、脾体和脾尾，将探头旋转 90°即为横切面。在纵、横两个切面上可系统探查到整个脾脏。用透声垫块探查有利于脾脏近腹壁部分的显示（图 11-15）。犬脾脏参考声像图见图 11-16 至图 11-19。

图 11-14　犬脾脏超声探查部位
左侧 11～12 肋间探查脾前下腹壁探查
脾脏纵切面，有脾头、脾体和脾尾

图 11-15　犬脾脏超声探查部位

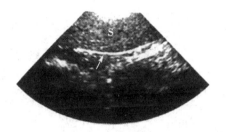

图 11-16　犬脾脏声像图

脾实质（S）呈中等至高回声细密均质，
包膜平滑，清晰可见

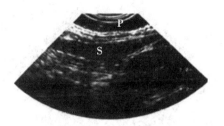

图 11-17　犬脾脏声像图

拉大脾与探头距离，近侧脾（S）显示清楚

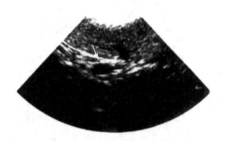

图 11-18　犬脾脏声像图

脾静脉（箭头）脾门附近显示清晰

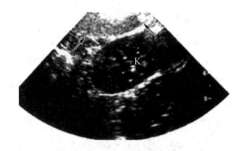

图 11-19　犬脾脏与右肾纵切面声像图

脾实质回声（箭头）比肾皮质回声强

3. 胰腺

胰腺是腹腔中难探查的器官，要熟练掌握宠物胰腺的解剖位置关系。通常犬仰卧，试用5.0MHz或7.5MHz线阵或门阵探头于左腹壁探查（图 11-20）。

有时也可使犬右侧卧或俯卧，利用下方开口的聚酯玻璃台于左侧第11、12肋间探查（图 11-21）。

图 11-20　犬胰腺超声探查部位

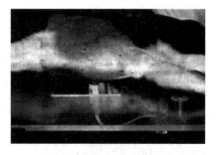

图 11-21　犬胰腺超声探查部位

胰腺声像图较难判断，往往被周围脂肪或积气肠管所掩盖。可根据周围器官和脉管定位，并做横切面与纵切面比较，必要时向腹腔注入适量生理盐水以增强透声效果（图 11-22、图 11-23）。

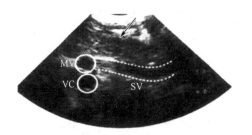

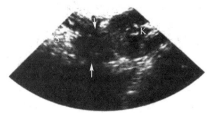

图 11-22　犬胰腺横切面声像图

箭头所指胰腺、脾静脉（PV）在其
背侧，VC 为后腔静脉

图 11-23　犬胰腺纵切面声像图

箭头所指胰腺左翼位于：胃（s）的后背侧
并向左扩展到左肾（K）头端

4. 肾脏

肾脏有一定的大小、厚度和较平滑的界面，且距体壁较近，有利于超声探查。犬肾呈蚕豆形，表面光滑，大部被脂肪包围。右肾位置较固定，位于前 3 个腰椎体下方，前部位于肝尾叶形成的压迹内，腹侧面接降十二指肠、胰腺右叶等。左肾偏后，位置变化大，与第 2~4 腰椎相对，腹侧面与降结肠和小肠袢为邻，前端接胃和胰脏的左端，其探查方法与肝脏类似。犬肾脏参考声像图见图 11-24、图 11-25。

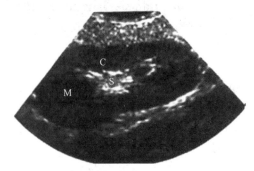

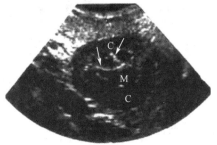

图 11-24　犬肾脏正中纵切面声像图

显示出肾皮匣（C），肾髓质（M）
和肾盂（S）

图 11-25　犬肾脏正中靠前或靠后横
切面声像图

可见皮质（C）内憩室和脉管（箭头所指）
将髓质（M）分成几部分

5. 膀胱与尿道

膀胱的大小、形状和位置随尿液多少而异。一般采取体表探查法，犬站立或仰卧，于耻骨前缘做纵切面和横切面扫描（图 11-26）。若要显示膀胱下壁结构，可在探头与腹壁间垫以透声垫块（图 11-27）。对公犬远段尿道探查，常在会阴部或怀疑有结石的阴茎部垫以透声垫块扫描。当膀胱充满尿液时，声像图为无回声暗区，周围由膀胱壁强回声带所环绕，轮廓完整，光洁平滑，边界清晰。近段尿道在膀胱尾端可部分显现，公犬前列腺可作为定位指标之一。

远段尿道常显示不清，若做尿道插管或注入生理盐水扩充尿道后可清晰显示。犬膀胱参考声像图见图 11 - 28、图 11 - 29。

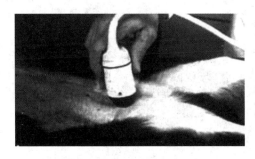

图 11 - 26 犬膀胱超声探查部位

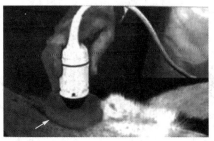

图 11 - 27 在探头与腹壁间垫
透声垫块后探查膀胱

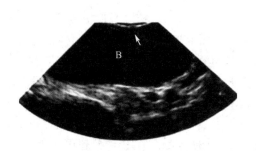

图 11 - 28 犬膀胱纵切面声像图
膀胱（B）呈无回声液性暗区，但腹侧膀胱壁
（箭头所示）离探头太近而显示不清

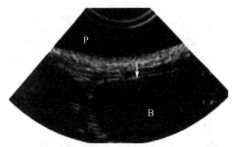

图 11 - 29 犬膀胱纵切面声像图
清晰显示腹侧膀胱壁（箭头所示），
对膀胱炎诊断有意义

6. 前列腺

前列腺的大小和位置随年龄和性兴奋状况而异，性成熟后位于骨盆前口后方，于膀胱尾环绕近段尿道。探查方法与膀胱类似，可经直肠或耻骨前缘向后扫查，膀胱积尿有助于前列腺影像显现。前列腺横切面呈双叶形，纵切面呈卵圆形，包膜周边回声清晰光滑，实质呈中等强度的均质回声，间杂小回声光点。膀胱尾和前段尿道充尿时，在前列腺横切面背侧两叶间可清晰显示尿道断面。犬前列腺参考声像图见图 11 - 30、图 11 - 31。

7. 肾上腺

肾上腺为镰刀状薄块结构，左右各一，位于左右肾脏头端靠近腹中线部位，与后腔静脉及主动脉邻近。

探查时犬仰卧、左或右侧卧，多采用 5.0MHz 或 7.5MHz 高频率探头，在前腹侧壁做横切面、纵切面和斜切面扫描，并做对比观察，也可在第 11、12 肋间做矢状切面扫描，以避开肠管积气，并可在同一切面上同时显示肾脏和肾上腺。肾上腺由于其小而薄，声像图上难于辨认，应以肾头和入脉管作为定位标志，并做多切面对比观察。

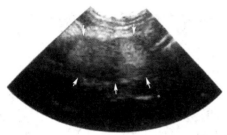 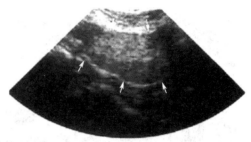

图 11－30　公犬前列腺横切面声像图　　　　图 11－31　公犬前列腺纵切面声像图
　前列腺呈双叶状（箭头所指），其实质回声　　　呈均质卵圆形（箭头所指），其实质回声
　　　中度均质，边缘清晰光滑　　　　　　　　　　中度均质，边缘清晰光滑

（三）犬、猫妊娠的 B 超诊断

B 型超声仪能同时发射多束超声，在一个面上扫查显示子宫和胎体的断层切面图，不仅可以用于诊断妊娠，而且可以监测整个生殖器官的生理和病理状态。如卵泡发育、发情周期子宫的变化、胎儿的发育和生长、产后子宫恢复等生理活动，以及卵巢囊肿、持久黄体、子宫积液或蓄脓、子宫肿瘤等病理变化。

目前，宠物临床需要准确监测或早期诊断的问题，应用 B 型超声仪能较好地解决。

1. 妊娠声像图的回声形态

在子宫无回声暗区（胎水）内出现的光点或光团，为妊娠早期的胎体反射，称为胚斑。在胎体反射中见到的脉动样闪烁光点，为胎心搏动。子宫壁向内突出的光点或光团为早期的胎盘或胎盘突，在暗区内出现的细线状弱回声称为光环，为胎膜反射，并可随胎水出现波状浮动。胎儿四肢或骨骼呈现强回声光点或光团，胎儿颅腔和眼眶随骨骼形成和钙化，而呈现由弱到强的回声光环。

2. 探查方法

探查时母犬、母猫保持安静，自然站立或躺卧保定，应用 3.5MHz 或 5.0MHz 探头，选后肋部、乳房边缘或腹下部脐后 3～5cm 处为探查部位。除长毛犬外，一般无须剪毛，只将被毛分开、多涂一些耦合剂即可。犬妊娠 23d 以前一般不能探到妊娠子宫影像。首次检出妊娠子宫、胎儿、胎动、体腔和胎心的日期分别在妊娠 24d、30d、40d 和 48d（图 11－32）。而猫配种 21d 后，通常可以探查出胎儿（图 11－33）。

临床常根据胎囊、胎儿体长或体腔等电子测量尺寸，对胎龄（GA）做出大致估算。

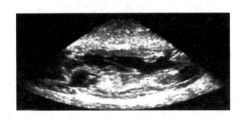

图 11－32　犬 38d 龄胚胎纵切面声像图

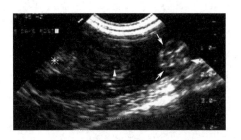

图 11－33　猫妊娠子宫纵切面声像图

白箭头所指为早期钙化而带中度声影的胎
头，反射 ▲ 为被肺环绕的低回声胎心，后腹
腔内小的膀胱暗区，肺和肝回声强度相近

　　犬的胎龄计算公式因妊娠天数而不同，如妊娠 40d 之前，可根据最大胎囊直径（GSD）或头顶至臀后长度（CRL）按以下公式估算：$GA = (6 \times GSD) + 20$ 或 $GA = (3 \times CRL) + 27$（图 11－34）。

　　妊娠 40d 之后，根据头部最大横径（HD）或肝脏水平位置的最大体腔直径（BD）按以下公式估算：$GA = (15 \times HD) + 20$，$GA = (7 \times BD) + 29$，或 $GA = (6 \times HD) + (3 \times BD) + 30$（图 11－35）。

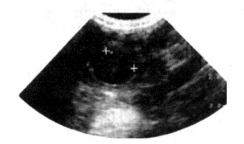

图 11－34　犬妊娠早期孕囊声像图

电子尺测量孕囊最大直径（GSD）为 1.1cm
（加号间距离），预测胎龄为 27d 或产前 28d

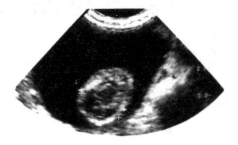

图 11－35　犬妊娠期胎头声像图

电子尺测量胎头最大横径（HD）为 1.64cm
（加号间距离），预测胎龄为 45d 或产前 20d

　　猫的胎龄计算公式为：$GA = (25 \times HD) + 3$ 或 $GA = (11 \times BD) + 21$。
公式中长度单位是 cm，胎龄计算时间为 d。

技能训练

B 型超声波检查技术

【目的要求】

通过实训，熟悉 B 超声波的性能，掌握 B 超声波检查技术。

【实训内容】

B 型超声波的临床检查。

【实训器材】

B 型超声波诊断仪、各规格探头、超声波润滑剂等。

【实训方法】

一、检查准备

（1）按照说明书的要求调整图像视窗、连接好探头。

（2）检查前详细阅读参考临床资料及其他检查结果，明确超声波检查的目的。

（3）做好患犬、患猫的登记工作。

（4）清洁犬、猫身体，除去随身物品。妥善保定，必要时给予镇静剂或剪毛。

二、超声检查

（1）明确器官探测部位、探测方向，必要时改变被检犬、猫体位，了解被检部位全貌。

（2）开启机器，待机器稳定后按要求及超声波操作要求全面检查。

（3）做好临床诊断探查记录、打印图像。

复习思考题

简述超声波临床诊断检查的体会。

项目十二｜X 射线临床检查

X 射线检查是当前人类医学广泛应用的传统影像学诊断技术，同样，在宠物疾病临床诊断中也发挥着重要作用。自 1895 年伦琴发现 X 射线以后，仅 1 年的时间 X 射线就被应用于医学并开始研究其设备。目前所用的 X 射线设备已达到相当高的水平。

现代的 X 射线机把 X 射线发生器、断层技术、光电倍增技术、影像储存装置、计算机、扫描技术等巧妙结合起来，使 X 射线技术在医学中的应用越来越广泛，作用也越来越重要。

X 射线机的使用是多方面的，包括普通诊断用 X 射线机、各科专用 X 射线机及介入放射学 X 射线机等。因此，现在已经有各种型号和规格的 X 射线机供不同场合、不同对象和不同检查时使用。

应用 X 射线摄片和透视两大技术，能够对人体或宠物的呼吸系统、消化系统、循环系统、泌尿生殖系统、运动系统以及中枢神经系统的解剖形态和功能状态进行观察，已成为现代医学和宠物医学中不可缺少的重要组成部分。

一、X 射线基本知识

（一）X 射线的产生

X 射线是在真空条件下，由高速运行的成束自由电子流撞击钨或钼制成的阳极靶面时所产生。电子流撞击阳极靶面而受阻时 99.8% 的动能转变为热，仅 0.2% 转变为电磁波辐射，这种辐射就是 X 射线。因此，它的产生必须具备三个条件：即自由活动的电子群、电子群以高速度运行和电子群运行过程中被突然阻止。这三个条件的发生，又必须具备两项基本设备，即 X 射线管和高电压装置。X 射线管的阴极电子受阳极高电压的吸引而高速运动，撞击到 X 射线具有穿透作用、荧光作用和感光作用，宠物体不同组织的密度差异对 X 射线呈不同程度的吸收作用，从而形成反映机体状况的黑白明暗、层次不同的 X 射线影像。

（二）X 射线的特性

X 射线本身是一种电磁波，波长极短并且以光的速度直线传播，其波长范围为 0.0006 ~ 50nm。临床用 X 射线的波长为 0.008 ~ 0.031nm（相当于 40 ~ 150kV 所产生的 X 射线）。X 射线除具有可见光的基本特性外，主要有以下几种特性。

1. 穿透作用

X 射线波长很短，光子的能量很大，对物质具有很强的穿透能力，能透过可见光不能透过的物质。由于 X 射线具有这种能穿透宠物体的特殊性能，故可用于诊断。但穿透的程度与被穿透物质的原子质量及厚度有关，原子质量高或厚度大的物质则穿透弱，反之则穿透强。穿透程度又与 X 射线的能量有关，X 射线的能量越高，即波长越短，穿透力越强，反之则弱。能量高低由管电压（kV）决定，管电压越高则波长越短，能量越高。在实际工作中，以千伏的高低表示穿透力的强弱。

2. 荧光作用

X 射线是肉眼所不能看见的，当它照射在某些荧光物质上，如铂氰化钡、硫化锌、镉和钨酸钙等时，则可发出微弱光线，即荧光。这种荧光是 X 射线用于临床透视检查的基础。

3. 摄影作用

摄影作用也即感光作用，X 射线与可见光一样，具有光化学效应，可使摄影胶片的感光乳剂中的溴化银感光，经化学显影定影后，变成黑色金属银的 X 射线影像。由于这种作用，X 射线又可用做摄影检查。

4. 电离作用

物质受 X 射线照射时，都会产生电离作用，分解为正负离子。如气体被照射后，离解的正负离子，可用正负电极吸引，形成电离电流，通过测量电离电流量，就可计算出 X 射线的量，这是 X 射线测量的基础。X 射线的电离作用，又是引起生物学作用的开端。

5. 生物学作用

X 射线照射到机体而被吸收时，以其电离作用为起点，引起活的组织细胞和体液发生一系列理化性质改变，而使组织细胞受到一定程度的抑制、损害以至生理功能破坏。所受损害的程度与 X 射线量成正比，微量照射，可不产生明显影响，但达到一定剂量，将可引起明显改变，过量照射可导致不能恢复的损害。不同的组织细胞，对 X 射线的敏感性也有不同，有些肿瘤组织特别是低分化者，对 X 射线最为敏感，X 射线治疗就是以其生物学作用为根据的。同时因其有害作用，又必须注意对 X 射线的防护。

X 射线影像是 X 射线束穿透不同密度与厚度的组织结构所产生的影像相互叠加的重叠图像。这一重叠图像既可使体内某些组织结构显示良好，但也使一些组织结构的投影减弱抵消，甚至难以或不能显示。

X 射线束从 X 射线管呈锥状射向机体后，其图像有所放大，即 X 射线球管离机体越近或机体距胶片距离越远，放大作用越强，其产生的伴影使图像清晰度下降。因 X 射线呈锥形投射，处于中心射线部位的 X 射线影像虽有放大，但仍保持原形，而处于边缘射线部位的 X 射线影像，由于倾斜投射，既有放大，又有失真、歪曲。

（三）X 射线机的基本构造与操作

1. X 射线机的基本构造

X 射线机是 X 射线诊断的基本设备，由 X 射线管、变压器和控制器 3 个基本部分组成。另外，还有附属的机械和辅助装置。

X射线管由发射电子的阴极、承受电子撞击而产生X射线的阳极、固定阴极和阳极并维持管内真空的管壁组成。变压器是一种利用电磁感应原理进行能量交换的电机，一台X射线机必有一到两个X射线管灯丝变压器和一个高压变压器组成，一般还有自耦变压器，有些还有整流管灯丝变压器。控制器是开动X射线机并调节X射线质量的装置，包括各种按钮、开关、仪器和仪表等。现代的X射线机将传统X射线机与断层技术，光电倍增技术、影像储存装置，电子计算机和扫描技术等结合起来，已经达到了相当高的水平。

2. X射线机的操作

各种类型的X射线机都有一定的性能规格与构造特点，使用之前必须先了解清楚，切勿超性能使用，不同型号的机器形式虽有差别，但操作程序大致相同。X射线机的种类较多，结构及性能各异，但都有各自的使用说明和操作规程，使用者必须严格遵守。一般应按下列规程操作：

（1）操纵机器前，应先看控制台面上的各种仪表、调节器、开关等是否处于零位。

（2）合上电源闸，按下机器电源按钮，调电源电压于标准位，机器预热。特别要注意，在冬季室温较低时，如不经预热，突然大容量曝光，易损坏X射线管。

（3）根据工作需要，进行技术选择，如焦点及台次交换、摄影方式、透视或摄影的条件选择。在选择摄影条件时，应注意毫安、千伏和时间的选择顺序，即首先选毫安值，然后选千伏值，切不可颠倒。

（4）曝光时操纵脚闸或手开关的动作要迅速，用力要均衡适当。严格禁止超容量使用，并尽量避免不必要的曝光。摄影曝光过程中，不得调节任何调节旋钮。曝光过程中应注意观察控制台面上的各种指示仪表的动作情况，倾听各电器部件的工作声音，以便及时发现故障。

（5）机器使用完毕，各调节器置最低位，关闭机器电源，最后断开电源闸。

3. X射线机的分类

通常按X射线管的管电流量，将诊断用X射线机分为小型、中型和大型3类。100mA以下者为小型X射线机，100～400mA者为中型X射线机，500mA以上者为大型X射线机，1000mA以上者为超大型X射线机。

按X射线机的机动性，又可分为携带式、移动式和固定式3类。携带式X射线机多为10mA、75kV的小型X射线机，如国产F10型X射线机（图12-1）。移动式X射线机多为30～50mA、90kV的X射线机，如国产F30型X射线

图12-1 F10型便携式
X射线机

机和 F50 型 X 射线机。固定式 X 射线机多为 100~500mA、100~150kV，如国产 78-1 型 X 射线机、E5761GD-P4A 型 X 射线机。此外，也有 30~50mA、15~95kV 的小型固定式 X 射线机。

上述各类型 X 射线机，尤其移动式和小型固定式 X 射线机，因价格较低，适于宠物医疗行业使用。

最近，国内部分宠物医院引进日本米卡莎 X 射线机制造公司生产的高频便携式全自动兽用 X 射线机，该机配置了犬、猫 16 个部位不同的 X 射线曝光数据的选择键，极大地简化了 X 射线机的操作程序，确保了摄片的质量。

二、X 射线检查技术及诊断方法

X 射线检查就是利用 X 射线的荧光屏和胶片显现宠物体不同组织的影像，以观察宠物体内部器官的解剖形态、生理功能与病理变化，宠物体组织器官的密度大致分为骨骼、软组织与体液、脂肪组织和气体 4 类。

骨骼密度最高，X 射线不易穿透，所以 X 射线照片感光最弱而呈现透明的白色，荧光屏因荧光最暗而呈现黑色阴影。软组织和体液密度中等，包括皮肤、肌肉、结缔组织、软骨、腺体和各种实质性器官，以及血液、淋巴液、脑脊液和尿液等。由于 X 射线较易穿透软组织，所以 X 射线照片感光较多而呈现深灰色，在荧光屏上呈现灰暗色。脂肪的密度略低于软组织和体液，但又高于气体，在 X 射线照片上脂肪呈灰黑色，在荧光屏上则较亮。呼吸器官、鼻窦和胃肠道内都含有气体，X 射线最容易透过，因此，在 X 射线照片上呈现最黑的阴影，而在荧光屏上显示特别明亮（图 12-2）。

除骨骼外，含气组织器官与周围组织存在天然对比，宠物体内的大多数软组织和实质器官彼此密度差异不大，缺乏天然对比，所以其 X 射线影像不易分辨。如果将高密度或低密度造影剂灌注器官的内腔或其周围，通过造成人工对比以显示器官内腔或外形轮廓，即可扩大诊断范围和提高诊断效果。图 12-3 即为 X 射线造影照片（消化道硫酸钡造影）。

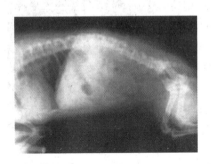

图 12-2　常规 X 射线照片

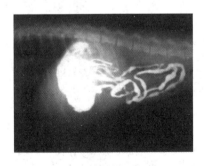

图 12-3　消化道硫酸钡造影

常规 X 射线诊断技术分 X 射线透视和 X 射线摄影两种。X 射线透视由于荧光屏亮度较低，通常须在暗室内进行，检查者操作前也须有视力暗适应过程。

目前，少数大、中型宠物医院已经采用影像增强电视系统，不仅影像亮度明显提高，而且可以在明室下操作。在 X 射线透视中，可根据检查需要改变宠物体位或方向进行观察，能够观察到器官的运动状态，还具有简便、经济等优点。但透视的影像对比度和清晰度较差，不便观察组织器官的动态和细微变化，无法留下客观记录以便会诊。所以透视检查目前已大为减少，基本都以摄影检查作为常规 X 射线检查的主要方法。X 射线摄影具有影像清晰、对比度与清晰度较好、能使对比差异较小或微小的结构显像、保留客观记录以便于对照和会诊等优点。由于 X 射线照片仅显示一个平面，一般须在互相垂直的两个方位（侧位、背腹位或腹背位）摄影，有助于形成宠物体内组织器官的立体概念。

三、X 射线透视与摄影检查方法

（一）X 射线透视检查法

透视是利用 X 射线的荧光作用，在荧光屏上显示出被照物体的影像，从而进行观察的一种方法。一般透视必须在暗室内进行，透视前必须对视力进行暗适应。如采用影像增强电视系统，则影像亮度明显增强，效果较好，并可在明室内进行透视。

1. 应用范围

主要用于胸部及腹部的侦察性检查，也用于骨折、脱位的辅助复位，以及异物定位和摘除手术。对骨关节疾病，一般不采用透视检查。

2. 透视技术

（1）透视检查的条件　管电流通常用 2～3mA；管电压在小宠物为 50～70kV，大宠物为 60～85kV；焦点至荧光屏的距离，小宠物 50～75cm，大宠物 75～100cm；曝光时间为 3～5s，间歇 2～3s，断续地进行，一般每次胸部透视约需 1min。

（2）透视检查的程序　预先了解透视目的或临床初步意见，在被检宠物确实保定后，将荧光屏贴近被检部位，并与 X 射线中心相垂直，以免影像放大和失真。

先对被检部位做全面浏览观察，注意有无异常。当发现可疑病变时，则缩小光门做重点深入观察，并与对称部位比较。记录检查结果，必要时进一步做摄影检查。

3. 注意事项

进行 X 射线透视检查前，检查者应戴上红色护目镜 10～15min，做眼睛暗适应；除去宠物体表被检部位的泥沙污物、敷料油膏和含碘、铋、汞等大原子序数的药物；注意对 X 射线的防护，如穿戴铅橡皮围裙与手套，或使用防护椅；全面系统检查，避免遗漏。调节光门，使照射野小于荧光屏的范围；熟练掌握技术，在正确诊断的前提下，缩短透视时间，不做无必要的曝光观察；患病宠物必须做适当保定，以确保人员、宠物和设备的安全。

（二）X 射线摄影检查方法

1. 装卸 X 射线胶片

预先取好与 X 射线胶片尺寸一致的暗盒置于工作台上，松开固定弹簧。在配有安全红灯的暗室环境下打开暗盒，从已启封的 X 射线胶片盒内取出一张胶片，将胶片放入暗盒内，然后紧闭暗盒送往拍照（图 12 - 4）。接着将拍照过的暗盒送回暗室，在暗室中将暗盒开启，轻拍暗盒使 X 射线胶片脱离增感屏，以手指捏住胶片一角轻轻提出（图 12 - 5）。切忌用手指在暗盒内挖取胶片或用手指触及胶片中心部分，以免胶片或增感屏受到污损。将胶片取出后送自动冲片机冲洗，或将胶片夹在洗片架上人工冲洗。

图 12 - 4 把新胶片放入暗盒内

图 12 - 5 把拍照过的胶片取出

2. 确定摄影条件

为使 X 射线照片有良好的清晰度与对比度，必须选用适当的摄影条件，即管电压峰值千伏（kV）、管电流毫安（mA）、焦点胶片距和曝光时间。

kV 表示 X 射线的穿透力，摄影时根据被检部位的厚度选择，厚者用较高的 kV，薄者用较低的 kV。通常先获得对一定厚度部位的最佳摄影 kV，然后以此为基准，按被检部位厚度变化调整。当厚度增减 1cm 时，管电压相应增减 2kV。较厚密部位需用 80kV 以上时，厚径每增减 1cm，要增减 3kV。需用 95kV 以上时，厚径每增减 1cm，要增减 4kV。

当需用 kV 已无可调范围时，则运用 kV 与毫安秒（mA·s）转换规律，调整 mA·s 的值，即通过增大 X 射线输出量使胶片获得良好的曝光。焦点胶片距（简称焦片距）是 X 射线球管阳极焦点面至胶片的距离。焦片距过近，影像放大，使胶片清晰度下降：焦片距越远，影像越清晰，但 X 射线强度减弱，必须延长曝光时间，结果可能因宠物在曝光中骚动使胶片模糊。所以，通常选择焦片距在 75～100cm 为宜。曝光时间是指管电流通过 X 射线管的时间，以 s 表示。

常以 mAs 即 mA 与 s 的乘积计算 X 射线的量，例如 25(mA)×2(s)=50(mAs)。也可变换为 50(mA)×1(s)=50(mAs) 或 100(mA)×0.5(s)=50(mAs)。

mAs 决定照片的感光度，感光度过高、过低分别造成照片过黑、过白。临床上应从 X 射线机实际性能出发，在保持一定 mAs 的情况下，宜尽量选择短的曝光时间，以减少宠物骚动而致影像模糊不清。若拍摄心、肺、胃、肠等活动的器官，应选择相对静止部位、更短的曝光时间。

3. X 射线机的操作

X 射线机是一种精密医用设备，应严格遵守其使用说明和操作规程，妥善维护，才能经久耐用。操作机器前，应检查控制台面上的各种仪表、调节器、开关是否处于零位。操作时打开电源开关，扭动电压调节旋钮使指针指向 220V，让机预热 2s 时间。根据摄影部位厚度选择合适的摄影条件，即 kV、mA 和曝光时间 s。摆好宠物被摄位置后，再检查机器各个调节是否正确，然后按动曝光限时器。X 射线机使用完毕后，将各调节器调至最低位，关闭机器电源，断开线路电源。

4. 冲洗胶片

有自动洗片机冲洗和人工冲洗两种方法。使用自动冲片机冲洗，可在 2min 内获得已干燥的 X 射线照片（图 12-6）。

人工冲洗需要经过显影—漂洗—定影—水洗—干燥几个步骤，其中显影—漂洗—定影均须在装有安全红灯的暗室环境下进行。为方便人工冲洗过程，一般将显影桶、漂洗桶和定影桶并列放在一起（图 12-7）。有的诊所面积小，采用不锈钢材料定做一体化洗片桶，既节约空间，也十分方便。

图 12-6 洗片机

图 12-7 人工冲洗
并列放置的显影桶、漂洗桶和定影桶

显影时间一般为 5～8min，最适显影温度为 18～20℃。如难以把握显影温度，可在显影 2～3min，登记后送交临床医生阅片诊断。临床工作中根据诊断疾病的需要，一般多在胶片定影数分钟后取出先行阅片做出诊断，接着进行定影—水洗—干燥等过程。

四、X射线的特殊造影检查方法

（一）非选择性心脏造影

非选择性心脏造影是通过大的外周静脉注射大剂量含水的碘剂，同时进行连续多次曝光。可对体循环系统和肺循环系统的主要血管和心脏房、室进行评估和诊断。非选择性心脏造影术可用于检查房、室的大小和形态；区别几种主要的猫原发性心肌症；区别心脏扩大和心包渗出或肿物；评估心脏瓣膜狭窄或关闭不全等；区分体循环和肺循环主要脉管系统的先天性和后天性异常；辨别心脏的充塞性疾病，例如血栓和肿瘤等。

（二）胸膜腔、腹膜腔X射线造影

可使肺叶之间间隙更好地显影，定位肺脏病变；评估胸腔壁或腹腔壁的轮廓和完整性以及横膈膜肿物、破裂和先天性缺陷；也可提高腹膜脏层的分辨力。需要注意的是，如果腔内有渗出物，应先清除渗出物，否则将稀释造影剂。

（三）脊髓X射线造影

在蛛网膜下腔注入造影剂使脊髓轮廓和蛛网膜下腔显影的一种方法。适用于临床暗示为脊髓或椎管疾病，在平片检查时呈阴性或模糊的结果，或在外科手术前对脊髓或椎管病变进行准确定位时的病例。

（四）硬膜外腔X射线造影

在硬膜外腔注入碘化造影剂的一种方法，适用于评估普通平片上显示不明显的第5腰椎（马尾综合征）以后的压迫性损伤或肿物。

（五）食管X射线造影

口服阳性造影剂，评估咽喉和食管的形态，同时评估口、咽、环咽和食管段的功能。适用于临床有咽和食管疾病征象的病例，如窒息、恶心、吞咽困难、反胃以及进食后立即发生咳嗽或呕吐等现象；反复发生、无法解释的吸入性肺炎；喉或咽的外科手术前以及已知患有食管机动性疾病（巨食管）时评估吞咽功能；确定在普通平片上咽和食管内是否存在可疑异物和狭窄，或有否存留的气体、液体、血液，局部或区域性的扩张等；测定在颈部和胸部疾病（外伤、炎症、肿瘤）时食管紊乱程度；对食管近端和远端括约肌及食管裂口的评估等。

正常时造影剂稍微覆盖咽部，在咽喉管和梨状凹处无明显的造影剂蓄积，也无造影剂进入鼻咽部或通过喉部，食管轻微覆盖造影剂，在犬可看到6～12条平行排列的竖条纹，在猫食管X射线照片上可见到食管远端有一个垂直的有条纹的"箭尾状"现象，在颈部远端和胸廓近端食管可见到少量造影剂蓄积，但在吞咽下一个食团时被迅速清除。在短颅品种中胸廓入口处的食管冗余属正常，造影剂不应在此蓄积，伸展颈部可消除食管冗余，它同真正的食管憩室有区别。

（六）上段胃肠道 X 射线造影

即将液体阳性造影剂灌入胃内，通过连续 X 射线摄片观察其通过胃和小肠的过程。适用于评估胃肠道黏膜特性、囊腔开放度和运动性的病例，如长期呕吐、腹泻或者体重减轻者，或者怀疑有溃疡或血凝块（黑粪症），或者怀疑梗阻或异物弹片检查中未见到；也适用于确定胃肠道的病变位置，如横膈膜破裂、体壁疝等；还可用于评估胃肠道上腹部内肿块的作用，如属转移还是运动性改变等。

正常时造影剂在胃部应表现为较平滑的伸展，这种情况在胃底部更多些，而幽门部较少见，小肠有一黏膜的结构，光滑或似伞状，小肠在肠系膜上随意地移动，并且不断改变位置和直径。

（七）钡剂灌肠/结肠空气造影

用阳性造影剂（钡灌肠剂）、阴性造影剂（结肠空气造影）或者双重造影来评价大肠腔及其黏膜。

这种方法适用于有大肠疾病的症状时，或证明腹腔团块，如肠套叠和肿瘤及检查穿孔或瘘管。正常时结肠是光滑的，无小囊，升结肠、横结肠和降结肠及盲肠应该充满造影剂。犬的盲肠呈盘曲状，而猫的盲肠小而尖，与结肠连在一起。

（八）静脉尿路造影

向体表静脉注入水样的碘化造影剂，随后通过尿道排出体外。通过连续的 X 射线摄片进行显示。

造影剂能增强肾的血管分布、肾实质和集合管及接下来的输尿管和膀胱的显影。静脉尿路造影可提供形态学的信息及对肾和输尿管功能的粗略估测。可评估肾、输尿管和膀胱的大小、形状和位置；检测肾盂异常现象，如肾盂积水、肿块或者结石；调查血尿、脓尿或大小便失禁的原因；决定腹腔内和腹膜后的肿块或腹部创伤对尿道功能的影响，以及手术前后对肾和输尿管功能的粗略评估等。

（九）膀胱尿道 X 射线造影

出现排尿困难、频尿、血尿、脓尿和尿失禁症状，或周期性的下尿道感染、前列腺肥大和其他后腹部肿块，或膀胱形状、透明度或者位置异常等症状时，怀疑下泌尿道疾病，一般对其进行 X 射线造影。

对于在 X 射线平片中未见到膀胱或证明膀胱未闭合时常采用阳性造影；而评估膀胱壁厚度，提高内腔结构的可见性，如石块和肿块或在尿路造影期间，对异位尿道的评估时常采用膀胱充气造影；要获得黏膜的细微结构或提供最好的关于膀胱内腔和其囊壁损害的信息，如肿块和石块，常采用双重膀胱造影；估测排尿困难、尿失禁和血尿症的原因，或监测结石、肿块、狭窄、破裂和异位的输尿管等，常进行逆行尿道造影。

正常犬膀胱呈梨形，带有一个光滑的逐渐变细的膀胱三角。当膀胱充盈后占据大部分腹部，排空后则定位于骨盆内，有些品种如德国短毛猎犬有一个"骨盆膀胱"，有时和尿失禁相关联。

膨胀时膀胱应该是光滑的，厚薄均一，约 1mm。雌性犬尿道直径相对一致，且壁光滑；雄性犬尿道由前列腺、膜质和阴茎构成，正常的宽阔点是前列腺尿道、膜质尿道和近侧的阴茎尿道部分，正常的狭窄点仅仅是后端到前列腺部分，在坐骨弓处和阴茎骨内。猫的膀胱呈圆形或卵圆形，位于腹部，光滑，薄壁，厚 0.5 ~ 1mm。

猫的尿道长，雌性尿道的直径均一，雄性尿道从膀胱三角的末梢开始逐渐变细。

（十）关节造影

关节内注射阴性或阳性造影剂，可以更好地展示关节面、关节囊和滑液囊的情况。通过造影可提高关节软骨缺陷的可视度，能更好地定位骨碎片和异物在关节内或关节外的位置。

正常的关节面光滑、明显。关节囊的大小和轮廓依被检查的关节不同而变化。血凝块、软骨碎片、关节肿块、绒毛结节性的肿块或肿瘤可以导致造影剂填充性缺陷。因关节囊破裂、滑液疝（造影剂残留于疝囊内）或滑液瘘管（在传递性组织结构中可以看见造影剂，如腱鞘膜）可导致造影剂泄漏，超出关节囊的正常范围。

（十一）宠物的 X 射线摄影示例

X 射线摄影示例见图 12 - 8、图 12 - 9。

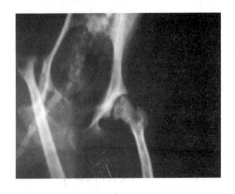

图 12 - 8　X 射线摄影示例 1

X 射线仰卧照可见切除的右侧股骨头有明显软骨增生及钙化现象，向关节窝内生长；而左侧股骨头仅有轻微软骨生长

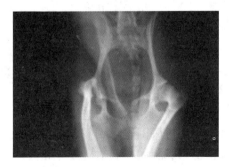

图 12 - 9　X 射线摄影示例 2

X 射线仰卧照可见切除的右侧股骨头已生长完全，且附着于关节窝内；而左侧少许生长的股骨头也附着于关节窝内

X射线临床检查技术

【目的要求】

通过实训，熟悉X射线机的性能，掌握X射线检查技术。

【实训内容】

X射线的临床检查。

【实训器材】

携带式X射线诊断机、X射线胶片、片夹、增感屏、遮线管、暗盒、滤线器、铅号码、摄影夹、摄影机、测量尺、铅板或铅橡皮等，硫酸钡、泛影钠或优罗维新、40%碘化油等。

【实训方法】

一、透视检查

(一) 准备

(1) 按照说明书的要求连接好X射线机及附属设备。

(2) 透视前详细阅读透视单，参考临床资料及其他检查结果，明确透视目的。

(3) 做好患病犬、猫的登记工作。

(4) 清洁犬、猫身体，除去随身物品。妥善保定，必要时给予镇静剂。

(5) 调整机器的设置，50~70kV、2~3mA。

(6) 佩戴好防护用具，做好暗适应。

(二) 检查

(1) 使荧光屏靠近被检犬、猫，必要时改变被检犬、猫体位，了解被检部位全貌。

(2) 开启机器，间歇曝光，利用缩光圈，尽量缩短检查时间。

(3) 按要求全面检查。

二、摄影检查

(1) 登记编号；阅读摄影申请单，了解犬、猫基本情况及摄影要求和目的。

(2) 清洁犬、猫身体，除去随身物品，确定摄影部位，妥善保定。

（3）根据摄影部位选择大小适当的胶片，测量投照部位厚度，确定 kV、mA、曝光时间和距离等投照条件。

（4）固定暗盒位置，使 X 射线束的中心、被检机体部位中心与暗盒中心在一条直线上。

（5）开启机器，在被检犬、猫安静时曝光即可获得潜影。

（6）曝光后的 X 射线胶片立即送暗室冲洗，湿片观察，如不满意，重新拍摄。胶片晾干后剪角装套。

三、造影检查

（一）消化道造影

（1）被检犬、猫造影检查前禁饲、禁水 12h 以上。

（2）先将硫酸钡和阿拉伯胶混合，加入少量热淡水调匀，再加适量温水。食管造影 60% 硫酸钡，内服胃肠造影用 15% 硫酸钡。口服剂量为 2~5mL/kg 体重。

（3）观察检查可根据情况采取站立侧位、背立背胸位或仰卧位。检查食管和胃可于造影当时或稍后观察，检查小肠应于服钡剂后 1~2h 观察，检查大肠则应于服钡剂后 6~12h 进行观察。

（二）泌尿道造影

（1）膀胱造影时，先插入导尿管，排尿液后，向膀胱内注入无菌空气或 5%~10% 的泛影钠 6~12mL/kg。

（2）肾盂造影时，应先禁食 24h、禁水 12h，仰卧保定，在下腹部加压迫带，防止造影剂进入膀胱而使肾盂充盈不良，静脉缓慢注射 50% 泛影钠或 58% 优罗维新 20~30mL，注毕 7~15min 拍腹背位的腹部片，并立即冲洗，肾盂显像后除去压迫带，再拍摄膀胱照片。

（三）支气管造影

（1）犬、猫被检侧取下卧位保定。

（2）经口插管或气管内注射引入造影剂 40% 磺化油 15mL 左右。造影剂沿下侧支气管流入被检侧部位，在透视下可以看到造影剂按心叶支气管、膈叶支气管和尖叶支气管顺序流入，待造影剂完全流入支气管内，进行 X 射线摄片。

（3）每次只能检查一侧肺脏支气管。要做对侧支气管造影时，应在造影剂排尽后再进行。

复习思考题

简述 X 射线检查的体会。

模块四
临床治疗方法与技术

项目十三 │临床给药方法

【学习目标】

通过宠物临床治疗技术的学习，让学生掌握宠物临床治疗技术的基本知识，并能运用所学知识指导临床实践。

【技能目标】

通过宠物临床治疗技术的学习，熟练运用治疗器械开展宠物临床基本治疗，达到宠物治疗职业技术技能标准。

【案例导入】

静脉注射氯化钙溶液漏至皮下导致的颈静脉炎，最佳治疗方法是（　　）。

A. 局部冷敷　　　　　B. 局部热敷　　　　　C. 局部生理盐水冲洗

D. 局部涂红霉素软膏　E. 局部注射 10% ~ 20% 硫酸钠

【课前思考题】

1. 为什么要学习宠物临床治疗技术？

2. 只会诊病不会治病能是执业兽医吗？

一、经口给药法

少量的水剂药物或将粉剂、研碎的片剂加适量的水而制成溶液、混悬液、糊剂或中药及其煎剂、片剂、丸剂、舔剂等经口给药。

（一）给药准备

准备好投药器具、小勺等，经适宜的保定后经口给药，也可以把药物拌在食物中给药。

（二）给药方法

1. 胃导管投药法

胃导管投药法适用于投入大量水剂、油剂或可溶于水的流质药液。该方法简单，安全可靠，不浪费药液。

投药时对犬实施坐姿保定。打开口腔，选择大小适合的胃导管，用胃导管测量犬鼻端到第8肋骨的距离后，做好标记。用润滑剂涂布胃导管前端，插入口腔从舌面上缓缓地向咽部推进，在犬出现吞咽动作时，顺势将胃导管推入食管直至胃内（判定插入胃内的标志：从胃管末端吸气呈负压，犬无咳嗽表现）。然后连接漏斗，将药液灌入。灌药完毕，除去漏斗，压扁导管末端，缓缓抽出胃导管。

2. 匙勺、洗耳球或注射器投药

适用于投服少量的水剂药物，粉剂或研碎的片剂加适量水而制成的溶液、混悬液，以及中药的煎剂等。投药时，对犬实施坐姿保定。助手使犬嘴处于闭合状态，犬头稍向上保持倾斜。操作者以左手食指插入嘴角边，并把嘴角向外拉，用中指将上唇稍向上推，使之形成兜状口。右手持勺、洗耳球或注射器将药灌入。注意一次灌入量不宜过多；每次灌入后，待药液完全咽下后再重复灌入，以防误咽。

（三）注意事项

（1）每次灌入的药量不宜过多，不要太急，不能连续灌，以防误咽。

（2）头部吊起或仰起的高度，以口角与眼角呈水平线为准，不宜过高。

（3）灌药中，患病宠物如发生强烈咳嗽，应立即停止灌药，并使其头部低下，将药液咳出，安静后再灌。

（4）当宠物咀嚼、吞咽时，如有药液流出，应用小药盆接取，以免流失。

二、注射法

注射法是使用注射器将药液直接注入体内的给药方法。具有药量小、奏效快、避免经口给药麻烦和降低药效的优点。

注射针头则根据其内径大小及长短而分为不同型号。使用时按注射方法和剂量选择适宜的注射器及针头。注射部位应涂擦5%碘酊消毒，再以75%乙醇脱碘，也可使用0.1%苯扎溴铵消毒。注射完毕，对注射部位用乙醇棉球消毒。

注射时必须严格执行无菌操作规程。注射前先将药液抽入注射器内或放入输液瓶中，同时要注意认真检查药品的质量，有无变质、混浊、沉淀。混注两种以上药液时，应注意有无配伍禁忌。抽完药液后，一定要排出注射器内或输液瓶胶管中的气泡。

（一）注射的原则

1. 无菌原则

（1）严格遵守无菌操作原则 注射前必须洗手，戴口罩，衣帽整洁。

（2）严密消毒 注射部位皮肤用棉签蘸2%碘酊，以注射点为中心，由内向外呈螺旋形涂擦，直径应在5cm以上，待干后用70%乙醇以同法脱碘，乙醇干后，方可注射。

（3）勿于炎症部位进针 选择合适的注射部位，不能在有炎症、化脓感染或皮肤病的部位进针。

2. 防差错原则

（1）认真执行"三查七对"制度，做到注射前、中、后三看标签，仔细查对，以免遗漏或错误。

（2）严格检查药物质量 严格检查药液有无变质、沉淀或混浊，药物是否已失效，安瓿或密封瓶有无裂痕等现象，有则不能应用。

（3）给药途径准确无误 注射用药可供皮下、肌内、静脉途径给药。注入体内吸收最快的是静脉，其次是肌内及皮下，但必须严格按医嘱准确按时给药。注射药液应现用现配，无论是皮下、肌内、静脉注射，进针后注入药物前，都应抽动活塞，检查有无回血。皮下、肌内注射不可将药液直接注入血管内，但静脉注射必须见回血后，方可注入药液。

（4）同时注射几种药时，应注意药物的配伍禁忌。

（二）防止意外

1. 防过敏

详细询问过敏史，尤其在做过敏试验时，要备有急救器材和药品，如氧气、盐酸肾上腺素、灭菌注射器等，以防万一。

2. 防空气栓塞

注射前必须排尽注射器内的空气，以免空气进入血管形成栓子。

3. 防断针

（1）注射前备血管钳，以保证急用。

（2）注射器应完整无裂痕，空筒与活塞号码相一致，以防漏气，注射器针头与针栓必须紧密衔接。

（3）针头大小合适，针尖锐利无弯曲（尤其注意针梗与针栓衔接处有无弯曲）。

（4）不宜在硬结和瘢痕处进针。

（5）掌握正确的进针方法，如肌内注射时应以前臂带腕部力量垂直快速进针，并注意留针（针梗）于皮肤外1/3。

4. 防损伤神经和血管

选择合适的注射部位，避免损伤神经和血管。

（三）掌握无痛注射要点

（1）针尖必须锋利（无钩、无锈、无弯曲）。

（2）注射部位选择正确。

（3）肌肉必须松弛，注意说明解释，分散注意力，取得合作，使肌肉松弛，易于进针。

（4）掌握"二快一慢"（进针及拔针快、推药慢）的方法。

①注射时做到二快一慢，且注药速度应均匀。

②同时注射多种药物时，应先注射无刺激性的，再注射刺激性强的药物，并且选择针头宜粗长，进针要深，以减轻疼痛。

（四）皮内注射

用于某些疾病的变态反应诊断或做药物过敏试验，以及疫苗预防接种等。

1. 注射准备与部位

用 1～2mL 特制的注射器与短针头或预防接种的连续注射器，以及应用药品等。根据不同宠物，可在颈侧中部或尾根内侧注射。

2. 注射方法

左手拇指与食指将皮肤捏起皱褶，右手持注射器使针头尖与皮肤呈 30°角刺入皮内约 0.5cm，深达真皮层，即可注射规定量的药液。注毕，拔出针头，术部轻轻消毒，但应避免压挤。注射疫苗时应用碘仿火棉胶封闭针孔，预防药液流出或感染。

注射准确时，可见注射局部形成小豆大的隆起，并感到推药时有一定阻力，如误入皮下则无此现象。

3. 注意事项

注射部位一定要认真判定准确无误，否则将影响诊断和预防接种的效果。

（五）皮下注射

将药液注射于皮下结缔组织内，经毛细血管、淋巴管吸收进入血液，发挥药物作用，而达到防治疾病的目的。凡是易溶解、无强刺激性的药品及疫苗、菌苗等，均可做皮下注射。

1. 注射准备与部位

根据注射药量多少，可用 10～50mL 的注射器及针头。当吸引药液时，先将安瓿封口端用乙醇棉球消毒，并随时检查药品名称及质量，然后打去顶端，再将连接针头的注射器插入安瓿的药液中，慢慢抽出针筒活塞吸引药液到针筒中，吸完后排出气泡，用乙醇棉球包好针头。选在皮肤较薄，富有皮下组织，松弛容易移动，活动性较小的部位。鸟类在翼下，犬可在颈侧及股内侧。

2. 注射方法

左手中指和拇指捏起注射部位的皮肤，同时以食指尖压皱褶向下陷呈窝，右手持连接针头的注射器，从皱褶基部的陷窝处刺入皮下 2～3cm，此时如感觉针头无抵抗，且能自由活动针头时，左手把持针头连接部，右手推压针筒活塞，即可注射药液。如需注射大量药液时，应分点注射。注完后，左手持乙醇棉球按住刺入点，右手拔出针头，局部消毒。必要时可对局部进行轻度按摩，促进吸收。

3. 利弊

（1）皮下注射的药液，可通过皮下结缔组织中的广泛毛细血管吸收而进入血液。

（2）药物的吸收比经口给药和直肠给药发挥药效快。

（3）与血管内注射比较，没有危险性，操作容易，大量药液也可注射，而且药效作用持续时间较长。

（4）皮下注射时，根据药物的种类，有时可引起注射局部的肿胀和疼痛。尤其是对局部刺激较强的钙制剂、砷制剂及高渗溶液等，易诱发炎症，甚至组织坏死。

（5）因皮下有脂肪层，吸收较慢，一般经 5~10min 才能呈现药效。

4. 注意事项

刺激性强的药品不能做皮下注射。多量注射补液时需将药液加温后分点注射。注射后应轻度按摩或进行温敷，以促进吸收。

（六）肌内注射

由于肌肉内血管丰富，药液注入肌肉内吸收较快。其次，肌肉内的感觉神经较少，故疼痛轻微。所以一般刺激性较强和较难吸收的药液、进行血管内注射而有副作用的药液、油剂或乳剂等不能进行血管内注射的药液、为了缓慢吸收及持续发挥作用的药液等，均可应用肌内注射。

1. 注射准备与部位

准备同皮下注射。犬多在颈侧及臀部，鸟类在胸肌部。但应避开大血管及神经的经路。

2. 注射方法

（1）左手的拇指与食指轻压注射局部，右手如执笔式持注射器，使针头与皮肤垂直，迅速刺入肌肉内。一般刺入 2~4cm，而后用左手拇指与食指握住露出皮外的针头结合部分，以食指指节顶在皮上，再用右手抽动针筒活塞，确认无回血后，即可注入药液。注射完毕，用左手持乙醇棉球压迫针孔部，迅速拔出针头。

（2）以左手拇指、食指捏住针体后部，右手持针筒部，两手握注射器，垂直迅速刺入肌肉内，而后按上述方法注入药液。

（3）左手持注射器，先以右手持注射针头刺入肌肉内，然后把注射器转给右手，左手把住针头（或连接的乳胶管），右手所持注射器与针头（或连接的乳胶管）接合好，再行注入药液。

3. 利弊

（1）肌内注射由于吸收缓慢，能长时间保持药效、维持浓度。

（2）注射的药液虽然具有吸收较慢、感觉迟钝的优点，但不能注射大量药液。

（3）由于宠物的骚动或操作不熟练，注射针头或注射器的接合头易折断。

4. 注意事项

（1）针体刺入深度，一般只刺入 2/3，不宜全长刺入，以防针体折断。

（2）对强刺激性药物如水合氯醛、钙制剂、浓盐水等，不能肌内注射。

（3）注射针尖接触神经时，则宠物感觉疼痛不安，应变换方向，再注射药液。

（4）一旦针体折断，应立即拔出。如不能拔出，先将患病宠物保定好，防止骚动，行局部麻醉后迅速切开注射部位，用小镊子或钳子拔出折断的针体。

（七）静脉内注射

静脉内注射主要应用于大量的输液、输血；以治疗为目的急需速效的药物（如急救、强心等）；注射刺激性较强的药物或皮下、肌内不能注射的药物等。

1. 注射准备与部位

根据注射用量可准备相应的注射器及相应的注射针头，大量输液时一般采用点滴管，以调节滴数，掌握其注入速度。注射药液的温度要接近体温，宠物可行侧卧保定。

犬等均在颈静脉上 1/3 与中 1/3 的交界处；鸟类在翼下静脉。

2. 犬的注射方法

（1）前臂皮下静脉（又称桡静脉）注射法　此静脉位于前肢腕关节正前方稍偏内侧。犬可侧卧、伏卧或站立保定，助手或犬主人从犬的后侧握住肘部，使皮肤向上牵拉和静脉怒张，也可用止血带（乳胶管）结扎使静脉怒张。

操作者位于犬的前面，注射针由近腕关节 1/3 处刺入静脉，当确定针头在血管内后，针头连接管处见到回血，再顺静脉管进针少许，以防犬骚动时针头滑出血管。松开止血带或乳胶管，即可注入药液，并调整输液速度。静脉输液时，可用胶布缠绕固定针头。此部位为犬最常用最方便的静脉注射部位。在输液过程中，必要时试抽回血，以检查针头是否在血管内。注射完毕，以干棉签或棉球按压穿刺点，迅速拔出针头，局部按压或嘱宠物主人按压片刻，防止出血。

（2）后肢外侧小隐静脉注射法　此静脉位于后肢胫部下 1/3 的外侧浅表皮下，由前斜向后上方，易于滑动。注射时，使犬侧卧保定，局部剪毛消毒。用乳胶带绑在犬股部或由助手用手紧握股部，使静脉怒张。操作者位于犬的腹侧，左手从内侧握住下肢以固定静脉，右手持注射针由左手指端处刺入静脉。

（3）后肢内侧面大隐静脉注射法 此静脉在后肢膝部内侧浅表的皮下。助手将犬背卧后固定，伸展后肢向外拉直，暴露腹股沟，在腹股沟三角区附近，先用左手中指、食指探摸股动脉跳动部位，在其下方剪毛消毒；然后右手持针头，针头由跳动的股动脉下方直接刺入大隐静脉管内。注射方法同前述的后肢小隐静脉注射法。

3. 利弊

（1）药液直接注入脉管内，随血液分布全身，药效快，作用强，注射部位疼痛反应较轻。但药物代谢较快，作用时间较短。

（2）患病宠物能耐受刺激性较强的药液，如钙制剂、水合氯醛、新胂凡钠明（商品名：914）等，以及容纳大量的输液和输血。

（3）注射速度过快、药液温度过低，可能引起副作用，同时有些药物可发生过敏现象。

4. 注意事项

（1）严格遵守无菌操作常规，对所有注射用具、注射局部均应严密消毒。

（2）注射时要注意检查针头是否畅通，当反复刺入时常被组织块或血凝块堵塞，应随时更换针头。

（3）注射时要看清脉管经路，明确注射部位，准确一针见血，防止乱刺，以免引起局部血肿或静脉炎。

（4）刺针前应排净注射器或输液管中的气泡。

（5）混合注入多种药液时，应注意配伍禁忌，油类制剂不能做静脉内注射。

（6）大量输液时，注入速度不宜过快，以每分钟 10～20mL 为宜，药液最好加温至与动物体相同温度，同时注意心脏功能。

（7）输液过程中，要经常注意动物表现，如有骚动、出汗、气喘、肌肉震颤等征象时，应及时停止注射。当发现输入液体突然过慢或停止以及注射局部明显肿胀时，应检查回血，放低输液瓶，或一手捏紧输液管上部，使药液停止下流，再用另手在输液管下部突然加压或拉长，并随即放开，利用产生的一时性负压，看其是否回血；也可用右手小指与手掌捏紧输液管，同时以拇指与食指捏紧远心端前段乳胶管拉长，造成空隙，随即放开，看其是否回血。如针头已滑出血管外，则应顺一顺针头或重新刺入。

5. 药液外漏的处理

静脉内注射时，常由于未刺入血管或刺入后因患病宠物骚动而针头移位脱出血管外，致使药液漏于皮下。故当发现药液外漏时，应立即停止注射，根据不同的药液采取下列措施处理：

（1）立即用注射器抽出外漏的药液。

（2）若是等渗溶液（如生理盐水或等渗葡萄糖），一般很快自然吸收。

（3）若是高渗盐溶液，则应向肿胀局部及其周围注入适量的灭菌蒸馏水，以稀释药液。

（4）若是刺激性强或有腐蚀性的药液，则应向其周围组织内注入生理盐水；如氯化钙液，可注入10%硫酸钠或10%硫代硫酸钠10～20mL，使氯化钙变为无刺激性的硫酸钙和氯化钠。

（5）局部可用5%～2.0%硫酸镁进行温敷，以缓解疼痛。

（6）大量药液外漏，应做早期切开，并用高渗硫酸镁溶液引流。

（八）气管内注射

气管内注射是指将药液注入气管内。常用于治疗肺脏与气管疾病及肺脏的驱虫。

1. 注射准备与部位

患病宠物站立保定，抬高头部，术部剪毛消毒。

根据宠物种类及注射目的不同，注射部位也不同。一般在颈上部，腹侧面正中，两个气管轮软骨环之间进行注射。

2. 注射方法

术者持连接针头的注射器，另手握住气管，在两个气管轮软骨环之间，垂直刺入气管内，此时摆动针头，感觉前端空虚，再缓缓滴入药液。注完后拔出针头，涂擦碘酊消毒。

3. 注意事项

（1）注射前宜将药液加温至与宠物物体同温，以减轻刺激。

（2）注射过程如遇宠物咳嗽时，应暂停，待安静后再注入。

（3）注射速度不宜过快，最好一滴一滴地注入，以免刺激气管黏膜，咳出药液。

（4）如患病宠物咳嗽剧烈或为了防止注射诱发咳嗽，可先注射2%盐酸普鲁卡因溶液0.5～2mL。降低气管的敏感性，再注入药液。

（九）腹腔内注射

腹腔内注射是利用药物的局部作用和腹膜的吸收作用，将药液注入腹腔内的一种注射方法。当静脉管不宜输液时可用本法。腹腔内注射在小动物的治疗经常采用。在犬、猫也可注入麻醉剂。本法还可用于腹水的治疗，通过穿刺排出腹腔内的积液，借以冲洗、治疗腹膜炎。

1. 注射准备与部位

患病宠物站立保定，抬高头部，术部剪毛消毒。犬、猫则宜在两侧后腹部。

2. 注射方法

（1）给犬、猪、猫注射时，先将两后肢提起，做倒立保定；局部剪毛消毒。

（2）术者一手把握腹侧壁，另一手持连接针头的注射器在距耻骨前缘3～5cm处的中线旁，垂直刺入。刺入腹腔后，摇动针头有空虚感，即可注射。

（3）注入药物后，局部消毒处理。

3. 特点

腹膜具有强大的吸收功能，药物吸收快，注射方便。

4. 注意事项

（1）腹腔内有各种内脏器官，在注射或穿刺时，容易受损伤，所以要特别注意。

（2）小动物腹腔内注射宜在空腹时进行，防止腹压过大，而误伤其他脏器。

临床给药操作技术

【目的要求】

通过技能训练，熟悉给药的基本方法，熟练掌握动物各种给药方法的操作，为治疗动物疾病奠定坚实的实践基础。

【实训材料】

犬、开口器、犬用胃导管；结核菌素注射器械，注射用 10mL、20mL、50mL 注射器，连有乳胶管及针头的输液瓶，人用点滴管；结核菌素，消毒用碘酒棉球、乙醇棉球，剪毛剪子等；注射药液（生理盐水 500.0mL×1 瓶）。

【方法步骤】

一、经口给药法

（一）固体药剂给药

（1）由犬的口角处打开口腔。

（2）将药送至舌根部。

（3）刺激犬的咽部，促使犬吞咽。

（4）粉剂、散剂可以用犬爱吃的肉块、馒头、包子等食物包好喂服。

（二）液体药物给药

（1）犬经口药勺给药

适用于投入少量液体药物。操作时将犬口张开，右手持勺将药灌入。

（2）犬经口胃管给药

适用于投入大量液体药物。

（1）用犬开口器打开犬口腔。

（2）将犬用胃导管经开口器送至咽部，待犬做吞咽动作时，顺势将胃导管插入食管至胃内。

（3）以水代药液经外接漏斗灌入，完毕后缓慢拔出胃导管。

二、注射给药法

（一）皮内注射

在颈侧中部剪毛消毒；捏起皮肤，将注射器针头以与皮肤呈 30°角的方向刺入皮内约 0.5cm；注射药液之后，拔出针头；术部轻轻消毒。

（二） 皮下注射

选择犬的颈侧或股内侧进行剪毛消毒；捏起皮肤，将吸有药液的注射器针头刺入皮下 2 ~ 3cm；推注完药液后，拔出针头；术部轻轻消毒。

（三） 肌内注射

选择牛或犬的颈侧或臀部进行剪毛消毒；将吸有药液的注射器针头迅速垂直刺入肌肉内，一般刺入 2 ~ 4cm（如果给牛注射，则先将针头单独刺入肌肉内，再接注射器）；推注药液完毕，迅速拔出针头；术部轻轻消毒。

（四） 静脉内注射

犬做前躯侧卧、后躯仰卧保定；在下腹部耻骨前缘前方 3 ~ 5cm 腹白线的侧方剪毛消毒；将注射器针头垂直刺入腹膜腔 2 ~ 3cm；回抽无气泡、血及脏器内容物后，推注药液；完毕后拔出针头，局部涂以碘酊。

（五） 气管内注射

宠物行站立保定，抬高头部；在颈腹侧上 1/3 下界的正中线第 4、5 气管环之间剪毛消毒；将吸有药液的注射器针头垂直刺入气管内 1 ~ 1.5cm；慢慢注入药物，完毕，拔出针头，局部涂以碘酊。

（六） 心脏内注射

犬行站立保定；在胸左侧 3、4 肋间与肩关节水平线交汇处剪毛消毒；将吸有药液的注射器针头垂直刺入 6 ~ 8cm（当回抽有血液时说明刺入心腔）；缓慢注入药物，完毕后涂碘酊压迫片刻。

复习思考题

简述临床给药技术操作的体会。

项目十四 | 临床输液疗法与技术

宠物新陈代谢是一系列复杂的相互联系的生化反应过程，且这些生化反应主要是在细胞内进行的。在一定条件下，机体的调节系统在一定范围内可以进行不断的调节，但病情严重时，机体无能力进行调节或超过了机体可能的代偿程度，便会发生水与电解质平衡紊乱。水、电解质和酸碱平衡紊乱在临床上极为常见，它不是独立存在的疾病，而是某些疾病发展过程中所产生的一系列代谢障碍的结果。

输液的目的就是调节体液、电解质平衡与酸碱平衡或补给营养，而输给以水、电解质溶液、胶体溶液或营养溶液等，是对某些疾病进行治疗的重要方法。临床主要应用于引起脱水现象的各种疾病、酸中毒、碱中毒、贫血、肾脏疾病，改善血液循环与心脏功能，利尿、解毒等。此外，对引起营养障碍时，可加入适当的营养剂，进行营养输液。

一、输液所需的药品

（一）以供给水、电解质为主的溶液

在临床工作中，宠物因患病造成水、电解质及酸碱失调是经常发生的，可用输液方法来进行纠正。正确的输液取决于对这些失调的正确判断，取决于对患病宠物的肾脏、血管系统功能状态的正确估计。因此，正确认识和掌握其发生机制及临床表现，采取恰当的液体疗法，对提高疾病的治愈率非常重要（表14-1）。

表14-1 常用电解质溶液与犬血浆电解质比较

溶液	阳离子/（mmol/L）				阴离子/（mmol/L）	
	钠（Na+）	钾（K+）	钙（Ca2+）	铵（NH4+）	氯（Cl-）	重碳酸盐（HCO3-）或乳酸盐
血浆	143	4.4	5.3		106	20.5
0.9%氯化钠	154				154	
3%氯化钠	525				525	
10%氯化钠		1340			1340	
复方氯化钠	147	4	4		155	
1/6mol/L乳酸钠	167					167
乳酸钠林格氏液	130	4	4		111	27
1.4%碳酸氢钠	168					168

续表

溶液	阳离子/（mmol/L)				阴离子/（mmol/L)	
	钠 (Na$^+$)	钾 (K$^+$)	钙 (Ca^{2+})	铵 (NH$_4$$^+$)	氯 (Cl$^-$)	重碳酸盐（HCO$_3$$^-$) 或乳酸盐
Darrow 液	122	35			104	53（乳酸根)
2:1 溶液	158				103	56
3:2:1 溶液	79				51	28
4:3:2 溶液	105				68	37
10%葡萄糖酸钙			400			
31.5%谷氨酸钾		1700				
28.75%谷氨酸钠	1700					
0.9%氯化铵				170	170	
2%氯化铵				375	375	

（二）输液的原则

（1）输入水、糖、盐虽可暂时改善患病宠物的全身状况，然而，根据宠物水、电解质丢失的数量，追加另外的电解质溶液或用特定的处方对患病宠物进行输液，对保持宠物体液平衡更为有利。

（2）若患病宠物胃肠功能正常，经口给以电解质溶液和热量，比静脉输液更为方便、有效。

患病宠物肾功能正常而血容量不足时，给宠物输入足够的液体和电解质溶液，不会引起肾功能衰竭。

（3）当患病宠物肾功能不足，处于危急状态时，应对患病宠物进行必要的实验室诊断，如测定血钠、血氯、血细胞比容、二氧化碳结合力，并根据测定的结果补充液体和电解质。

常规输液不必进行实验室化验。当需要反复地经常输液时，所选用的药物种类和数量是否合理，应以患病宠物全身状况是否得到改善来体现。

常用的水和电解质主要有以下几种：

①水：饮用常水，对于机体缺水的患病宠物均可用此方法给水，可令患病宠物自由饮水或人工经口投给所需要水量。

②等渗盐水（即0.9%氯化钠溶液）：为0.85%氯化钠溶液，每升含钠及氯离子为154mg。适用于细胞外体液脱水、钠离子、氯离子丧失的病例，如呕吐、腹泻、出汗过多等。此溶液与细胞外体液量比，氯离子浓度高出50%左右，最好用于氯离子丢失多于钠离子的病例。因使用不当，可引起水肿及钾的丢失。如果向此溶液内添加5%的葡萄糖溶液，即一般所说的糖盐水，效果更好。

③低渗盐水：钠和氯离子浓度较等渗盐水低1倍，用于缺水多于缺盐的

病例。

④高渗盐水：浓度为10%的盐水，每升含钠及氯离子1.700mg。此溶液可增高渗透压，能使细胞内体液脱水，故不适合供给补水、电解质为主的溶液。可用于缺盐多于缺水的病例，但用量不宜过大，速度也不能过快。

⑤5%葡萄糖溶液：为等渗的非电解质溶液，只适用于因缺水所致脱水的病例。

⑥林格氏液（复方氯化钠溶液）：含 K^+、Ca^{2+}、Na^+、Cl^- 等离子，与细胞外液相仿。在补液时更合乎生理要求，比等渗盐水优越。但严重缺 K^+ 或严重缺 Ca^{2+} 时，因含量小，还需另外补充。

⑦5%葡萄糖生理盐水：5%葡萄糖和0.9%氯化钠溶液等量混合。适用于等渗性脱水。

⑧1/6mol/L乳酸钠溶液（即1.9%乳酸钠溶液）：以1份1mol/L乳酸钠（11.2%乳酸钠）加5%~10%葡萄糖或蒸馏水5份配成。

⑨氯化钾溶液：通常为10%溶渡，每升含 K^+ 及 Cl^- 为13.4mg，用时取10mL溶于500mL的5%葡萄糖溶液中，浓度不超过0.3%，常用于低血钾患病宠物。注射速度宜慢，过速有引起心跳停止的危险。静脉注射时，必须在尿通之后补钾，即所谓"见尿补钾"。必要时应每日补给，因细胞内缺钾恢复速度缓慢，补钾盐有时需数日才能达到平衡。

⑩复方氯化钾溶液：含0.25%氯化钾、0.24%氯化钠、0.63%乳酸钠的灭菌溶液。

（三）调节酸碱平衡的溶液

1. 1/6mol/L乳酸钠

制剂为1mol/L（11.2%）溶液，每升含 Na^+ 167mg、乳酸根167mg。静脉注射时应用5份5%葡萄糖溶液稀释1mol/L浓度乳酸钠溶液，成为等渗的1/6mol/L（1.9%）溶液，呈碱性。注射后，约有1/2转变为重碳酸盐，呈中和酸的作用；另1/2转变为肝糖原，抑制酮体的产生，还能补给少量的能量，同时也能补充钠，用于纠正代谢性酸中毒。

2. 乳酸钠任氏液

每升含 Na^+ 130mg、K^+ 4mg、Ca^{2+} 4mg、Cl^- 111mg、乳酸根27mg，其中含0.57%~0.63%氯化钠、0.027%~0.033%氯化钾、0.018%~0.022%氯化钙、0.029%~0.033%乳酸钠的灭菌溶液。

与林格氏液比较，更接近于血浆电解质浓度，可用于酸中毒宠物的治疗。配方：氯化钠6g、氯化钾0.3g、氯化钙0.2g、乳酸钠3.1g，注射用水加至1000mL。

3. 达罗（Darrow）氏液（乳酸钾溶液）

每升中含 Na^+ 130mg、K^+ 35mg、Cl^- 104mg、乳酸根53mg。适用于因 Cl^-

缺乏引起的碱中毒和低血钾。静脉注射时不宜过快。

4. 5%碳酸氢钠溶液

每升含 Na^+ 与重碳酸根各 178mg。适用于重度代谢性酸中毒的治疗。注射前宜用 5%葡萄糖溶液稀释成 1.5%的等透溶液（即 1/6mol/L 浓度），供静脉点滴。

5. 1.4%碳酸氢钠溶液

以 5%碳酸氢钠溶液 1 份加蒸馏水 3.6 份配成。

6. 缓血酸胺

缓血酸胺（三羟基氨基甲烷，THAM），本品优点是直接和 H_2CO_3 反应以摄取 H^+，同时又生成 HCO_3^-，产生双重效果纠正酸中毒，特别对呼吸性酸中毒效果更好。缓血酸胺作用力强，可渗透细胞膜，与细胞内的 CO_2 迅速结合，同时又与细胞内外的 H^+ 结合，所以用后 pH 迅速上升。缺点为高碱性（3.64%水溶液 pH 为 10.2），渗出血管外可引起组织坏死。大剂量快速滴入可因 CO_2 张力突然下降而抑制呼吸，并使血压下降，也可导致低血糖、高血钾。注射时可将 7.28%缓血酸胺溶液，加等量的 5%～10%葡萄糖溶液稀释后再用。

7. 0.9%氯化铵溶液

为酸性溶液，含氯离子和铵离子各 168mg/L，可用于一部分代谢性酸中毒的病例。

（四）胶体溶液

胶体溶液是当血容量不足，造成循环衰竭，发生休克时而应用的溶液。常用的有以下几种：

1. 全血

全血的输注不单纯补充血容量，还可供给营养物质，使血压尽快恢复。供血宠物必须严格检查，确认健康时方可采血。

2. 血浆

本晶体含有丙种球蛋白的非特异性抗体，能与各种病原相作用，加速疾病的痊愈。又可供蛋白质的来源，适用于大量体液的丢失。应用时取新鲜血浆，可不考虑血型，比全血安全，使用方便。

3. 血清

用于补充血容量的不足。

4. 右旋糖酐

右旋糖酐是多糖体，不含蛋白质，它可增进非细胞部分的血容量。6%右旋糖酐溶于生理盐水中，它的分子质量与血浆蛋白的分子质量接近，在血液中存留时间较长，一般注入 24h 后，有一半被排出体外，所以它可代替血浆蛋白，具有维持血浆渗透压及增加血容量的作用。临床多用低分子质量和中分子的右旋糖酐。

中分子右旋糖酐的相对分子质量为 5 万 ~ 10 万，多制成 6% 的生理盐水溶液静脉注射。因相对分子质量较大，不易渗出血管，能提高血浆胶体渗透压，增加血浆容量，维持血压。供出血、外伤休克及其他脱水状态时使用。

低分子质量右旋糖酐的相对分子质量为 2 万 ~ 4 万，多制成 10% 的生理盐水溶液静脉注射。能降低血液黏稠度，制止或减轻细胞的凝集，从而改善微循环。一般输入右旋糖酐时，可先输 1000mL 低分子质量的，再输中分子质量的。输入速度开始宜快注，血压上升到正常界限，再减慢速度，维持血压不致下降，然后再考虑补充电解质溶液。

（五）混合溶液

1. 2:1 溶液

由 2 份生理盐水和 1 份 1/6mol/L 乳酸钠（或 1 份 1.4% 碳酸氢钠）溶液混合而成。

2. 3:2:1 溶液

由 3 份 5% ~ 10% 葡萄糖、2 份生理盐水和 1 份 1/6mol/L 乳酸钠（或 1.4% 碳酸氢钠）溶液混合而成。

3. 4:3:2 溶液

由 4 份生理盐水、3 份 5% ~ 10% 葡萄糖溶液和 2 份 1/6mol/L 乳酸钠（或 1.4% 碳酸氢钠）溶液混合而成。

二、输液疗法的核心与注意的问题

（一）补充电解质保持渗透压平衡

在输给电解质之前，首先要测定血 K^+、血 Cl^- 和水的丧失量，同时还应考虑宠物每日的需要量。然后根据机体所需的电解质溶液，考虑补给电解质。健康宠物血液中电解质的变动范围是：钠 135.0 ~ 160.0mg/L，钾 2.7 ~ 9.0mg/L，氯 97.0 ~ 110.0mg/L，碳酸氢根 17.0 ~ 29.0mg/L。此外，必要时还应测定钙、镁与无机磷的丧失量，以便及时补给。

体液是有一定渗透压的，体液渗透压是影响机体组织中水分和可溶性物质分布的重要因素，而宠物对渗透压的改变较为敏感。因此当补充水、电解质溶液时，首先必须确定体液是高渗性还是低渗性；是缺水还是缺盐，或为水、盐混合性缺乏，如果是水、盐混合性缺乏要看是以缺水为主还是缺盐为主，只有确定此问题后，才能正确补给液体与电解质。一般可从宠物进水情况和水、电解质丢失情况加以判断。细胞外体液呈高渗时，即为盐多于水，应该用 5% ~ 10% 葡萄糖溶液为主的溶液纠正。细胞外体液为低渗时，水多于盐，应补给等渗或高渗盐水进行纠正。

（二）补液量

体液容积不足，可引起血液循环障碍，排出血液量减少，血压下降，肾功能破坏等，甚至可造成循环衰竭、肾功能衰竭、最后导致患病宠物死亡。所以，在纠正体液平衡紊乱时，首先要注意维持血容量是非常重要的，足够的血容量才能维持正常的血液循环和组织灌注。但单纯地输给丧失量，常不能满足机体需要，应大量输液，并超过正常的血容量为宜。最初输液应以胶体溶液为主，输一定量胶体溶液后，再补给电解质溶液，以缓解电解质的不足。

补液量的计算：维持患病宠物水与电解质平衡的需要量，要从以下三方面来计算：

1. 当日需要量

每日代谢作用基本需水量，成年犬为66mL/kg。

2. 当日丢失量

即当呕吐、腹泻、胃肠减压、创伤排液时的丢失量。为估计当日丢失量，每日需要准确记录。

3. 已丢失量

已丢失量即当前的失衡量。

（1）估计法　根据临床症状估计脱水程度，按体重减轻的百分比来决定补液量。

轻度脱水体液已丢失量占体重的4%，中度脱水占6%，重度脱水占8%。

（2）计算法　计算已丢失量的方法很多，临床上犬常用的方法是测定血细胞比容（PCV）。其计算公式如下：

补充量（L）=体重（kg）×脱水量（%，占体重百分比）。

维持量（mL）为40~60mL/(kg·d)。

患犬一天的输液量=维持量+补充量。

以上方法计算的补液量不可能十分精确，因此，一般应先以计算量的1/3~1/2补给，然后根据补液效果随时修订补液量。

4. 补充液体的选择

（1）轻度等渗性脱水　用电解质溶液:非电解质溶液=1:1的液体。常用者为3:2:1溶液，能补充水分、钠及氯，纠正酸中毒及供给热量。其中钠离子与氯离子的比例为3:2，与正常血浆中钠离子与氯离子的比例相似，适合机体的生理需要。

（2）低渗性脱水或中、重度脱水　用电解质溶液:非电解质溶液=2:1的液体，常用者为4:3:2溶液。此种混合溶液除具有3:2:1溶液的优点外，因含电解质较多，能较快地纠正脱水和防治休克。

（3）高渗性脱水　用电解质溶液:非电解质溶液=1:(2~4)的液体，常用者除以5%葡萄糖溶液为主外，可给予占1/3量的生理盐水及1/6mol/L乳酸钠（或1.4%碳酸氢钠）溶液。

（三）补液途径

1. 口服法

适用于呕吐不多的轻度脱水或重度脱水病情好转的病例，可经口补液来维持。口服液体成分：白糖 20g、食盐 1g、碳酸氢钠 1g、常水 200mL，混合后用胃管投服或自饮。

2. 静脉法

此法能迅速纠正脱水，注入液体的质和量容易控制，多用于中、重度脱水。静脉注射速度视补液的目的和心脏状况而定，如为了补充血容量，心脏功能较好，速度宜快些，可给 30 ~ 40mL/min；如心脏功能不好，可调注 4 ~ 5mL/min。

3. 腹腔内注入法

静脉注射困难时，可采用腹腔内注入法。一次注入 100 ~ 300mL。

（四）纠正酸碱平衡紊乱

临床上原发的酸碱平衡紊乱一般可分为代谢性酸中毒、呼吸性酸中毒、代谢性碱中毒、呼吸性碱中毒 4 大类，且以酸中毒为常见。但在实际工作中，酸碱平衡紊乱的情况常常是复合的，同时还有生理代偿效应的参与，因而诊断仍是困难的。但就其重要性来说，这 4 大类的平衡紊乱是基本的。

现将其纠正措施论述如下。

1. 酸中毒

（1）代谢性酸中毒　需补给碱性溶液，以纠正酸碱平衡紊乱。轻症可口服碳酸氢钠片，每次 0.5 ~ 1g，3 次/d。重症者可静脉注射碳酸氢钠溶液、11.2% 乳酸钠溶液或 3.63% 氨基丁三醇（适用于忌用钠盐的病例）。

①碳酸氢钠溶液：碳酸氢钠进入机体后，碳酸氢根离子与氢离子结合成碳酸，再分解为水和二氧化碳，后者从肺排出体外，因此体液的氢离子浓度降低，代谢性酸中毒得以纠正，其作用迅速、疗效好，是治疗代谢性酸中毒的首选药物。

碳酸氢钠用量，按下列方法计算：

以测定血浆二氧化碳结合力（体积百分比）为依据，可按下式计算：

需补充的 5% 碳酸氢钠溶液（mL）= ［正常二氧化碳合力（体积百分比）－患犬二氧化碳结合力（体积百分比）］× 0.5 × 体重（kg）。

注：0.5 为每千克体重提高 1 体积百分比二氧化碳结合力需要 5% 碳酸氢钠溶液的毫升数；犬正常二氧化碳结合力一般按 50 体积百分比计算。

以测定血清的重碳酸盐量为补碱依据，可按下式计算：

缺碱量（mmol/L）=（正常血浆重碳酸盐值－患犬血浆重碳酸盐值）× 体重（kg）× 60%

注：60%（0.6）为体液占体重的百分率；犬正常血浆重碳酸盐值一般按 22mmol/L 计算。需补充碳酸氢钠溶液量（N% mL）= 缺碱量（mmol/L）× 84/

（$N \times 10$）

式中　84——1mmol/L 相当的质量；

　　　　N——碳酸氢钠溶液的浓度。

例如，10kg 患犬，测定血浆二氧化碳结合力为 32%，代入第一个公式：

应补充 5% 碳酸氢钠溶液（mL）=（50～32）$\times$0.5$\times$10 = 90mL

将测得的二氧化碳结合力体积百分比除以 2.24，即为重碳酸盐数值（14mmol/L），代入第二个公式：

缺碱量（mmol/L）=（22－14）$\times$10$\times$0.6 = 48mmol/L

应补充碳酸氢钠溶液量（5% mL）=（48$\times$84）/（5$\times$10）= 80.5mL

按上述方法计算出的补碱量，应在补给患犬的总液量中扣除与碳酸氢钠溶液量相等的生理盐水量，以免输钠过多，此外，临床上常先以需要量的 1/3～1/2 来补充，然后再做血液学检查，确定是否输入余量或改为口服。

②乳酸钠溶液：乳酸钠需要在有氧条件下经肝脏乳酸脱氢酶的作用转化成丙酮酸，再经三羟循环氧化脱羟而生成二氧化碳，并转化为 HCO_3^-，才能发挥其纠正酸中毒的作用，故在缺氧或肝功能失常情况下，特别是有乳酸中毒者不宜使用。临床上一般采用 11.2% 溶液，注射前可用 5% 葡萄糖溶液或注射用水稀释 6 倍，使其成为 1.9%（1/6mol/L）的等渗溶液而静脉滴注。

所需 11.2% 乳酸钠溶液量（mL）=［正常二氧化碳结合力（体积百分比）－患犬二氧化碳结合力（体积百分比）］$\times$0.3$\times$体重（kg）。

注：0.3 为每千克体重提高 1 体积百分比二氧化碳结合力需要 11.2% 乳酸钠溶液的毫升数；犬正常二氧化碳结合力一般按 50 体积百分比计算。

急救或无化验条件下，可先按 1～1.5mg/kg（11.2% 乳酸钠溶液）静脉输入，然后再根据病情变化酌情取舍。

③氨基丁三醇（缓血酸胺，THAM）溶液：为不含钠的碱性缓冲剂。在体液中可以与二氧化碳结合，或与碳酸起反应，生成碳酸氢盐。临床上不仅用于代谢性酸中毒，还可以用于呼吸性酸中毒，具有双重疗效。本药能透入细胞内，迅速在细胞内、外同时起缓冲碱基的作用，并且很快经肾排出，于 24h 内排出 50%～70%，有利尿作用，有利于排出酸性物质。另外，作用迅速，使 pH 上升较碳酸氢钠快，其作用大于碳酸氢钠 2～3 倍，可用于限钠性病例。副作用是对组织有刺激性（因碱性强 pH 为 10），静脉注射易引起静脉炎或血栓形成，外溢时可造成组织坏死。大剂量快速注射时可导致呼吸抑制、低血糖、低血钾症、低血钙症等。因此，应用本药时，要避免剂量过大或速度过快。

临床上一般采用 7.26% 的溶液，注射前加等量的 5%～10% 葡萄糖溶液稀释成 3.63% 的浓度缓慢静脉滴注。因其 3.63%（0.3 当量溶液）1mL/kg 可提高二氧化碳结合力 1 体积百分比，故需补充 3.63% THAM（mL）=［正常二氧化碳结合力（体积百分比）－患犬二氧化碳结合力（体积百分比）］$\times$1$\times$体重（kg）。

（2）呼吸性酸中毒　急性呼吸性酸中毒的治疗主要是解除呼吸道阻塞，使血 pH 和二氧化碳分压恢复正常。酸中毒严重时，可应用碱制剂，如 5% 碳酸氢钠、氨基丁三醇等（可参照代谢性酸中毒）。

慢性呼吸性酸中毒的治疗首先除去病因，如伴有感染应给以抗生素；支气管痉挛等应给解痉剂；肺水肿及心力衰竭者可给以强心利尿剂。

严重慢性呼吸性酸中毒者尚需给予呼吸中枢兴奋剂，如可拉明或山梗菜碱等。此外，应低流量给氧。

酸中毒时，大量钾移出细胞外，往往体内高度缺钾，但血钾浓度不低，临床上应特别注意给予补充。糖尿病或剧烈腹泻所致酸中毒，钾的补充更为重要。但在肾上腺皮质功能不全或合并肾功能不全的代谢性酸中毒，给钾时必须谨慎，以防发生高血钾症。

2. 碱中毒

（1）代谢性碱中毒　代谢性碱中毒首先要分析病因，针对不同的原发病给予处理。如严重呕吐者给予生理盐水，缺钾者补钾，纠正碱中毒过程应随时注意钾的补充。补钾后，可用 3 个钾离子和进入细胞的 2 个钠离子、1 个氢离子进行交换。氢离子在细胞外液中与碳酸氢盐结合形成二氧化碳和水，这样血浆内碳酸氢盐的浓度即可降低。缺钙者，可用 10% 葡萄糖酸钙或氯化钙溶液 10 ~ 20mg 静脉注射。

轻症代谢性碱中毒只需应用生理盐水即可纠正。对重症代谢性碱中毒，可内服或静脉注射，以补充氯离子。林格氏液是纠正碱中毒比较好的药物，因它含有较多的氯，并含有生理的钾和一定量的钙。如在其中加入葡萄糖和维生素，则效果更好。

补给氯化铵溶液的量，可按下式计算：

$$缺氯量（mmol/L）= ［正常血氯值 - 患犬血氯值］×体重（kg）×20\%$$

注：20%（0.2）为细胞外液占体重的百分比；犬正常血氯值一般按 95mmol/L 计算。

已知 2% 氯化铵溶液含 0.375mol/mL，故需补充 2% 氯化铵溶液（mL）= 缺氯量（mmol/mL）/0.375mmol/mL。

糖对体内蓄积的有害物质有解毒的作用，补给一定量的葡萄糖，可补充热量，同时补糖也等于补水，所以有细胞内脱水时，补给葡萄糖较为适宜。

5% 葡萄糖为等渗液，10% 以上为高渗，注入后可被迅速利用，一般不引起利尿作用。但浓度越高，注射速度越快，糖的利用率越低，而利尿作用则增强。

10% 以上的糖对周围静脉有刺激性，长期输入时应注意。钾离子缺乏的患犬，补糖更会使钾降低，可能造成心跳停止。另外患犬体液丧失时，开始不宜单纯或大量补给葡萄糖，用小剂量高渗盐水或含钠离子溶液做实验性输注为宜。

（2）呼吸性碱中毒 呼吸性碱中毒的治疗主要是治疗引起通气过度的原发病，并将犬的头套在密闭的囊内呼吸，以提高吸入气中的 CO_2 浓度，有助于低碳酸血症的纠正。当发生抽搐时可注射钙制剂。

（五）输液疗法的注意问题

1. 输液前正确判定体液丢失情况

应根据病史、临床检查及化验室检查等综合分析。当机体的体液平衡紊乱状态确定后，根据计算的已失量进行补液。

在输液治疗程序上，首先要用一定量的胶体溶液纠正血容量不足，维持有效的循环血容量是保障生命的主要条件；其次要补充适当的电解质溶液，以恢复破坏了的体液状态；最后是采取适当措施纠正体液酸碱平衡的紊乱。

2. 输液时机

体液的"已失量"可在6~8h内补完，在补完"已失量"后，对宠物的"日失量"与"日需量"可在16h内用慢速点滴补给。若补完"已失量"后病情好转，此时最好通过胃肠道补液。

3. 输液的速度

根据输液的目的和心脏状况而定，如为了补充血容量，患病宠物心脏较好，速度宜快些。如心衰或输入大量的液体及刺激性药液时，速度宜慢，以点滴输入为好。

4. 输液的途径

轻度脱水，且患犬有饮欲且消化道功能基本正常者，尽可能经口补液。若饮欲废绝，消化道功能紊乱，失水过多，需快速纠正时，应从静脉补充；若心力衰竭，可从腹腔或皮下补充，有时也可通过直肠补液。

临床输液操作技术

【目的要求】

用于患犬严重脱水及电解质、酸碱平衡紊乱的治疗。

【实训材料】

犬、口笼、胃管、口服补液容器、输液瓶、点滴管、消毒用碘酒棉球、乙醇棉球、剪毛剪子等。

【方法步骤】

一、脱水程度的划分

（1）轻度脱水 失水量为总体重的2%～4%。犬出现精神沉郁，口稍干、有渴感，皮肤弹性减退，尿少、尿比重增加，脉搏次数明显增加，血细胞比容增加5%～10%。

（2）中度脱水 失水量占体重的4%～8%。患犬精神沉郁，眼球内陷，饮水增加，皮肤弹性降低，尿少、尿液密度增加，脉搏次数明显增加。

（3）重度脱水 失水量为体重的8%～10%或10%以上。患犬高度精神沉郁，眼球深陷，体表静脉塌陷，结膜发绀，鼻镜龟裂，脉搏细快而弱，皮肤失去弹性。脱水12%～15%时，可发生休克危及生命。

二、输注溶液的类型

常用的有葡萄糖溶液（5%～50%不等）；电解质溶液，如生理盐水、5%葡萄糖生理盐水、林格氏液等；碱性溶液，如5%碳酸氢钠溶液、乳酸钠溶液、谷氨酸钠溶液等；胶体溶液，如中分子右旋糖酐等。所需溶液的类型应根据疾病性质和体液流失的量和成分决定。

三、输液量

根据临床患犬的病史、症状和体征判断脱水程度，然后按以下公式计算需要补液的量（一次性补充量）和维持补液的量。

补充量（L）＝体重（kg）×脱水量（%，占体重的百分比）。

维持量（mL）为40～60mL/（kg体重·d）。

患犬一天的输液量＝维持量＋补充量。

四、输液途径

最常用的是静脉输液、口服补液，在静脉、口服补液有困难时，也可采用皮下输液和腹腔输液。严重、大量脱水应首选静脉输液和腹腔输液；病情较轻者可皮下输液，但等渗、高能量的可采取口服输液；严重呕吐、腹泻及突然大量脱水时，不宜通过口服补液。

五、输液速度

当机体脱水严重、心脏功能正常时，输液速度应快，大型成年犬静脉等渗溶液输液的最大速度每千克体重每小时可达 80～100mL；慢性较轻微的脱水，在计算好补液量后，可先补失液量的一半，然后进行维持输液，1d 内输够即可。初生仔犬输液速度按以 4mL/（kg 体重·h）为宜，同时监护心、肾功能，并注意观察尿量变化。通常情况下，静脉输液速度以 10～16mL/（kg 体重·h）为宜。

复习思考题

简述临床输液操作的体会。

项目十五 | 输氧疗法与技术

【学习目标】

理解给氧疗法的相关专业术语。熟悉给氧的方法与技术。

【技能目标】

能根据已学过的给氧疗法知识对适应证病例熟练运用给氧疗法进行治疗。

【课前导入】

通过呼吸系统吸氧，是宠物最自然最基本的摄氧途径。然而，从口鼻直至血红蛋白有许多环节，每一处出现问题都会影响氧吸收的效果，诸如急性呼吸窘迫综合征（ARDS）、肺不张、肺纤维化、哮喘急性发作、喉痉挛、呼吸衰竭及呼吸道感染和烧伤等，均会出现肺通气功能、弥散功能以及通气血流比的障碍和紊乱，从而出现所谓"呼吸性缺氧"。此外，当血红蛋白中毒或严重缺失时，肺泡气体交换及血氧运输都会发生困难，同样可造成缺氧症的发生。临床上按发病原因将缺氧分为低张性缺氧、血液性缺氧、循环性缺氧、组织性缺氧4种类型。由于以上种种情况，人们采取了一系列人为地给宠物补氧的措施，于是氧气疗法应运而生。

一、输氧疗法概述

（一）给氧疗法

给氧疗法又称氧气疗法。

1. 氧气疗法的概念

氧气疗法是指通过给氧，提高动脉血氧分压（PaO_2）和动脉血氧饱和度（SaO_2），增加动脉血氧含量（CaO_2），纠正各种原因造成的缺氧状态，促进组织的新陈代谢，维持机体生命活动的一种治疗方法。

2. 氧气疗法的作用

氧气治疗的直接作用是提高动脉氧分压，改善因血氧下降造成的组织缺氧，使脑、心、肾等重要脏器功能得以维持；也可减轻缺氧时心率、呼吸加快所增加的心、肺工作负担。在宠物临床上主要用于急救。

3. 氧气疗法治疗的对象

氧气疗法主要适用于各种原因引起的缺氧，以防止血氧过少所产生的并发症。各种使动脉氧分压下降的疾病，包括各种病因造成通气、换气不良的低氧血症（如肺部疾病、上呼吸道狭窄）以及心力衰竭造成的呼吸障碍、休克、脑病、某些中毒、大量出血、严重的贫血和外科手术后出血、引起呼吸困难的其他各种疾病等情况。不同疾病给氧的指征不同，急性病患病宠物给氧宜趁早。

（二）缺氧的几种类型

1. 乏氧血症

乏氧血症见于不能利用大气中的氧或肺的气体交换受阻，动脉血中的氧含量低。如肺气肿、支气管炎、肺炎、短时间内将动物从低地移到高山、休克、过度的全身麻醉、溺水及心脏功能障碍等。

2. 贫血性缺氧症

因血液运输的能力不足或丧失而导致机体缺氧。见于重度的贫血、出血、休克及高铁血红蛋白血症等。

3. 淤滞性氧缺乏

虽然肺有充分的氧供应，但由于心脏疾病（心脏衰弱、心脏肥大、心瓣膜病等）而引起血液循环障碍，血液循环极其迟缓，组织液的补充缺乏，因此组织不能利用氧。

4. 组织中毒性氧缺乏

某些中毒病时，组织细胞丧失功能而不能利用氧，如汞、氰化物、氟化物等引起的中毒。急性缺氧的早期可有明显的烦躁不安、心率加快、发绀；因肺部疾病引起发绀的患病宠物需给氧，但要排除末梢循环、血红蛋白和先天性心脏病等因素引起的发绀；呼吸困难、呼吸过快或过慢，判断给氧的确切指征是动脉氧分压。氧分压在 60mmHg（8kPa）以下需给氧。通常氧分压在 60mmHg（8kPa）以上时血氧饱和度多在 90% 以上，大多不需给氧。

二、给氧的方法

（一）吸入性给氧方法

1. 鼻诱导管或鼻塞给氧

放出氧气使动物吸入，吸入氧浓度可达 30%～40%，此法只适用于血氧分压中度下降的患病宠物，鼻堵塞、张口呼吸者效果不好。

2. 喉头插管吸氧

使动物吸入从导管中放出的氧气。

3. 气管插入导管

使动物吸入氧气。

4. 开式口罩

口罩置于患病宠物口鼻前，略加固定而不密闭。

5. 头罩给氧

将宠物头部放在有机玻璃或塑料头罩内，吸入氧浓度与口罩相似，但所需氧流量更大。此法吸入氧浓度比较有保证，但夏季湿热时，罩内温度和湿度都会比头罩外更高，宠物会感到气闷不适，从而影响休息康复。

常用的输氧装置由氧气筒、压力表、流量表、潮化瓶组成。潮化瓶一般装入其容量 1/3 的清水，使导出的氧气通过清水滤过，湿润氧气可采用氧气面罩或直接经鼻引入鼻导管。用一根橡皮导管，一端接潮化瓶，一端直接插入患病宠物鼻孔（深度以达到鼻咽腔为宜），导管用绳子固定于头部。

应用时，先打开氧气筒上的阀门（一般开 3/4 圈即可），从流量表上的压力计观察到筒内氧气的量，然后缓慢地打开流量表上的开关，以输入 3 ~ 4L/min 氧为宜（中小动物应减少流量），吸入 5 ~ 10min/次或症状缓解时即可停止。

注意事项：操作时，先打开总开关（逆时针方向旋转），后开流量表开关即可吸入。吸氧中如需重新调整流量时，应将鼻导管暂时取出，调节好后再重新连接，其流量的大小应按患病宠物呼吸困难的改善状况进行调节。输氧后，先关流量表开关，后关总开关，然后再旋开流量表开关，以排除存留于总开关与流量计开关之间管道内的氧气，避免流量表指针受压失灵。为保证安全，氧气筒与患病宠物应保持一定的距离，周围严禁烟火以防燃烧和爆炸。搬运氧气筒不可倒置，不允许剧烈震动，附件上不允许涂油类。

（二）特殊的给氧方法

1. 高压氧治疗技术

在超过 1 个大气压环境下，混合气体中氧气的分压高于常压空气中的氧分压，称为高分压氧。高压氧治疗是医学领域的一个新进展，作为特殊治疗手段，在国内外的临床应用越来越广泛。高压氧治疗时采用特殊的高压氧舱，如单人高压氧舱、多人高压氧舱和动物试验舱等。可直接进入舱内，也可使用特制面罩吸气。对各种原因引起的组织缺血缺氧性疾病，如心肌炎、心肌病、心律失常、慢性支气管炎、肺水肿、氰化物中毒、亚硝酸盐中毒、日射病、热射病等均有良好的效果。预计此项技术在兽医临床上必将逐步应用。

2. 静脉给氧

血氧运输有两种方式：Hb 结合氧（HbO_2）和物理溶解氧。正常血中 HbO_2 含量占全血氧量的 19.5%（体积百分比），溶解氧为 0.3%（体积百分比），溶解氧量仅占全血氧量的 1.5%，所以常被忽略不计。然而，HbO_2 始终都离不开溶解氧，组织直接利用的正是溶解氧，当 HbO_2 不足及需要加强供氧的时候，溶解氧更能显示其重要作用。

一切静脉内给氧技术，均是基于向血液提供溶解氧。

（1）3% 过氧化氢溶液静脉注射输氧法 20 世纪 70 年代就有了以 0.3% 双氧水（H_2O_2）1 ~ 2mL/kg 静脉内给氧方法，对休克等多种低血氧症具有治疗作用；在宠物临床上常用 3% 过氧化氢溶液 5 ~ 20mL，加入 10% 或 25% 葡萄糖注射液 50 ~ 100mL 内，缓慢地一次静脉注射，是一种较为有效的输氧途径。其供氧机制可能是当过氧化氢与组织中的酶类相遇时，立即分解出大量的氧，被红细胞所吸收，从而增加血液中的可溶性氧。除用法错误会发生溶血外，一般无任何毒性反应和气体栓塞现象。作用机制尚不清楚。但是在人类医疗的应用上，由于双氧水性能极不稳定，刺激性强及可能产生气栓等，临床上已不用。建议在宠物临床应用时要慎重。

注意事项：所有的过氧化氢溶液必须新鲜且未被污染。所用的葡萄糖注射液以高渗为宜。加入葡萄糖注射液后过氧化氢浓度在 0.24% 以下为宜，即 10% 或 25% 葡萄糖注射液 100mL 内加 3% 过氧化氢溶液在 10mL 以下。静脉注射时，针头刺入静脉后，先接上 10% 或 25% 葡萄糖注射液，其后再用注射器抽取过氧化氢溶液缓慢地注入葡萄糖溶液内，再行注入。

（2）碳酸酰胺过氧化氢溶液静脉注射输氧法　1990 年开始用碳酸酰胺过氧化氢替代过氧化氢溶液静脉注射，由于其稳定性较好，至今仍有使用，以 0.3% 溶液 100mL 静注 2 次/d，与每日持续 6h 以上低流量吸氧对照无明显差异，PaO_2 均提高 10mmHg 左右。但该法仍可出现局部疼痛、头晕、恶心等副作用，且不宜与其他药物共用，使其受到限制。

（3）高氧液输氧法　1994 年，国内研制出高氧医用液体治疗仪，应用于人医临床。所谓高氧液，即饱含溶解氧的输液液体，其基液为 5% 葡萄糖、平衡盐液等液体，以及其他医用液体。这些基液中原本不多的溶解氧在 120℃ 高温消毒时更是损失殆尽，而高氧液技术则使其彻底改变。各种高氧液的使用每日可达 200～300mL 或更多，其供氧方式优于其他静脉内给氧方法。由高氧液输入的溶解氧是血液中早已存在的物质，没有毒副作用。已溶解的氧是以气体分子存于液体分子的间隙之中，而不是以气泡的形态出现，不会有气栓的危险。

由于溶解氧是由液面上高分压氧气向液内弥散的结果，高氧液中的 PaO_2 可由平时的 21kPa 增至 80～120kPa（液瓶内须有正压方能大于 100kPa）。充氧的方式有两种，一是预充式，即在使用前先将液瓶内充好氧，此法可并用紫外线照射充入部分臭氧（O_3）；另一种为现充式，即以一种便携微型氧罐在治疗过程中边输液边充氧。

高氧液虽然含活性游离氧，产生的氧自由基会增多，但检测结果表明自由基的清除剂 SOD 也相应增多，从而避免了自由基带来的损害。数十种药物与高氧液作过配伍试验均未见到结构和含量的差异，表明稳定性良好。

此外，将氧疗和输液两种临床上最常用最有效的手段有机结合起来，使之相得益彰而又不加重患病宠物的身体负担，是高氧液疗法的一大优点。从给氧可靠、操作简便、安全性好及成本低廉综合考虑，高氧液应是静脉内给氧的最佳选择。

3. 氧气皮下注射法

氧气皮下注射一般仅作为刺激疗法。皮下注射氧气可以增强机体的新陈代谢，改善造血器官及肾脏功能，加强肝的解毒能力，有效改善伴有缺氧症状的全身状况。

取已消毒的带有活塞的玻璃三通管 1 个，其一端连接氧气管，一端连接注射器，一端连接附有已插入皮下针头的胶管，抽、推注射器，即可注入氧气。也可由氧气瓶的输氧管直接连于注射针头的胶管上进行输氧。一般为0.5~1.0L，输入速度为1~1.5L/min。氧气皮下注射后，注射部位肿胀，触诊皮下有气肿感觉。健康宠物可延续5~7d吸收完毕，患病宠物吸收更快，有些几小时即可吸收完毕。第二次注射可根据疾病情况及第一次吸收情况而定。

注意事项：带活塞的玻璃三通管必须湿润，否则易漏气。注射针头插入皮下后，应用注射器做回血试验，避免针头插入血管注入氧气引起栓塞。注射操作应按无菌规程进行。

（三）氧气疗法的注意事项

因为给氧只是一种对症疗法，给氧同时必须治疗引起血氧下降的原发病。同时改善通气功能，以利二氧化碳的排出。为了保证足够的氧供应，还需注意心功能的维持和贫血的纠正。急性患病宠物给氧时要使动脉血氧分压维持在正常范围（80~100mmHg，即10.7~13.3kPa），慢性患病宠物的氧分压维持在60mmHg（8kPa）以上即可。

（四）氧气疗法的副作用和预防措施

1. 氧中毒

导致的原因是长时间、高浓度的氧吸入导致肺实质的改变。

预防措施：避免长时间、高浓度氧疗及经常作血气分析，动态观察氧疗的治疗效果。

2. 肺不张

导致的原因是吸入高浓度氧气后，肺泡内氮气被大量置换，一旦支气管有阻塞其所属肺泡内的氧气被肺循环血液迅速吸收，引起吸入性肺不张。

预防措施：经常改变卧位、姿势，防止分泌物阻塞。

3. 呼吸道分泌物干燥

导致的原因为氧气是一种干燥气体，长期吸入后可导致呼吸道黏膜干燥，分泌物黏稠，不易咳出，且有损纤毛运动。

预防措施：氧气吸入前一定要先湿化再吸入，定期给予雾化吸入，以此减轻刺激作用。

4. 晶体后纤维组织增生

导致的原因与吸入氧的浓度、持续时间有关。

预防措施：控制氧浓度和吸氧时间。

5. 呼吸抑制

导致的原因是低氧血症伴二氧化碳潴留的患病宠物，在吸入高浓度的氧气后，解除缺氧对呼吸的刺激作用所致。

预防措施：对低氧血症伴二氧化碳潴留的患病宠物应给予低浓度、低流量（1~2L/min）给氧，维持 O_2 在60mmHg（约8kPa）即可。

临床给氧疗法操作技术

【目的要求】

用于患犬严重缺氧、重症、电解质及酸碱平衡紊乱的治疗。

【实训材料】

犬、口笼、给氧器（开式口罩、给氧头罩）、诱导管、输液瓶、点滴管、消毒用碘酒棉球、酒精棉球、剪毛剪子等。

【内容和方法】

一、吸入性给氧方法

1. 鼻诱导管或鼻塞给氧
2. 喉头插管吸氧
3. 气管插入导管
4. 开式口罩
5. 头罩给氧

二、特殊的给氧方法

1. 高压氧治疗技术
2. 静脉给氧
3. 氧气皮下注射

简述临床给氧疗法操作的体会。

项目十六 | 输血疗法与技术

【学习目标】

理解输血疗法的相关专业术语。

了解输血疗法中的血液相合试验、输血类型、输血途径、输血量与输血速度、输血不良反应及处理方法。

【技能目标】

能根据已学过的输血知识对适应证病例熟练运用输血疗法进行治疗。

【课前导入】

输血是补充动物血液或血液成分的一种安全有效的方法。输血疗法可利用全血，也可输注浓缩红细胞、新鲜冷冻血浆、冷沉淀物（Cryoprecipitate）、血小板和中性粒细胞等。输血可以补充血容量，改善血液循环，增加携氧能力，提高血浆蛋白，增进免疫力和凝血功能。但有时可发生并发症，必须严格掌握适应证。因此，为了获得更好的输血效果，临床兽医要详细了解输血类型、输血途径、输血的不良反应，并应掌握血液相合试验及输血出现不良反应时的治疗等技术。

一、血液相合试验与输血类型

（一）血液相合试验

不同宠物有不同的血型，同型血液可以输血，输入不同型血液可引起输血反应，严重时可造成受血宠物死亡，因此，应预先对供血宠物和受血宠物（发病宠物）进行血液相合性试验。临床上常用的血液相合性试验有交叉配血试验、生物学试验及简易的"三滴法"配血试验，这几种试验结合应用，更为安全可靠。

交叉配血试验方法有两种：一种是受血宠物的血清与供血宠物的红细胞反应；另一种是受血宠物的红细胞与供血宠物的血清反应。一般多采用前一种方法。试验时，供血宠物和受血宠物都应取新鲜血液，取含有4%红细胞（生理盐水3mL加血液1滴）的供血宠物血液2滴于7×60mm的试管内，加入受血宠物血清2滴，混合后置室温放置15min，然后1000r/min离心1min，观察溶血与凝集与否。设置供血宠物血清和同型红细胞对照管，试验管发生明显溶血或凝集的，则供血宠物与受血宠物的血型不相适合。

生物学试验就是在大量输血前，先静脉给受血宠物输入少量：取5~10mL供血宠物血液，5min后观察有无反应。

简易的"三滴法"配血试验：取1滴供血宠物血液、1滴受血宠物血液及

1 滴抗凝剂于载玻片上，混合后肉眼观察有无凝集。若无凝集，则可以输血。

（二）输血类型

输血类型主要包括全血输血与成分输血。

1. 全血输血

全血分新鲜全血（fresh whole blood）和贮存全血（stored whole blood）。刚从供血宠物采取加入抗凝剂的血液，称为新鲜全血。新鲜全血含有红细胞、白细胞、白蛋白和球蛋白、血小板及凝血因子。新鲜全血多用于各种原因引起的急性大量血液丢失，引起的血容量迅速减少，估计失血量超过自身血容量30%，并伴有缺氧或休克。或者患病宠物持续活动性出血和贫血。在采血后6h内给动物输全血，可提高血液的携氧能力和增加凝血因子。

新鲜全血在4~6℃贮存超过35d，称为贮存全血。贮存全血含有红细胞、白细胞、白蛋白、球蛋白及部分凝血因子，但缺乏血小板、vWB、V和Ⅷ。贮存全血输血后只能提高血液携氧能力和部分凝血因子。贮存全血输入适宜贫血和大量失血的动物。但因贮存全血中缺乏血小板、vWB、V和Ⅷ，可引起受血宠物这部分凝血因子减少。如果全血贮存超过14d，则不适于给患有肝脏疾病的宠物输血。

2. 成分输血

成分输血就是把全血中的各种有效成分分离出来，分别制成高浓度的制品，然后根据不同患病宠物的需要，输给相应制品。成分输血是目前临床常用的输血类型。优点是：制剂容量小，浓度和纯度高，治疗效果好；使用安全，不良反应少；可减少输血传播疾病的发生；便于保存，使用方便；综合利用了血液，节约了血液资源。

成分血的兽医临床应用主要有浓缩红细胞（CRC）、新鲜冷冻血浆（FFP）、冷沉淀物（CRYO）、输入血小板、输入中性粒细胞、人类免疫球蛋白、携氧血红蛋白。

（1）浓缩红细胞（CRC） 又称压积红细胞（pocked red cell）。抗凝血液经离心机分离红细胞和血浆，将血浆吸取出存入专用袋中，剩下的红细胞和少量血浆称为浓缩红细胞。浓缩红细胞主要作用是增强携氧能力，其适用于各种急性或慢性失血、溶血或骨髓功能不全引起的贫血，高钾血症、肝、肾和心功能障碍者，以及幼年和老年犬、猫。输入前可加入生理盐水，以降低其黏稠度。浓缩红细胞加入柠檬酸盐磷酸盐葡萄糖腺嘌呤（CPDA），在4℃时，可保存1个月。浓缩红细胞输入量一般为2~10mL/kg体重。

（2）新鲜冷冻血浆（FFP） 采用柠檬酸盐葡萄糖（ACD）或柠檬酸盐磷酸盐葡萄糖腺嘌呤（CPDA）抗凝剂后，在不超过6h内离心取出血浆，专用袋内冷冻，称为新鲜冷冻血浆。新鲜冷冻血浆能保存不稳定的凝血因子Ⅷ和V的活力。新鲜冷冻血浆内含有电解质、白蛋白、球蛋白、凝血因子（Ⅱ、V、Ⅶ、Ⅷ、Ⅸ、X、vWB）和其他多种蛋白质。主要作用为能扩充血容量、补充蛋白质和凝血因子。可用于治疗凝血因子缺乏病、大面积创伤和烧伤、腹膜炎、肝脏衰竭、胰腺炎、脓血症等。用新鲜冷冻血浆治疗以上疾病，最初用量为 6～10mL/kg 体重。如果继续出血需要再输入，应检查动物的临床体况并检验凝血项目。持续不断地出血或凝血项目异常时，为增加动物血液中白蛋白，可输入大量血浆，一般血浆输入量达 45mL/kg 体重时，可增加动物血液中白蛋白 10g/L。新鲜冷冻血浆在 -20℃，可保存 1 年左右。新鲜冷冻血浆在塑料袋中，置于 37℃ 温水中进行解冻，不可缓慢解冻，否则会出现沉淀。

（3）冷沉淀物（CRYO）　新鲜冷冻血浆在 1～6℃ 解冻时，将会产生一小部分不溶性冷球蛋白或冷沉淀物。在解冻过程中，通过离心机离心，能把形成的一些白色沉淀物和血浆分离。冷沉淀物含有凝血因子 Ⅰ、Ⅷ、Ⅺ、Ⅻ 和冯·维勒布兰德因子。因此，冷沉淀物常用于治疗血友病 A、冯·维勒布兰德病和纤维蛋白原缺乏症。用冷沉淀物治疗以上疾病的优点是比用新鲜冷冻血浆用量少。

（4）输入血小板　输入血小板在动物临床上应用极少。

（5）输入中性粒细胞　犬中性粒细胞缺乏时，可输入中性粒细胞。

（6）人类免疫球蛋白　人类免疫球蛋白不是从犬血浆中产生，但它可作为一种辅助的免疫抑制治疗药物，用于治疗犬免疫介导性溶血性贫血，剂量为0.5～1.0g/kg 体重，在 6～8h 内输入。

（7）携氧血红蛋白　从牛的血红蛋白中提取的能够携带氧气的血红蛋白液体，适用于治疗由于溶血或失血引起的贫血。静脉输入前，不需要进行配血试验。有效期为 2 年。

二、输血途径、输血量及输血速度

（一）输血途径

1. 静脉注射

用 20 号针头刺入颈静脉或小隐静脉，先注入生理盐水 5mL 然后接上贮血瓶，先输入 5～10mL 血，观察 5min 确定是否有反应，如无反应可按 5～10mL/min 速度输入血液。

2. 动脉注射

急性休克时最适于动脉注射。犬一般采用股动脉，注射压比患犬的动脉压高 20mmHg 为好，速度以 50～100mL/min 为宜。骨髓内注射：在不能使用血管的情况下，可将血液注入胸骨或长骨的骨髓内，骨髓输血后 5min，95% 以上红细胞可进入血液循环。

3. 腹腔输血

如果静脉输血确实有困难，也可进行腹腔输血，但腹腔输血的作用比较慢，腹腔输血 24h 后，有 50% 血细胞被吸收进入循环系统。腹腔输血 2～3d

后，约70%的血细胞进入循环血液。腹腔输血对慢性疾病（如慢性贫血）效果较好。先对受血犬依照10mL/kg体重的生理盐水输入受血犬体内（用输血器），再接上血袋以5~10mL/min的速度注入血液，在输血过程中要严密观察犬的反应，如出现呕吐、不安、心悸亢进、呼吸急促等症状，要立即停止输血，采取强心、注入高糖、抗过敏和对症治疗措施。临床上不提倡腹腔输血，以防引起腹膜炎。

（二）输血量

犬1次最大输血量为全血量的10%~20%，一般为5~7mL/kg体重或10~20mL/kg体重。临床上常于输血前给犬肌内注射地塞米松10~20mg，可减轻输血的不良反应。

（三）输血速度

急性大出血时，可按100mL血用5~6min输入的速度。此外，应缓慢注入为宜。输血过快，可加重心血管系统的负担，引起肺水肿及急性充血性心力衰竭。特别是对高度贫血患犬的输血，更应注意。

三、输血的不良反应及处理

输血一般是安全的，但有时可能出现各种不良反应和并发症，输血不当，可造成严重输血反应，必须采取必要预防措施。

（一）原因

（1）因输入不相合的血液，引起输血反应、凝集反应和过敏反应。

（2）由于血液混入蛋白质分解产物、细菌、病毒、原虫、异物、发热物质等。

（3）因输血操作失宜，即注入速度过快，形成空气栓塞及血栓等。

（4）反复输入同一供血犬的血液，易引起过敏反应。

（二）症状

主要表现为发热、不安、呕吐、恶寒战栗、心悸亢进、痉挛、荨麻疹、呼吸困难、血红蛋白尿及黄疸等。

（三）治疗

当出现副作用时，应立即停止输血，注射强心剂、高渗葡萄糖溶液、碳酸氢钠溶液、肾上腺素溶液等，在肺脏功能障碍时，可注射蛋氨酸、葡萄糖酸钙、葡萄糖溶液及维生素B、维生素C、维生素K等。发生过敏反应时，可注射抗组胺制剂、可的松及钙制剂等。此外，还应对症治疗。

（四）预防

（1）从采血到输血的全过程中，各个环节都要严格遵守无菌操作。

（2）检查血液的相合性，做交叉配血实验。

（3）如用同一供血犬反复输血时，应在2~3d内施行，不能间隔5d

以上。

（4）严密检查血液状态。

（5）使用新鲜血液输血。

（6）使用良好的抗凝剂。

（7）注意输血量和输血速度。

临床输血操作技术

【目的要求】

以静脉注射输血为例熟悉临床输血的过程，掌握临床输血的关键技术。

【实训材料】

2~3岁经免疫且体重在10~20kg的同品种成年犬两只、3.8%的柠檬酸钠、乙醇棉球、碘酊、生理盐水、5%葡萄糖。

台秤、显微镜、离心机、剪毛剪、止血钳、止血带、体温计、秒表、20号针头、人用输血复方柠檬酸钠采血袋、500mL贮血瓶、输血器、吸管、载玻片、10mL注射器。

【方法步骤】

一、输血前准备

（一）生理指标测定

测定供血犬与受血犬体重、体温、脉搏数、呼吸数与可视黏膜颜色等生理指标（表16-1）。

表16-1　　　　　　　　　　　犬类生理指标测定

类别	体重/kg	体温/℃	脉搏数/（次/min）	呼吸数/（次/min）	可视黏膜颜色
供血犬					
受血犬					

（二）确定采血量

根据受血犬体重计算输血量，输血量通常按宠物体重的1%~2%计算。

（三）进行血液相合试验

对供血犬与受血犬少量采血进行交叉配血试验。

二、采血与输血

（一）采血

在严格的无菌条件下进行，可以从犬的颈静脉或从麻醉犬的股内动脉采集血液，为防止凝固，贮血瓶中应装有抗凝剂，一般选用3.8%柠檬酸钠；也可由颈动脉一次性放血。颈静脉和左心室采血量不应超过22mL/kg体重，15kg

的犬每次可采取 200 ~ 250mL，每隔 3 周采血 1 次。

如需血量较少可用一次性注射器先吸取抗凝剂（采血量与 3.8% 柠檬酸钠的比为 9:1），然后从供血犬静脉（一般先选前肢桡侧皮静脉）采血，达到受血犬所需血量。采得的抗凝血立即注入盛有 5% 葡萄糖盐水（100 ~ 200mL）贮血瓶内，轻轻摇匀并加入 1 ~ 2mL（5 ~ 10mg）地塞米松，即可进行输血。

如需血量较多时，可对供血犬用人用采血袋连上采血针直接刺入前肢静脉或颈静脉，血即可自动流入采血袋，采血量为 8 ~ 10mL/kg 体重，每袋血采满后，用止血钳夹持采血袋上端软管，防止进入空气，污染血液。

（二）输血

用 20 号针头刺入受血犬颈静脉或小隐静脉，先注入生理盐水 5mL，然后接上贮血瓶或血袋，先输入 5 ~ 10mL 血，观察 5min 确定是否有反应，如无反应可按 5 ~ 10mL/min 速度输入血液。输血前，应轻轻晃动贮血瓶或血袋使血浆与血细胞充分混合均匀，输血过程中要随时晃动输血瓶或血袋，防止红细胞沉降而阻塞输血管。

三、注意事项

（1）从采血到输血的全过程中，各个环节都要严格遵守无菌操作。

（2）检查血液的相合性，做交叉配血试验。

（3）如用同一供血犬反复输血时，应在 2 ~ 3d 内施行，不能间隔 5d以上。

（4）严密检查血液状态。

（5）使用新鲜血液输血和良好的抗凝剂。

（6）注意输血量和输血速度。

（7）冬季注意贮血瓶或血袋的保温，防止冷冻。

复习思考题

简述临床输血操作的体会。

项目十七｜腹膜透析疗法与技术

【学习目标】

理解腹膜透析的相关专业术语。了解腹膜透析原理、适应证与禁忌证。掌握腹膜透析的方法。

【技能目标】

能根据已学过的腹膜透析专业知识对适应证病例熟练运用腹膜透析疗法进行治疗。

【案例导入】

腹膜透析（peritoneal dialysis，PD）是利用腹膜作为透析膜，向腹腔内注入透析液，膜一侧毛细血管内血浆和另一侧腹腔内透析液借助其溶质浓度梯度和渗透梯度，通过弥散、对流和超滤的原理，以清除机体内潴留的代谢废物和过多的水分，同时通过透析液补充所必须的物质。

一、腹膜透析的方法

（一）腹膜结构

腹膜是薄而光滑的浆膜，被覆于腹壁和盆腔壁的内面及腹腔、盆腔脏器的表面。腹膜主要由间皮细胞及皮下结缔组织构成，间皮细胞表面覆盖有许多微绒毛，大大增加了腹膜的表面积。间皮下结缔组织包括基膜、间质、血管和腹膜的淋巴管。基膜上有小孔，对液体的吸收起重要作用。基质中含有的吞噬细胞和成纤维细胞在腹膜炎的发生发展中起一定作用。腹膜的毛细血管和毛细血管后静脉是进行溶质交换的主要场所，血管上的大孔与弥散有关，小孔与对流有关，超小孔与水的转运有关。淋巴管相当程度上参与了腹腔液体及溶质的清除。

（二）腹膜的生理功能

腹膜具有分泌、吸收、防御、调理及渗透、弥散功能。渗透和弥散功能使腹膜成为一种生物半透膜，从而具有透析功效。溶质（毒素）可通过腹膜的弥散作用而转运清除，水则通过腹膜的渗透超滤清除。

（三）适应证及禁忌证

1. 适应证

对于急、慢性肾脏衰竭或尿毒症及用传统治疗方法难以控制的肺水肿等疾病，通过腹膜透析可清除毒素、脱去多余水分、纠正酸中毒和电解质紊乱，达到治疗目的。

2. 禁忌证

腹部有创伤或手术后3d内；腹部皮肤广泛感染；广泛的肠粘连、肠梗阻、肠麻痹、严重肠胀气、妊娠期或腹内巨大肿瘤插管困难，易损伤腹腔脏器，易发生透析液引流不畅，透析不充分；膈肌缺损；局限性腹膜炎及腹腔脓肿；严重呼吸功能障碍；患病宠物精神亢奋或不合作者。

（四）透析要素及流程

1. 腹膜透析管

理想的腹膜透析管能使腹膜透析液快速出入而没有感染和渗漏。目前，使用较多的是 Tenckhoff 管，由硅胶制成，表面光滑，全长 32～40cm，内径 0.24cm、外径 0.46cm，两端各有一涤纶扣套，将管分为 3 段，即腹外段（约长 10cm）、皮下隧道段（约长 7cm）、腹内段（约长 15cm）。腹内段置于腹膜内，并由内涤纶扣套固定于腹膜外，外涤纶扣套固定于皮下隧道，距皮肤开口处 2～3cm，日后纤维组织长入涤纶套中，封闭隧道。这样就形成两个屏障，防止感染和渗漏，并起到良好的固定作用。Tenckhoff 管的缺点是易引起出口或隧道感染，外涤纶套易脱出，导管底部易漂浮。近年来，有许多改进的腹膜透析管问世，如卷曲双套导管，其末端为卷曲型，减少了漂浮性。最先进的鹅颈管（swan neck），除末端为卷曲型外，其出口方向向下，可减少隧道及腹腔感染，但因价格较贵，尚未普及。

2. 连接系统及消毒装置

连接系统指腹膜透析液与腹膜透析管相连接的管道，即体外的可拆卸系统，是交换透析液时连接导管、提供透析液进出的通道。按发展过程，连接方法有：①直接连接法：即将一塑料管直接与腹膜透析管连接。容易污染，感染率高，现基本淘汰。②Y 形连接管：腹膜透析液流入与流出由 Y 形管分开，可减少感染机会。③O 形连接管：即在换液时呈 Y 形，换液后拆下 Y 形管，使之充满消毒液，将两分支管连在一起形成 O 形，下次换液前将消毒液冲洗出，进一步减少污染机会。④一次性 Y 形管：一次性 Y 形管比 O 形管更简单易操作，并且摒弃了反复使用的连接管和消毒液，将连接口的数目降至最低，使感染率明显降低，优于 O 形管。

消毒系统有紫外线消毒、光化学反应器、细菌滤过器等多种消毒装置。现多采用 O 形系统方法消毒，如采用一次性 Y 形管则不需消毒。

3. 自动腹膜透析机

自动腹膜透析机又称 Cycler，为电脑装置，由电脑设计透析程序，电脑操作及监测记录需要的灌注量、停留时间、流出时间、流出量和透析液温度，自动持续地进行透析。此装置可减少人工操作的麻烦及减少了污染的机会，同时可提高透析充分性。

4. 透析液

腹膜透析液的基本配方原则为：①电解质成分浓度与血浆内浓度相似；②渗透压稍高于血浆；③高压消毒后无致热源、无细菌及无内毒素；④不含钾，配方根据病情需要易于调整。

商品性标准腹膜透析液含葡萄糖分别为 1.5%、2.5%、3.5% 和 4.5% 四种。可根据患病犬、猫病情采用不同浓度的透析液。

5. 腹膜透析液的附加剂

临床根据宠物病情，常需在腹膜透析液内加入一定药物。为防止纤维蛋白凝固阻塞管道，可加入肝素用于抗凝；低钾者需补充氯化钾；在高糖浓度透析时，糖吸收增加可造成血糖增高。控制血糖的方法有皮下注射胰岛素及腹腔内加胰岛素两种，后者用量多为前者的 2~3 倍。通常在确定有细菌性腹膜炎时，根据细菌培养及药敏试验结果选用适量有效的抗生素加入腹腔中。

6. 置管方法

（1）临时腹膜透析置管　多采用穿刺法，用于病情危重、需要紧急置管透析时。

（2）解剖法置管　此种置管方法均在直视下进行手术操作，腹壁各层解剖结构清楚，未使用尖锐的套针或导针，肠穿孔和出血的危险性小。同时，直视下正确的腹膜口荷包结扎极少发生管周漏液现象。但与穿刺法相比，解剖法置管创口较大，手术创伤较大，麻醉药使用较多，操作时间相对较长。

（3）置管前准备

①术前告诉宠物主人所有偶然或必然的并发症，并明确回答所有问题。

②检查有无疝、内脏突出及薄弱的腹壁，如果有上述情况，必须在插管时纠正。

③术前禁食 1 顿，以防腹膜牵拉时呕吐导致窒息。

④术前腹部剪毛消毒要彻底，以减少切口的感染。

二、腹膜透析的方式、剂量及并发症

（一）腹膜透析方式及剂量

腹膜透析有多种方式，现介绍 4 种。

1. 间歇性腹膜透析（IPD）

IPD 多用于犬、猫急性肾脏衰竭，大流量透析液在腹腔中停留一定时间后，再引流出来，每日可多次透析交换。透析前要对量犬、猫体称重，确定腹膜透析液灌注量，透析液用量可根据临床症状进行调整，一般犬、猫用量为 40~50mL/kg 体重，也可采用 30~40mL/kg 体重。透析前要将透析液加温至 40℃ 或比动物体温高 2~3℃，且在透析时要特别注意无菌操作。透析间期腹腔内无腹膜透析液保留，即称"干腹"。IPD 对小分子毒素清除较好，故对急需降低的高氮质血症、严重水钠潴留、高血钾症效果较好，但透析效率有所不同。

2. 持续可活动腹膜透析（CAPD）

CAPD 能使透析液长时间停留在腹腔内与腹膜接触，使用塑料软袋包装透析液，塑料软袋通过导管与腹腔连接，软袋可以随身携带，减少了导管和塑料软袋之间的拆接次数，能使腹膜炎的发生几率减少或不发生。

3. 连续循环腹膜透析（CCPD）

与 CAPD 一样，CCPD 只是用腹膜透析机来完成，可白天交换 3 次，晚间 1 次，因为需要机器，故临床应用受到限制。

4. 潮式腹膜透析（TPD）

TPD 由自动腹膜透析机完成，腹膜透析液交换是持续不断进行的。它是将透析液先注入腹腔，每次换液时只引流出腹腔内透析液的 40% ~ 50%，然后再注入等量新鲜的透析液。此种注入和引出的方法称为潮式腹膜透析，注入或引出的透析液量称为潮式透析液量。这种方法的优点是大部分透析液留在腹腔内，不因换液影响透析液持续和腹膜的接触，且不断有新透析液进入腹腔，因透析量大，故毒素（尤其小分子）清除充分，但价格较高，不易普及。

（二）腹膜透析的并发症

1. 腹腔脏器损伤

如肠穿孔、膀胱损伤等。临时腹膜透析管穿刺法时，如膀胱充盈或肠粘连时较易发生。术前排空膀胱，插管有阻力感时避免硬插，可防止损伤发生。

2. 腹膜透析液渗漏

腹膜切口过大或荷包缝合等技术原因可造成腹膜透析液渗漏。故手术结束前应确认腹膜透析液灌入后无渗漏方可关腹。手术后暂停腹膜透析 14d 左右可促进组织愈合，使渗漏得以纠正，但急性肾衰竭病情不允许暂停腹膜透析时需重新手术。

3. 血性腹水

手术时止血不佳，皮肤肌肉层出血流至腹腔或腔内脏器血管受损，可致血性腹水。多半冲洗后腹膜透析液逐渐转清。若无好转倾向，必要时二次手术，开腹寻找出血点，缝扎止血。

4. 双向引流不畅

双向引流不畅即腹膜透析液进出均有障碍。多半发生在腹膜透析一段时间后，原因可能为隧道内导管扭曲或纤维蛋白堵塞腹膜透析管所致。

5. 单向引流不畅

单向引流不畅即入液通畅，排出障碍。导管移位或大网膜包裹部分引流小孔为常见原因。

6. 导管出口处皮肤感染

导管出口处可发生皮肤感染，表现为局部红肿，有脓性分泌物，严重时可由此途径导致腹膜炎。术后局部应用纱布覆盖保持清洁，及时更换湿纱布。伤口愈合后建议每日局部用碘酊消毒，同时用干净纱布覆盖。有感染者可局部涂抹抗生素软膏，必要时全身用药。

7. 低钾血症

进行 IPD 时，常因食欲欠佳而发生低钾血症，腹膜透析开始几日内应经常测定血钾，必要时腹腔内给钾。

8. 糖代谢紊乱

高糖浓度腹膜透析时易发生血糖增高甚至发生高渗性昏迷，而应用胰岛素时又因肾衰竭患病宠物对其降解能力减退，稍过量就易发生低血糖症，故应监测血糖变化，随时调整胰岛素用量。

9. 腹痛

腹痛可因放液或滤液速度过快、透析液 pH 过低、腹膜透析液温度过高或过低、腹膜透析液中某化学成分刺激引起，腹膜炎是引起腹痛的主要原因。去除原因的同时可在腹膜透析液中加 1% ~ 2% 普鲁卡因或利多卡因 3 ~ 10mL 止痛。

10. 肺功能不全

腹膜透析时膈肌前移，使胸腔容积变小，从而气体交换面积下降。透析时减少透析液的灌注量可缓解症状。

11. 胸腔积液

腹膜透析液通过胸膜 – 膈肌裂孔进入胸腔可致胸腔积液，多为单侧，也可双侧，腹腔注射亚甲蓝后胸腔积液中发现即可确诊。

12. 低血压及血容量过多

高渗透腹膜透析液可导致脱水过多，如补液不够则出现低血容量、低血压。相反，当超滤过少或补液（盐）量过多时可导致浮肿加重，血容量过多，故需要根据24h 输入量，随时调整输液量及透析方案，保持水、电解质平衡。

13. 腹膜炎

透析时间较短者很少发生腹膜炎，但如无菌操作不严或使用既往国产直管系统则不排除短期内即发生腹膜炎的可能。一旦发生，应及时做腹膜透析液常规检查及细菌培养，并凭经验腹腔内给抗生素，待细菌培养结果出来后按药敏试验适当调整用药方案。

知识测试

简述腹膜透析的学习体会。

项目十八 │ 穿刺疗法与技术

【学习目标】

理解穿刺疗法中的相关专业术语。了解腹膜腔穿刺、胸膜腔穿刺、膀胱穿刺及皮下血肿、脓肿、淋巴外渗穿刺适应证。

掌握穿刺疗法中的腹膜腔穿刺、胸膜腔穿刺、膀胱穿刺及皮下血肿、脓肿、淋巴外渗穿刺的方法。

【技能目标】

能根据已学过的穿刺专业知识对适应证病例熟练运用穿刺疗法进行治疗。

【案例导入】

临床治疗宠物疾病时，仅靠注射、口服等治疗技术等还远远不够，有时需用腹膜腔穿刺、胸膜腔穿刺、膀胱穿刺和皮下血肿、脓肿、淋巴外渗穿刺等治疗方法。

（一）腹膜腔穿刺

腹膜腔穿刺是指穿透腹壁，排出或抽吸腹腔液体，并根据穿刺液的数量和性状来进行诊断。

1. 适应证

多用于腹水症，以减轻腹腔内压；也可通过穿刺，确定其穿刺液性质（渗出液或漏出液），进行细胞学和细菌学诊断，以及腹腔输液、给药和腹腔麻醉等。

2. 保定

实行宠物站立或侧卧保定。

3. 操作技术

（1）穿刺部位　在耻骨前缘腹白线一侧 2～4cm 处。

（2）穿刺方法　术部剪毛消毒，先用 0.5% 盐酸利多卡因溶液局部浸润麻醉，将皮肤稍微拉紧，再用套管针或 14 号针头垂直刺入腹壁，深度 2～3cm。如有腹水经针头流出，使动物站起，以利于液体排出或抽吸。术毕，拔下针头，碘酊消毒。膀胱充满时腹膜腔穿刺前要排空膀胱内尿液。

（二）胸膜腔穿刺

胸膜腔穿刺是用穿刺针穿入胸膜腔排出胸膜腔内液体或气体，以做诊断和治疗的一种方法。

1. 适应证

胸腔积液，获取分析用的液体样本，排出液体，减轻呼吸困难。

2. 保定

宠物侧卧以便于胸腔内液体可由重力作用而位于胸腔的腹侧面，而气体则位于胸腔背面。配合的患病宠物可用手来保定。暴躁或者不安的宠物可以用镇静剂使其安静：猫0.1mL克他命静脉注射；犬0.05～0.15mL乙酰丙嗪静脉注射；环丁甲二羟吗喃，0.2～0.4mg/kg体重，静脉注射［可以结合苯甲二氢0.2mg/kg体重静脉注射或咪达唑仑（速眠安）0.1～0.2mg/kg体重静脉注射，以增强镇定效果］。

3. 操作技术

对穿刺部位的皮肤进行剪毛，且无菌操作。

（1）空气 吸出脊背部在第7～9肋间的空气。20号或22号注射针头，三通开关，12～20mL注射器。

（2）液体 吸出胸部在第7～8肋间的液体，避免心跳过速。17号或19号注射针头，静脉注射导管接头，三通开关，用12～20mL注射器吸空气或者液体。

用针穿过皮肤、肋间肌肉和胸壁、胸膜进入胸膜腔。如果使用一个静脉注射导管，导管穿入胸腔大约几厘米，然后抽出穿刺针。在开口位置的三向管开关处应用负压进行注射。

（三）膀胱穿刺

1. 适应证

在尿路可能感染的病例，采尿进行总量、显微镜、化学、物理和微生物化验。鉴别分类尿中的细胞、结晶和细菌，有助于选择特效治疗方法；有助于鉴别肾脏感染或膀胱疾病与阴道、前列腺或尿道感染；有助于鉴别血尿的原发部位（如前列腺和肾脏出血）。此外，还有治疗作用，如下泌尿道阻塞的动物可暂时排出尿液，在尿道结石取出前采用水冲压法（在被尿道污染前收集样品，在使用水冲压法给予大量液体前减轻膀胱压力）。

2. 保定

一般不需化学保定。后肢向背侧伸展，侧卧，是猫和小型犬比较适当的姿势。也可使用站位保定。

3. 操作技术

第一步是触诊膀胱，估计其大小及位置。若膀胱是空的或近空，不应进行操作。用手将膀胱定位，选择适当部位进行皮肤消毒。若侧卧，可选腹部。若站立保定或仰卧保定可在腹中线处。当一只手固定膀胱后（常推靠着腹壁），术者在右角穿透肌肉刺入22号3.81～6.35cm针头穿入膀胱壁的最佳位置是与其腹侧或腹侧面呈45°～90°角。注射器抽吸出尿液，如果抽不到尿液，触诊膀胱并再次小心刺入针头。

4. 并发症

可能出现暂时的血尿。膀胱穿刺收集的样品进行显微镜化验时，红细胞数量变化较大，可能是因为这种方法在进针处膀胱膜出血引起的。尿液从进针处很少会渗漏到腹腔内导致腹膜炎。而且多见尿道阻塞，动物膀胱血管可能损伤或坏死。前列腺肿大或前列腺囊肿或血肿的草率抽吸可能干扰实验结果。

（四）皮下血肿、脓肿、淋巴外渗穿刺

1. 适应证

皮下血肿、脓肿、淋巴外渗穿刺是用穿刺针穿入这些病灶的一种方法，主要用于这些疾病的诊断及其病理产物的清除。

2. 保定

宠物行站立保定。

3. 操作技术

部位一般在肿胀部位下方或触诊松软部。术部剪毛、常规消毒。左手固定患处，右手持注射器使针头直接穿入患处，然后抽动注射器内芯，将病理产物吸入注射器内。也可由一助手固定患部，术者将针头穿刺到患处后，左手将注射器固定，右手抽动注射器内芯。

4. 注意事项

穿刺前需制定穿刺后的治疗处理方案，如血液的清除、脓肿的清创及淋巴外渗治疗用药品等。

在确定穿刺液的性质后，再采取相应措施（如手术切开等），避免因诊断不明而采取不当措施。

腹膜腔穿刺操作技术

【目的要求】

了解腹膜腔穿刺的适应证，掌握临床腹膜腔穿刺技术。

【实训材料】

宠物犬、猫各 1 只；碘酊棉球、乙醇棉球、0.5% 盐酸利多卡因；套管针一套、14 号针头 1 支、剪毛剪、镊子。

【内容与方法】

1. 保定动物

2. 确定穿刺部位

3. 穿刺方法

简述腹膜穿刺技术操作的体会。

项目十九｜冲洗疗法与技术

【学习目标】

理解冲洗疗法的相关专业术语。了解冲洗疗法的技能项目的临床适应证、操作前准备及操作过程中的注意事项。

掌握冲洗疗法的技能项目的操作技巧。

【技能目标】

在了解并掌握冲洗疗法理论知识的基础上，能够熟练、正确无误地在宠物机体上进行操作。

【案例导入】

1. 给宠物洗眼通常可使用哪些药物？

2. 冲洗法是用药液洗去黏膜上的渗出物、分泌物和污物，以促进组织的修复。

（一）洗眼法与点眼法

主要用于各种眼病，特别是结膜与角膜炎症的治疗。洗眼及点眼时，先确实固定头部，用一手拇指与食指翻开上下眼睑，另手持冲洗器（洗眼瓶、注射器等），使其前端斜向内眼角，徐徐向结膜上灌注药液冲洗眼内分泌物（图19-1）。或用细胶管由鼻孔插入鼻泪管内，从胶管游离端注入洗眼药液，更有利于洗去眼内的分泌物和异物。如冲洗不彻底时，可用硼酸棉球轻拭结膜囊。洗净之后，左手食指向上推上眼睑，以拇指与中指捏住下眼睑缘向外下方牵引，使下眼睑呈一囊状，右手拿点眼药瓶，靠在外眼角眶上，斜向内眼角，将药液滴入眼内，闭合眼睑，用手轻轻按摩 1～2 下，以防药液流出，并促进药液在眼内扩散。如用眼膏时，可用玻璃棒一端蘸眼膏，横放在上下眼睑之间，闭合眼睑，抽去玻璃棒，眼膏即可留在眼内，用手轻轻按摩 1～2 下，以防流出。或直接将眼膏挤入结膜囊内。

洗眼药通常用 2%～4% 硼酸溶液、0.1%～0.3% 高锰酸钾溶液、0.1% 雷佛奴尔溶液及生理盐水等。常用的点眼药有 0.55% 硫酸锌溶液、3.5% 盐酸可卡因溶液、0.5% 阿托品溶液、0.1% 盐酸肾上腺素溶液、0.5% 锥虫黄甘油、2%～4% 硼酸溶液、1%～3% 蛋白银溶液等，还有氯霉素、红霉素、四环

图19-1 滴眼法

素等抗生素眼药膏（液）等。

（二）鼻腔冲洗

当鼻腔有炎症时，可选用一定的药液进行鼻腔冲洗。临床上可以应用通乳针连接注射器吸取药液来清洗宠物鼻腔。洗涤时，将通乳针插入鼻腔适当的深度，一手捏住外鼻翼，然后另一手迅速推动注射器内芯，使药液流入鼻内，即可达到冲洗的目的。给宠物清洗鼻腔时，应注意将其头部保定好，使头稍低；冲洗液温度要适宜；冲洗剂选择具有杀菌、消毒、收敛等作用的药物。一般常用生理盐水、2%硼酸溶液、0.1%高锰酸钾溶液及0.1%雷佛奴尔溶液等。

（三）口腔冲洗

与鼻腔冲洗基本相同，口腔冲洗时，先将犬站立保定，术者（或犬主）一手抓住犬的上下颌，将其上下分开，另一手持连接通乳针的注射器，将药液推注入口腔，达到洗涤口腔的目的。从口中流出的液体，可用容器接着，以防污染地面。冲洗剂可选用自来水、生理盐水或收敛剂、低浓度防腐消毒药等，主要用于口炎、舌及牙齿疾病的治疗，有时也用于洗出口腔的不洁物。

（四）导胃与洗胃

用一定量的溶液灌洗胃，清除胃内容物的方法即洗胃法。临床上主要用于治疗急性胃扩张、饲料或药物中毒的宠物，清除胃内容物及刺激物，避免毒物的吸收，或用于胃炎的治疗和吸取胃液，供实验室检查等。常用导胃与洗胃法。

将宠物进行站立保定或在手术台上侧卧保定。准备好导胃管，洗胃用36～39℃温水，根据需要也可用2%～3%碳酸氢钠溶液或石灰水溶液、1%～2%盐水、0.1%高锰酸钾溶液等。此外还应准备吸引器。

先用导胃管测量从口腔到胃的长度，并做好标记。导胃时，将动物保定好并固定好头部，上好开口器，把胃管缓慢插入食管内（应准确判断是食管还是气管），胃管到胸腔入口及贲门处时阻力较大，应缓慢插入，以免损伤食管黏膜。必要时灌入少量温水，待贲门弛缓后，再向前推送入胃。胃管前端经贲门到达胃内后，阻力突然消失，此时可有酸臭气体或食糜排出。如不能顺利排出胃内容物，接上漏斗，每次灌入温水或其他药液1000～2000mL，利用虹吸原理，高举漏斗，不待药液流尽，随即放低头部和漏斗，或用洗耳球反复抽吸，以洗出胃内容物。如此反复多次，逐渐排出胃内大部分内容物，直至病情好转为止。治疗胃炎时导出胃内容物后，要灌入防腐消毒药。冲洗完后，缓慢抽出胃管，解除保定。

在操作过程中注意以下几个方面的问题：

（1）操作中动物易骚动，要注意人畜安全。

（2）根据不同种类的动物，应选择适宜的胃管。

（3）当中毒物质不明时，应抽出胃内容物送检。洗胃溶液可选用温开水或等渗盐水。

（4）洗胃过程中，应随时观察脉搏、呼吸的变化，并做好详细记录。

（5）每次灌入量与吸出量要基本相符。

（五）阴道及子宫冲洗

阴道冲洗主要是为了排出炎性分泌物，用于阴道炎的治疗。子宫冲洗用于治疗子宫内膜炎和子宫蓄脓，排出子宫内的分泌物及脓液，促进黏膜修复，尽快恢复生殖功能。

1. 准备

根据宠物种类准备无菌的各型开膣器、颈管钳子、颈管扩张棒、子宫冲洗管、洗涤器及橡胶管等。

冲洗药液可选用温生理盐水、5%～10%葡萄糖、0.1%雷佛奴尔（利凡诺）、0.1%～0.5%高锰酸钾及新洁尔灭等溶液，还可用抗生素及磺胺类制剂。

2. 方法

先用准备好的新洁尔灭水充分洗净外阴部，然后插入适合的开膣器开张阴道，即可用洗涤器冲洗阴道。如要冲洗子宫，先用颈管钳子钳住子宫外口左侧下壁，拉向阴唇附近。然后依次应用由细到粗的颈管扩张棒，插入颈管使之扩张，再插入子宫冲洗管，通过直肠检查确认冲洗管已插入子宫角内后，用手固定好颈管钳子与冲洗管，然后将洗涤器的胶管连接在冲洗管上，将药液注入子宫内，边注入边排除（另一侧子宫角也同样冲洗），直至排出液透明为止。

3. 注意事项

（1）操作过程要认真，防止粗暴，特别是在冲洗管插入子宫内时，须谨慎缓慢以免造成子宫壁穿孔。

（2）不要应用强刺激性及腐蚀性的药液冲洗。量不宜过大，一般500～1000mL即可。冲洗完后，应尽量排净子宫内残留的洗涤液。

（六）导尿及膀胱冲洗

导尿是指用人工的方法诱导宠物排尿或用导尿管将尿液排除。冲洗主要用于尿道炎及膀胱炎的治疗。目的是为了排除炎性渗出物和注入药液，以促进炎症的治愈。

1. 准备

根据宠物种类及性别使用不同类型的导尿管，雄性宠物选用不同口径的橡胶或软塑料导尿管，雌性宠物选用不同口径的特制导尿管。用前将导尿管放在0.1%高锰酸钾溶液或温水中浸泡5～10min，插入端蘸液状石蜡。冲洗药液宜选择刺激性或腐蚀性小的消毒、收敛剂，常用的有生理盐水、2%硼酸、0.1%～0.5%高锰酸钾、1%～2%苯酚、0.1%～0.2%雷佛奴尔等溶液，也常用抗生素及磺胺制剂的溶液（冲洗药液温度要与体温相当）。注射器与洗涤器。术者的手和外阴部及雄性宠物阴茎、尿道口要清洗消毒。

2. 公犬导尿法

宠物侧卧保定，上后肢前方转位，暴露腹底部，长腿犬也可站立保定。助手一手将阴茎包皮向后退缩，一手在阴囊前方将阴茎向前推，使阴茎龟头露出。选择适宜导尿管，并将其前端2～3cm涂以润滑剂。术者左手抓住阴茎，右手将导尿管经尿道外口徐徐插入尿道，并慢慢向膀胱推进，导尿管通过坐骨弓处的尿道弯曲时常发生困难，可用手指隔着皮肤向深部压迫，迫使导尿管末端进入膀胱，一旦进入膀胱内，尿液即从导尿管流出，并连接20mL注射器抽吸。抽吸完毕，注入抗生素溶液于膀胱内，拔出导尿管。导尿时，常因尿道狭窄或阻塞而难插入，小型犬种阴茎骨处尿道细也可限制其插入（图19－2、图19－3）。

图19－2 公犬导尿法

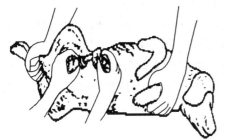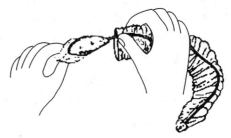

图19－3 公犬导尿

3. 母犬导尿法

所用器材为人用橡胶导尿管或金属、塑料的导尿管、注射器、润滑剂、照明光源、0.1%新洁尔灭溶液、2%盐酸利多卡因、收集尿液的容器等应准备好。

多数情况行站立保定，先用0.1%新洁尔灭液清洗阴门，然后用2%利多卡因溶液滴入阴道穹隆黏膜进行表面麻醉。操作者戴灭菌乳胶手套，将导尿管顶端3～5cm处涂灭菌润滑剂。一手食指伸入阴道，沿尿生殖前庭底壁向前触摸尿道结节（其后方为尿道外口），另一手持导尿管插入阴门内，在食指的引导下，向前下方缓缓插入尿道外口直至进入膀胱内（图19－4）。

对于去势母犬，采用上述导尿法（又称盲目导尿法），其导尿管难插入尿道外口。故动物应仰卧保定，两后肢前方转位。用附有光源的阴道开口器或鼻

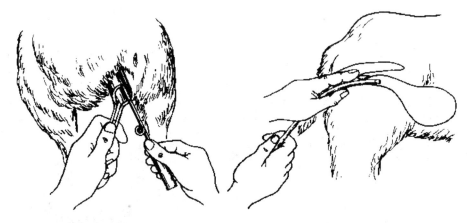

图 19 - 4　母犬导尿

孔开张器打开阴道，观察尿道结节和尿道外口，再插入导尿管。用注射器抽吸或自动放出尿液。导尿完毕向膀胱内注入抗生素药液，然后拔出导尿管，解除保定。

4. 公猫导尿法

先肌内注射氯胺酮使猫镇静；宠物仰卧保定，两后肢前方转位。尿道外口周围清洗消毒。操作者将阴茎鞘向后推，拉出阴茎，在尿道外口周围喷撒 1% 盐酸地卡因溶液。选择适宜的灭菌导尿管，其末端涂布润滑剂，经尿道外口插入，渐渐向膀胱内推进。导尿管应与脊柱平行插入，用力要均匀，不可强行通过尿道。如尿道内有尿石阻塞，可先向尿道内注射生理盐水或稀醋酸 3 ~ 5mL，冲洗尿道内凝结物，确保导尿管通过。导尿管一旦进入膀胱，即有尿液流出。导尿完毕向膀胱内注入抗生素溶液，然后拔出导尿管。

5. 母猫导尿法

母猫的保定与麻醉方法同母犬。导尿前，用 0.1% 新洁尔灭溶液清洗阴唇，用 1% 盐酸地卡因液喷撒尿生殖前庭和阴道黏膜。将猫尾拉向一侧，助手捏住阴唇并向后拉。操作者一手持导尿管，沿阴道底壁前伸，另一手食指伸入阴道触摸尿道结节，引导导尿管插入尿道内。

6. 注意事项

（1）所用物品必须严格灭菌，并按无菌操作进行，以预防尿路感染。

（2）选择光滑和粗细适宜的导尿管，插管动作要轻柔。防止粗暴操作，以免损伤尿道及膀胱壁。

（3）插入导尿管时前端宜涂润滑剂，以防损伤尿道黏膜。

（4）对膀胱高度膨胀且又极度虚弱的患病宠物，导尿不宜过快，导尿量不宜过多，以防腹压突然降低引起虚弱，或膀胱突然减压引起黏膜充血，发生血尿。

1. 如何给宠物导胃？导胃时应注意哪些问题？

2. 如何给宠物导尿？导尿时应注意哪些问题？

《2011 年执业兽医资格考试应试指南（兽医全科类）》，www. cvma. org. cn。

临床冲洗操作技术

【目的要求】

了解各种临床冲洗技术的注意事项，掌握各种冲洗技术的操作方法和技巧。

【实训内容】

1. 洗眼法与点眼法。

2. 鼻腔冲洗。

3. 口腔冲洗。

4. 导胃与洗胃。

5. 阴道及子宫冲洗。

6. 导尿及膀胱冲洗。

【实训动物与设备】

动物：犬、猫。

器材：保定绳、口笼、洗眼药、通乳针、20mL 注射器、犬猫合适的胃导管、无菌的各型开膣器、颈管钳子、颈管扩张棒、子宫冲洗管、洗涤器及橡胶管、不同类型的导尿管等。

【实训方法】

（一）洗眼法与点眼法

洗眼及点眼时，先确实固定头部，用一手拇指与食指翻开上下眼睑，另手持冲洗器（洗眼瓶、注射器等），使其前端斜向内眼角，徐徐向结膜上灌注药液冲洗眼内分泌物。或用细胶管由鼻孔插入鼻泪管内，从胶管游离端注入洗眼药液，更有利于洗去眼内的分泌物和异物。

（二）鼻腔冲洗

将通乳针插入鼻腔适当的深度，一手捏住外鼻翼，另一手迅速推动注射器内芯，使药液流入鼻内，即可达到冲洗的目的。

（三）口腔冲洗

先将犬站立保定，术者（或犬主）一手抓住犬的上下颌，将其上下分开，另一手持连接通乳针的注射器，将药液推注入口腔，达到洗涤口腔的目的。

（四）导胃与洗胃

先用导胃管测量从口腔到胃的长度，并做好标记。导胃时，将动物保定好并固定好头部，上好开口器，把胃管缓慢插入食管内（应准确判断是食管还是气管），胃管到胸腔入口及贲门处时阻力较大，应缓慢插入，以免损伤食管黏膜。必要时灌入少量温水，待贲门弛缓后，再向前推送入胃。胃管前端经贲门到达胃内后，阻力突然消失，此时可有酸臭气体或食糜排出。

（五）阴道及子宫冲洗

先用准备好的新洁尔灭水充分洗净外阴部，而后插入适合的开膣器开张阴道，即可用洗涤器冲洗阴道。

（六）导尿及膀胱冲洗

1. 公犬导尿

宠物侧卧保定，上后肢前方转位，暴露腹底部，长腿犬也可站立保定。助手一手将阴茎包皮向后退缩，一手在阴囊前方将阴茎向前推，使阴茎龟头露出。选择适宜导尿管，并将其前端2～3cm涂以润滑剂。术者左手抓住阴茎，右手将导尿管经尿道外口徐徐插入尿道，并慢慢向膀胱推进，导尿管通过坐骨弓处的尿道弯曲时常发生困难，可用手指隔着皮肤向深部压迫，迫使导尿管末端进入膀胱。

2. 母犬导尿

行站立保定，先用0.1%新洁尔灭液清洗阴门，然后用2%利多卡因溶液滴入阴道穹隆黏膜进行表面麻醉。操作者戴灭菌乳胶手套，将导尿管顶端3～5cm处涂灭菌润滑剂。一手食指伸入阴道，沿尿生殖前庭底壁向前触摸尿道结节（其后方为尿道外口），另一手持导尿管插入阴门内，在食指的引导下，向前下方缓缓插入尿道外口直至进入膀胱内。

3. 公猫导尿

宠物仰卧保定，两后肢前方转位。尿道外口周围清洗消毒。操作者将阴茎鞘向后推，拉出阴茎，在尿道外口周围喷撒1%盐酸地卡因溶液。选择适宜的灭菌导尿管，其末端涂布润滑剂，经尿道外口插入，渐渐向膀胱内推进。

4. 母猫导尿

导尿前，用0.1%新洁尔灭溶液清洗阴唇，用1%盐酸地卡因液喷撒尿生殖前庭和阴道黏膜。将猫尾拉向一侧，助手捏住阴唇并向后拉。操作者一手持导尿管，沿阴道底壁前伸，另一手食指伸入阴道触摸尿道结节，引导导尿管插入尿道内。

复习思考题

简述临床冲洗操作技术的体会。

参 考 文 献

［1］周庆国. 犬猫疾病诊断图谱［M］. 北京：中国农业出版社，2005

［2］祝俊杰. 犬猫疾病诊疗大全［M］. 北京：中国农业出版社，2006

［3］李玉冰. 兽医临床诊疗手术［M］. 北京：中国农业出版社，2006

［4］高桥贡，板垣博. 家畜的临床检查［M］. 刘振忠，丁岚峰译. 哈尔滨：哈尔滨科技出版社，1989

［5］中村良一. 临床家畜内科诊断学［M］. 徐永祥等译. 南京：江苏科学技术出版社，1982

［6］王书林，丁岚峰. 兽医临床诊断及内科学［M］. 哈尔滨：哈尔滨科技出版社，1988

［7］王俊东，刘宗平. 兽医临床诊断学［M］. 北京：中国农业出版社，1988

［8］丁岚峰，杜护华. 宠物临床诊断及治疗学［M］. 哈尔滨：东北林业大学出版社，2006

［9］丁岚峰，易本驰. 宠物临床诊断［M］. 北京：中国农业科学技术出版社，2008

［10］刘伯臣，欧阳龙. 宠物临床治疗学［M］. 北京：中国农业科学技术出版社，2008

［11］郭定宗. 兽医临床检验技术［M］. 北京：化学工业出版社、农业科技出版中心，2006

［12］竹村，直行. 小动物の问诊と身体检查［M］. 东京：日本兽医师协会，2000

［13］王书林，丁岚峰. 兽医超声影像诊断技术［M］. 黑龙江畜牧兽医杂志（增刊），1987

［14］刘伏友，彭佑铭. 腹膜透析［M］. 北京：人民卫生出版社，2000：171～301

［15］周桂兰，高得仪. 犬猫疾病实验室检验与诊断手册［M］. 北京：中国农业出版社，2010：238～242